Konstruktionsakustik

Gh. Reza Sinambari

Konstruktionsakustik

Primäre und sekundäre Lärmminderung

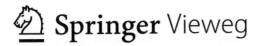

Gh. Reza Sinambari
Neustadt a. d. Weinstraße, Deutschland

ISBN 978-3-658-16989-3   ISBN 978-3-658-16990-9 (eBook)
DOI 10.1007/978-3-658-16990-9

Die Deutsche Nationalbibliothek verzeichnet diese Publikation in der Deutschen Nationalbibliografie; detaillierte bibliografische Daten sind im Internet über http://dnb.d-nb.de abrufbar.

Springer Vieweg
© Springer Fachmedien Wiesbaden GmbH 2017

Lektorat: Thomas Zipsner

Gedruckt auf säurefreiem und chlorfrei gebleichtem Papier

Springer Vieweg ist Teil von Springer Nature
Die eingetragene Gesellschaft ist Springer Fachmedien Wiesbaden GmbH
Die Anschrift der Gesellschaft ist: Abraham-Lincoln-Strasse 46, 65189 Wiesbaden, Germany

Vorwort

Das vorliegende Buch basiert auf über 40 Jahren Berufserfahrung des Autors auf den Gebieten der Technischen Akustik, schall- und schwingungstechnischen Ursachenanalysen, Konstruktionsakustik sowie der primären und sekundären Lärmminderung. Die Grundlagenforschung auf den genannten Gebieten, 7 Jahre Industrieforschung und 26 Jahre Hochschultätigkeit, prägten überwiegend sein Berufsfeld. In fast 27-jähriger Tätigkeit als Geschäftsführer der Fa. IBS-Frankenthal, davon ca. 20 Jahre nebenberuflich, parallel zur Beschäftigung als Professor an der FH Bingen, war er u. a. verantwortlich für die lärmarme Gestaltung zahlreicher Maschinen und Anlagen in der Praxis.

Nach der Einleitung in **Kap. 1** werden in **Kap. 2** die physikalischen Grundlagen, die für das Verständnis der Konstruktionsakustik notwendig sind, angegeben. Das **Kap. 3** behandelt die Schallentstehungsmechanismen, die durch Beispiele erläutert werden. **Kap. 4** gibt die wesentlichen Messtechniken, die für eine schalltechnische Schwachstellenanalyse notwendig sind, wieder. **Kap. 5** beschreibt, neben der systematischen Vorgehensweise, die prinzipiellen Lärmminderungstechniken für die primäre Lärmminderung bei der Schallentstehung, -übertragung und -abstrahlung. Darüber hinaus werden auch die Wirkmechanismen bei sekundären Maßnahmen, speziell Schallhaube und Schalldämpfer, angegeben und durch Beispiele untermauert. Abschließend wird in **Kap. 6**, an Hand von Anwendungsbeispielen aus der Praxis, die Vorgehensweise bei der Konstruktionsakustik bzw. primären und sekundären Lärmminderung, vor allem an bestehenden Maschinen und Anlagen, erläutert.

Der Autor möchte sich bei Herrn Prof. Dr.-Ing. Stefan Sentpali und Herrn Dipl.-Ing. Udo Thorn für die sorgfältige Durchsicht des Manuskripts und die wertvollen Anregungen herzlich bedanken. Dank gilt auch Frau Veronika Novotny für die Schreibarbeiten. Herrn Dipl.-Ing. Thomas Zipsner, Lektorat, sei gedankt für das gründliche Korrekturlesen und die sinnvollen Hinweise. Herzlich bedanken möchte ich mich auch bei meiner lieben Frau Ursel für ihr uneingeschränktes Verständnis und ihre Unterstützung.

Neustadt an der Weinstraße, im Januar 2017   Gh. Reza Sinambari

Verzeichnis der Formelgrößen

Symbol	Bedeutung	Einheiten
A	Äquivalente Absorptionsfläche	m^2
$\overline{A}_{ges}$	mittlere Gesamtabsorption eines Raumes	m^2
a, b, c	Abmessungen der Mess- oder Hüllfläche	m
a_0	Bezugsbeschleunigung (frei wählbar)	m/s^2
a_e	Schwingbeschleunigung an der Einleitungsstelle	m/s^2
a_i	größte Kantenlänge eines Rechteckkanals	m
B	Hilfsgröße	–
B	Schalldämpferbreite	m
B'	längenbezogene Biegesteifigkeit der Platte	$N\,m$
c	Schallgeschwindigkeit	m/s
c_B	Biegewellengeschwindigkeit	m/s
c_{De}	Dehnwellengeschwindigkeit	m/s
c_F	Schallgeschwindigkeit im Fluid	m/s
c_L	Schallgeschwindigkeit der umgebenden Luft	m/s
C_{met}	Meteorologische Korrektur	dB
d	Dämpfungskoeffizient	$N\,s/m$, kg/s
d	Düsendurchmesser, Breite, Dämmstoffdicke	m
d	halbe Kulissendicke	m
d_i	Innendurchmesser einer Rohrleitung	m
d_{Spalt}	Spaltbreite	m
D	Dämpfung eines Absorptionsschalldämpfers	dB
D	Schallpegeldifferenz	dB
$D(f)$	Einfügungsdämmmaß	dB
D_2	Laufraddurchmesser	m
D_h	Normierte Dämpfung	dB
E	Elastizitätsmodul	N/m^2
e	Dicke des Dämpfungsmaterials	m
$E_0 = 1$	Bezugselastizitätsmodul	N/m^2
E_{dyn}	Elastizitätsmodul des Dämpfungsmaterials	N/m^2

Symbol	Bedeutung	Einheiten
E_F	Volumenelastizität des Fluides	N/m^2
F	Kraft, Erregerkraft	N
f	Frequenz	Hz
$F(f)$	Spektralfunktion der Kraft	$N\,s$
f_0	Eigenfrequenz, Grundfrequenz der Pulsation	Hz
$f_{0,P}$	Eigenfrequenz der Platte	Hz
f_d	Eigenfrequenz der gedämpften Schwingung	Hz
f_d	Durchlassfrequenz	Hz
f_g	Grenzfrequenz, Koinzidenzfrequenz	Hz
f_{Hib}	Hiebtonfrequenz	Hz
f_k	Oberschwingungen	Hz
F_k	Wechselkraft an der k-ten Einleitungsstelle	N
$f_{m,Okt}$	Oktav-Mittenfrequenz	Hz
$f_{m,Terz}$	Terz-Mittenfrequenz	Hz
$F_n(f)$	Teilamplituden des Linienspektrums von intermittierenden Kraftimpulsen	N
f_{Os}	Oszillationsfrequenz	Hz
$f_{Os,k}$	Harmonische der Oszillationsfrequenz	Hz
f_p	Harmonische der Pulsationsfrequenz	Hz
F_{pl}	Druck-Intensitätsindex	dB
f_R	Ringdehnfrequenz der Rohrleitung	Hz
f_{Spalt}	Spaltfrequenz, Spalttöne, Grundfrequenz der Wirbelablösung	Hz
f_U	Unwucht-Frequenz	Hz
h	Plattendicke, Wanddicke	m
h	Admittanz bzw. Die Beweglichkeit	s/kg
h	halbe Spaltbreite	m
H	Schalldämpferhöhe	m
$h_{\ddot{u}k,j}$	Übertragungsfunktion zwischen der k-ten Einleitungsstelle und der j-ten Teilfläche bzw. des j-ten Bauteils	–
I	Schallintensität	W/m^2
I_0	Bezugsschallintensität	W/m^2
I_α	absorbierte Schallintensität	W/m^2
I_e	einfallende Schallintensität	W/m^2
I_H	Schallintensität im Diffusfeld	W/m^2
I_r	reflektierte Schallintensität	W/m^2
$j = \sqrt{-1}$	imaginäre Zahl	–
J_S	Integralfläche unterhalb der der Kurve $v(t)$ im Zeitbereich Δt	m
J_S	Impulsstärke	$N\,s$
k	Wellenzahl	$1/m$
k	natürliche Zahlen $(1, 2, 3, \ldots)$	–
k	Federsteifigkeit der Isolierung	N/m

Symbol	Bedeutung	Einheiten
K	Korrekturpegel	dB
K	Systematisches Fehlermaß	dB
K_0	Schallkennimpedanz	dB
K_1	Korrekturpegel für Fremdgeräusche	dB
K_2	Umgebungskorrektur für Raumreflexionen	dB
K_A	Proportionalitätsfaktor der Ansauggeräusche	–
K_α	Korrekturpegel zur Berücksichtigung der Schallleistungsabnahme innerhalb der Rohrleitung	dB
K_D	Proportionalitätsfaktor der Dipolquellen	–
K_D	Korrekturpegel zur Berücksichtigung der Schallreflexionen in der Rohrleitung	dB
K_I	Zuschlag für Impulshaltigkeit	dB
K_m	Korrekturpegel infolge der Masse des Beschleunigungsaufnehmers	dB
K_n	Proportionalitätsfaktor beim Exponenten n	–
K_p	Faktor für die Teilamplitude der Schallschnelle im Frequenzspektrum	–
K_p	Kenngröße für Pulsationsfrequenzen	–
K_Q	Proportionalitätsfaktor der Quadrupolquellen bzw. Freistrahlgeräusche	–
K_R	Zuschlag für Ruhezeiten	dB
K_T	Zuschlag für Tonhaltigkeit	dB
K_v	Korrekturpegel infolge von Stör- bzw. Fremdschwingungen	dB
K_Z	Kenngröße	–
L	Pegel	dB
l	Schalldämpferlänge, Länge	m
L_A	A-bewerteter Pegel	dB(A)
L_a	Beschleunigungspegel	dB
L_{Aeq}	energieäquivalenter Dauerschalldruckpegel	dB(A)
L_d	Arbeitsbereich	dB
$L_{EX,8h}$	Tages-Lärmexpositionspegel	dB(A)
L_F	Stör- oder Fremdpegel	dB
L_G	gemessener Gesamtpegel	dB
L_I	Schallintensitätspegel	dB
L_M	Pegel der Maschine ohne Störpegel	dB
L_p	Schalldruckpegel	dB
L_p''	Schalldruckpegel bei der ausgeschalteten Maschine, Störpegel	dB
$L_{p,i}$	innerer Schalldruckpegel	dB
L_p'	Schalldruckpegel beim Vorhandensein vom Störpegel	dB
L_{pA}	A-Schalldruckpegel	dB(A)
L_r	Beurteilungspegel	dB(A)
L_S	Flächenmaß	dB

Symbol	Bedeutung	Einheiten
L_v	Schnellepegel	dB
L_W	Schallleistungspegel	dB
$L_{W,\text{ges}}$	Gesamtschallleistungspegel	dB
$L_{W,K}$	Gesamtkörperschallleistungspegel	dB
$L_{W,L}$	Gesamtluftschallleistungspegel	dB
L_{WA}	A-Schallleistungspegel	dB(A)
L_{Wa}	äußerer Schalleistungspegel	dB
$L_{Wi,Dp}$	innerer Schallleistungspegel, verursacht durch die Druck-ausgleichvorgänge	dB
$L_{Wi,DV}$	innerer Schallleistungspegel, verursacht durch die zeitlichen Schwankungen der Fördermenge	dB
$L_{Wi,\text{ges}}$	innerer Gesamtschallleistungspegel	dB
$L_{W,\text{spez}}$	spezifischer Schallleistungspegel	dB
m	Masse	kg
M	Gesamtzahl der Teilflächen	–
m''	Massenbelegung	kg/m^2
Ma	Machzahl	–
m_A	Masse des Beschleunigungsaufnehmers	kg
m_b	mitbewegte bzw. dynamische Masse	kg
m_F	dynamische Masse des Federelements	kg
m_z	Zusatzmasse	kg
n	Anzahl der Pegel	–
n	Drehzahl	1/min
n	Exponent	–
N	Anzahl der Messpunkte	–
p	Schalldruck	N/m^2
P	Schallleistung	W
p_0	Atmosphärendruck (Ruhedruck)	N/m^2
P_0	Bezugsschallleistung	W
p_0	Bezugsschalldruck	N/m^2
P_D	Schallleistung der Dipolquellen	W
P_{DV}	innere Schallleistung aufgrund zeitlicher Schwankungen der Fördermenge	W
P_{ges}	Gesamtschallleistung	W
$P_{i,Dp}$	innere Schallleistung aufgrund der Druckausgleichvorgänge	W
P_K	Körperschallleistung	W
$P_K(f)$, $P_{K,j}(f)$	Gesamtkörperschallleistung bzw. Körperschallleistung des i-ten Bauteils bei der Frequenz f	W
P_L	Luftschallleistung	W
$P_L(f)$, $P_{L,i}(f)$	Gesamtluftschallleistung bzw. Luftschallleistung der i-ten Öffnung bei der Frequenz f	W
P_M	mechanische Leistung der Maschine	W

Symbol	Bedeutung	Einheiten
P_Q	Schallleistung der Quelle	W
P_{S_i}	Teilschallleistung der Fläche S_i	W
P_S	Strömungsleistung einer Strömungsmaschine	W, kW
p_{sta}	statischer Druck	N/m^2
$p_{sta,0}$	statischer Bezugsdruck	N/m^2
p_W	wirksame Amplitude des Schalldrucks	N/m^2
$\tilde{p}$	Effektivwert des Schalldrucks	N/m^2
r	Entfernung, Radius	m
r	Reflexionsfaktor	–
R	Schalldämmmaß	dB
R	spezifische Gaskonstante	N m/kg K
R_0	Bezugsgaskonstante	N m/kg K
Re	Reynolds-Zahl	–
R_f	Schalldämmmaß der Rohrwand bei der Frequenz f	dB
r_H	Hallradius	m
R_i	Schalldämmmaß der Bauteile bzw. Teilflächen	dB
R_m	mittleres Schalldämmmaß	dB
r_N	Nahfeldradius	m
R_{res}	resultierendes Schalldämmmaß	dB
R_S	Strömungswiderstand	$N s/m^3$
r_S	längenbezogener Strömungswiderstand	$N s/m^4$
S	Fläche, Messfläche, Hüllfläche, Abstrahlfläche, Strömungsquerschnitt	m^2
S_0	Bezugsfläche	m^2
S_{ges}	Gesamtfläche	m^2
S_K	Kapseloberfläche	m^2
$S_Ö$	Öffnungsfläche	m^2
St	Strouhalzahl	–
St_{Okt}	Strouhalzahl bei der Oktavmittenfrequenz	–
St_{Terz}	Strouhalzahl bei der Terzmittenfrequenz	–
T	Messzeit	s
T	Nachhallzeit	s
T	absolute Temperatur	K
t	Temperatur	°C
t	Zeit	s
T	Zeitintervalle von intermittierenden Kraftimpulsen	s
T_0	Periodendauer einer Schwingung, Schwingungsdauer	s
T_0	Bezugstemperatur	K
T_0	Beurteilungszeit für den Arbeitslärm	h
T_d	Schwingungsdauer der gedämpften Schwingung	s
T_e	Effektive Einwirkzeit	h

Symbol	Bedeutung	Einheiten
T_r	Beurteilungszeit	h
T_S	Sabinesche Nachhallzeit	s
t_{St}	Einwirkzeit des Kraftimpulses	s
u	Strömungsgeschwindigkeit	m/s
U	Umfang der allseitig momentenfrei unterstützten Platte	m
U	absorbierend ausgeklcidctcr Umfang	m
U_0	Anströmgeschwindigkeit	m/s
$u_0 = 1$	Bezugsgeschwindigkeit	m/s
u_2	Umfangsgeschwindigkeit des Laufrades	m/s
u_s	Spaltgeschwindigkeit, Geschwindigkeit zwischen den Kulissen	m/s
v	Schallschnelle	m/s
V	Volumen, Raumvolumen	m^3
$\dot{V}$	Volumenstrom	m^3/s, m^3/h
v_0	Bezugsschallschnelle	m/s
$v_{e,k}$	Schwinggeschwindigkeit (Schnelle) an der Einleitungsstelle k	m/s
$v(f)$	Fourier-Spektrums der Schallschnelle	m
$v(f_p)$	Teilamplitude der Schallschnelle im Spektrum	m/s
v_i, v_j	Komponente der Geschwindigkeitsschwankungen	m/s
$v_{j,k}$	Mittlere Schnelle der j-ten Teilfläche, verursacht durch die k-te Wechselkraft	m/s
$\tilde{v}$	Effektivwert der Schallschnelle	m/s
W_r	pro Schwingung wieder gewonnene Energie	N m
W_v	pro Schwingung verloren gegangene bzw. in Wärme umgewandelte Energie	N m
x	Schwingweg	m
x_i, x_j	Komponente i und j der Koordinatenrichtungen	m
$\dot{x}$	Schwinggeschwindigkeit	m/s
$\ddot{x}$	Schwingbeschleunigung	m/s^2
Z	Akustische Impedanz	$N s/m^3$
z	Zahl der Fördervolumina pro Umdrehung, Anzahl der Pulsationen pro Umdrehung	–
z	Schaufelzahl, Zähnezahl, Flügelzahl	–
Z_1, Z_2	Impedanz des Mediums 1 bzw. 2	$N s/m^3$
Z_D	Dämpferimpedanz	kg/s
Z_e	mechanische Eingangsimpedanz	$N s/m$, kg/s
$Z_{e,k}$	mechanische Eingangsimpedanz der k-ten Einleitungsstelle	kg/s
Z_F	Federimpedanz	kg/s
Z_m	Massenimpedanz	kg/s

Symbol	Bedeutung	Einheiten
$|\alpha|$	Betrag des Amplitudenfrequenzganges der Fußbodenkraft bei Krafterregung	–
∂	Symbol partielles Differential	–
α	Winkel, Phasenverschiebung	grad, °
α	Schallabsorptionsgrad	–
α	frequenzabhängiger Absorptionsgrad	–
δ	Abklingkonstante	$1/\mathrm{s}$
Δ	Laplace-Operator	$1/\mathrm{m}^2$
Δf	Bandbreite	Hz
Δf_{Okt}	Bandbreite von Oktaven	Hz
Δf_{Terz}	Bandbreite von Terzen	Hz
Δ_φ	Phasendifferenz	°
ΔL	Korrekturpegel	dB
$\Delta L_{A,\mathrm{fm}}$	Dämpfungspegel der A-Bewertung bei der Mittenfrequenz f_m	dB
ΔL_{Okt}	Dämpfungspegel der A-Bewertung für Oktaven	dB
ΔL_{Terz}	Dämpfungspegel der A-Bewertung für Terzen	dB
$\Delta L_{W,\mathrm{Okt}}$	relatives Oktavspektrum der Schallleistung	dB
$\Delta L_{W,\mathrm{Terz}}$	relatives Terzspektrum der Schallleistung	dB
$\Delta L_{W\mathrm{d}}$	Schaufelfrequenz-Pegelzuschlag	dB
ΔL_z	Pegelzuschlag für Reflexionen in der Druckleitung	dB
Δp	statische Druckerhöhung	$\mathrm{N/m}^2$
$\Delta p_0 = 1$	Bezugsdruckerhöhung	$\mathrm{N/m}^2$
δ_{plo}	Querfeldunterdrückung	dB
Δp_t	Gesamtdruckerhöhung des Ventilators	$\mathrm{N/m}^2$
Δp_{th}	theoretische Druckerhöhung des Ventilators	$\mathrm{N/m}^2$
Δp_v	Gesamtdruckverlust des Ventilators	$\mathrm{N/m}^2$
Δr	Abstand	m
Δt	Zeitdauer der Kompression bzw. Impulsdauer beim Druckausgleich	s
ΔV	Volumenkompression	m^3
Δz	Pegelzuschlag für Reflexionen in der Druckleitung	dB
ε	Dehnung	–
ϕ	Geschwindigkeitspotential	m^2/s
ϕ'	Hilfsgröße	m^3/s
η	Wirkungsgrad des Ventilators	–
η	Verlustfaktor	–
η	Frequenzverhältnis	–
η	normierte Frequenz	–
η_A	Akustischer Wirkungsgrad der Maschine	–
η_u	Hilfsgröße	–
φ	Phasenwinkel	grad, °
φ	Lieferzahl	–

Symbol	Bedeutung	Einheiten
κ	Adiabatenexponent	–
κ_0	Bezugsadiabatenexponent	–
λ	Wellenlänge	m
Λ	logarithmisches Dekrement	–
Λ	normierte Auskleidungstiefe	–
λ_B	Biegewellenlänge	m
λ_d	Wellenlänge der Durchlassfrequenz	m
λ_L	Luftwellenlänge	m
μ	Querkontraktionszahl	–
μ	relative zeitliche Änderung des Volumenstroms	–
Ψ	Druckzahl	–
ρ	Dichte	kg/m^3
ρ_0	Bezugsdichte	kg/m^3
$\rho_0 \cdot c_0$	Bezugsimpedanz	$N\,s/m^3$
ρ_D	Dichte des Dämpfungsmaterials	kg/m^3
ρ_W	Dichte der Rohrwand	kg/m^3
σ	Abstrahlgrad	–
σ	Spannung	N/m^2
σ	Schnelllaufzahl	–
σ'	Abstrahlmaß	dB
σ'^*	Hilfsgröße, Abstrahlmaß	dB
σ_R	Standardabweichung	dB
ϑ	Dämpfungsgrad	–
ω	Kreisfrequenz	$1/s$
ω_d	Eigenkreisfrequenz der gedämpften Schwingung	$1/s$
ζ	Druckverlustbeiwert der Düse	–

Inhaltsverzeichnis

Einleitung und Motivation

1

Die Lärmminderung ist stets mit der Verminderung der Geräuschbelastung von Menschen verbunden. Dies hängt damit zusammen, dass man unter dem Begriff „Lärm" den unangenehmen Anteil der subjektiven Wahrnehmung von Schallereignissen durch das menschliche Ohr versteht.

Die Aufgabe der Konstruktionsakustik besteht darin, die Geräuschentwicklung von Maschinen, die für störende Schallereignisse verantwortlich sind, durch geeignete Maßnahmen, vorzugsweise konstruktive Maßnahmen, zu vermeiden bzw. zu verringern.

Bei den Lärmminderungsmaßnahmen unterscheidet man zwischen **primären** und **sekundären** Maßnahmen. Die Aufgabe der primären Maßnahmen ist es, die Schallentstehung an der Quelle zu vermeiden bzw. zu verringern, das bedeutet Reduzierung der **Schallemission**. Durch die sekundären Maßnahmen soll bei unveränderter Schallentstehung die Geräuschbelastung von Menschen vermieden bzw. verringert werden, das bedeutet Reduzierung der **Schallimmission**.

Die Voraussetzung für die Erarbeitung von geeigneten Lärmminderungsmaßnahmen ist die Kenntnis der Schallentstehungsmechanismen und die Lokalisierung bzw. Ermittlung von pegelbestimmenden Quellen, Komponenten oder Frequenzen. Hierbei werden grundsätzlich zwei Fälle unterschieden.

I. Geräusch- und schwingungsarme Gestaltung eines neu zu entwickelnden Produkts bzw. einer Maschine oder Anlage
II. Geräusch- und schwingungsarme Optimierung von bestehenden Produkten, Maschinen und Anlagen.

Im Fall I besteht die Möglichkeit, erst nach Vorlage von Konstruktionszeichnungen und Festlegung sämtlicher Betriebsdaten die Schall- und Körperschallentstehung, -übertragung und -abstrahlung, **grob** zu beschreiben.

Hierbei sind evtl. weitergehende Untersuchungen, wie z. B. FEM- oder CFD-Berechnungen, notwendig. Das Problem hierbei ist die Zuverlässigkeit von Berechnungsdaten,

© Springer Fachmedien Wiesbaden GmbH 2017
G.R. Sinambari, *Konstruktionsakustik*, DOI 10.1007/978-3-658-16990-9_1

da man einige Einflussparameter, wie beispielsweise Einspannbedingungen, Dämpfung, Spiel etc., nicht immer genau modellieren kann. Auch liegen oft die notwendigen dynamischen Materialparameter nicht vor, besonders bei höheren Frequenzen. Man kann aber zumindest die groben akustischen Schwachstellen in der Planungsphase vermeiden. Sehr hilfreich sind hierbei die Erfahrungen aus Vorgängerprodukten bzw. Konstruktionen, die in die Neugestaltung einfließen. Nach dem Bau des ersten Prototyps sollen dann die genauen Daten durch geeignete schall- und schwingungstechnische Untersuchungen objektiv bestimmt und die Wirksamkeit der in der Planungsphase vorgesehenen Maßnahmen überprüft werden.[1,2].

Im Fall II kann man an bestehenden Maschinen und Anlagen durch Messungen alle notwendigen Daten für die schall- und schwingungstechnische Optimierung ermitteln. Durch eine schall- und schwingungstechnische Schwachstellenanalyse besteht die Möglichkeit, die Hauptgeräuschquellen zu lokalisieren, luft- und körperschallbedingte Geräuschentwicklung sowie pegelbestimmende Frequenzkomponenten zu bestimmen und die notwendigen Lärmminderungsmaße festzulegen. Basierend auf den so ermittelten Daten kann man dann geeignete primäre und sekundäre Lärmminderungsmaßnahmen erarbeiten.

Mit Hilfe weitergehender Untersuchungen, z. B. problemorientierte Zeitanalysen, besteht die Möglichkeit, die genauen Ursachen von maßgebenden Arbeitsabläufen zu bestimmen. In Abb. 1.1 ist die Zeitanalyse einer Produktionsmaschine angegeben.

Durch diese Analyse konnte u. a. nachgewiesen werden, dass nicht die größten Kräfte im Zeitverlauf für das Maximum des A-Schalldruckpegels verantwortlich sind. Der höchste A-Schalldruckpegel entsteht zu einem früheren Zeitpunkt des Kraftverlaufs bei kleineren Kräften. Der Grund hierfür ist darin zu sehen, dass bei der Schallentstehung nicht die Maximalkraft, sondern vor allem der Gradient bzw. die Steigung, also dF/dt, des Kraft-Zeit-Verlaufs verantwortlich ist. Mit Hilfe dieser Untersuchungen, die sich natürlich nur an existierenden Maschinen durchführen lassen, konnte der maßgebende Arbeitsablauf für die Schallentstehung lokalisiert werden. Die Geräuschminderung von ca. 8 dB(A) wurde u. a. durch die Änderung der Maschinensteuerung erzielt, in dem man den kritischen Kraft-Zeit-Verlauf gedehnt, d. h. die Steigung (dF/dt) reduziert hat. Die genauen Wirkmechanismen bei dem Kraft-Zeit-Verlauf werden in Kap. 3 und 4 behandelt.

Mit Hilfe spezieller Messtechniken, z. B. Laser-Scanning-Vibrometrie, lassen sich an bestehenden Maschinen u. a. die Strukturschwingungen, die für die Körperschallabstrahlung bzw. Geräuschentwicklung von Maschinen verantwortlich sind, visualisieren. Dadurch können komplizierte Zusammenhänge verdeutlicht werden. In Abb. 1.2 sind die mit Hilfe eines Laser-Scanning-Vibrometers gemessene Schwingformen einer Bremsscheibe und eines Bremssattels von einem Pkw dargestellt. Hieraus ist zu erkennen, dass,

---

[1] DIN EN ISO 11688-2: Akustik – Richtlinien für die Gestaltung lärmarmer Maschinen und Geräte – Teil 2: Einführung in die Physik der Lärmminderung durch konstruktive Maßnahmen, 2001
[2] VDI-3720, Blatt 1: Konstruktion lärmarmer Maschinen und Anlagen, Konstruktionsaufgaben und -methodik, 2014

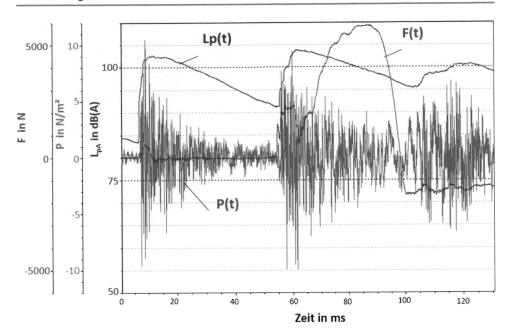

Abb. 1.1 Messtechnische Ermittlung des Kraft-Zeit-Verlaufs bzw. Pegel-Zeit-Verlaufs einer Produktionsmaschine (IBS-Frankenthal)

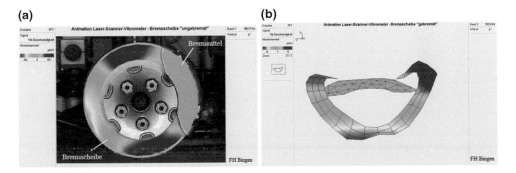

Abb. 1.2 Schwingformen einer Bremsscheibe und eines Bremssattels eines Pkw. **a** 2D-Darstellung, ungebremst (982 Hz), **b** 3D-Darstellung, gebremst (932 Hz)

je nach Bremszustand, verschiedene Eigenfrequenzen der Bremsscheibe, ungebremst 982 Hz (Abb. 1.2a) und gebremst 932 Hz (Abb. 1.2b), angeregt bzw. wirksam werden.

Weiterhin zeigt die Abb. 1.2b, dass bei gebremstem Zustand die Bremsscheibe und der Bremssattel bei 932 Hz gegenphasig schwingen, d. h. die beiden Bauteile schwingen mit gleicher Frequenz und Amplitude, aber genau in die entgegengesetzte Richtung. Solche Untersuchungen sind z. B. für die Klärung von Quietsch- oder Knarzgeräuschen[3] im Fahr-

---

[3] F. Klein: Psychoakustische Bewertung von Bremsknarzgeräuschen, Dipl. Arbeit FH Bingen, 2006

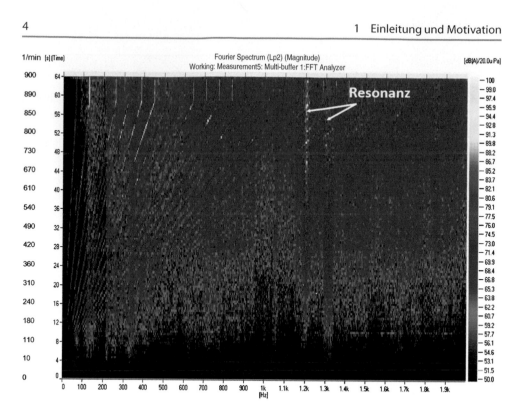

Abb. 1.3 Ordnungsanalyse einer rotierenden Maschine (IBS-Frankenthal)

zeug, die in erster Linie durch Reibung von Oberflächen aneinander verursacht werden, hilfreich.

Berücksichtigt man, dass diese Untersuchungen insbesondere auch während des Betriebs der Maschine durchgeführt werden können, dann kann man nicht nur die Eigenformen, sondern auch die Betriebsschwingformen ermitteln bzw. darstellen. Durch das Hinterlegen von Objektfotos in Verbindung mit bewegten Bildern, kann man u. a. das Verständnis für akustische und schwingungstechnische Fragestellungen besser verdeutlichen und genauere Ursachenanalysen vornehmen.

Neben verschiedenen Messtechniken bieten spezielle Analysetechniken, wie z. B. Intensitätskartierung, Ordnungsanalysen, etc., weitere Möglichkeiten zur Ursachenanalyse und Beschreibung der Schallentstehung. In Abb. 1.3 ist die Ordnungsanalyse einer rotierenden Maschine dargestellt (Campbell-Diagramm).

Hiermit lassen sich bei rotierenden Maschinen u. a. die kritischen Resonanzen, die oft für überhöhte Geräuschentwicklung verantwortlich sind, ermitteln.

Im Rahmen dieses Buches werden neben physikalischen Grundlagen vor allem die methodische Vorgehensweise bei der Erarbeitung von primären und sekundären Lärmminderungsmaßnahmen an bestehenden Maschinen- und Anlagen (Fall II) vorgestellt.

Ein Hauptziel dieses Buches ist es, die Geräuschentwicklung von bestehenden Maschinen und/oder Anlagen, basierend auf experimentell ermittelten akustischen Schwachstellen, vorzugweise durch primäre Maßnahmen zu reduzieren. Daher ist die Ermittlung von akustischen Schwachstellen einer Maschine und/oder Anlage für die Erarbeitung von geeigneten Maßnahmen ein wesentlicher Bestandteil dieses Buches.

Hierzu ist neben den allgemeinen Grundlagen, Kap. 2, die Kenntnis der Schallentstehungsmechanismen, Kap. 3, entscheidend. In Kap. 4 werden die Messtechniken, die für die Ermittlung der schall- und schwingungstechnischen Kennwerte und die Durchführung einer akustischen Schwachstellenanalyse notwendig sind, vorgestellt. Die Erarbeitung von geeigneten primären und sekundären Maßnahmen, basierend auf diesen Erkenntnissen und Kennwerten, wird in Kap. 5 angegeben. In Kap. 6 werden, an Hand von ausgewählten Anwendungsbeispielen aus der Praxis, die Umsetzung und die systematische Vorgehensweise bei der Lärm- und Schwingungsminderung durch konstruktionsakustische Maßnahmen behandelt.

Eine wesentliche Aufgabe bei der Konstruktionsakustik besteht darin, dass man bei jeder geplanten Maßnahme zur Lärmminderung weiß, aus welchem Grund diese Maßnahme vorgesehen ist und was man damit erreichen will. Wenn durch eine bestimmte Maßnahme, die gezielt für die Lösung eines akustischen Problems eingesetzt wird, die geplante Lärmminderung nicht erreicht wird, ist es unbedingt wichtig, die Gründe dafür zu kennen. Dadurch kann man die weiteren Schritte genauer planen, unnötige Arbeiten vermeiden und natürlich auch Kosten reduzieren.[4,5]

Abschließend wird noch darauf hingewiesen, dass die Zielsetzung dieses Buches nicht darin besteht, eine Maschine am Reißbrett durch „Lärmarmes Konstruieren" geräuscharm zu gestalten. Doch sind die speziellen Kenntnisse vor allem über die Schallentstehung und die primäre Lärmminderung auch im Hinblick auf das „Lärmarme Konstruieren" bei Neuentwicklungen von Maschinen sehr hilfreich.

---

[4] Sinambari, Gh. R.; Kunz, F.: Primäre Lärmminderung durch akustische Schwachstellenanalyse. VDI Berichte Nr. 1491 (1999)
[5] Sinambari, Gh. R.: Lärmarm konstruieren mit Hilfe schalltechnischer Schwachstellenanalyse. Konstruktion **10** (2001)

Physikalische Grundlagen

2

Die physikalischen Grundlagen sind die Voraussetzung für das Verständnis der Zusammenhänge bei der Konstruktionsakustik und/oder Lärmminderung. Die theoretischen Grundlagen des Schallfeldes sind in der Ingenieurakustik [1] ausführlich behandelt worden. Nachfolgend werden nur die wesentlichen Grundlagen und Begriffe wiedergegeben, die dazu beitragen sollen, die Zusammenhänge in den Kap. 3 bis 6, wie sie in diesem Buch behandelt werden, zu verstehen.

2.1 Begriffe

Schall

Den Energietransport in einem elastischen Medium in Form von mechanischen Schwingungen (Wellen) bezeichnet man als Schall. Schall ist eine **objektive Größe** und kann messtechnisch erfasst werden. Der Frequenzbereich unterhalb von 16 Hz wird als Infraschall, der oberhalb von 16000 Hz als Ultraschall bezeichnet.

Im akustisch hörbaren Frequenzbereich, ca. 16 bis 16000 Hz, sind je nach Medium verschiedene Bezeichnungen geläufig:

Luftschall	im Medium Luft oder Gase
Fluid- oder Flüssigkeitsschall	im Medium Flüssigkeit
Körperschall	im Medium Festkörper

Lärm

Lärm ist eine **subjektive Größe** und charakterisiert die Wahrnehmung von Schallvorgängen durch das menschliche Ohr und die Bewertung im Gehirn. Lärm kann nicht unmittelbar gemessen werden. Wann ein Schallereignis zu Lärm bzw. zur Lärmbelastung wird, hängt von vielen Faktoren und Situationen ab und wird von dem betroffenen Menschen im Gehirn entschieden. Folgendes Beispiel soll den Unterschied verdeutlichen:

© Springer Fachmedien Wiesbaden GmbH 2017

G.R. Sinambari, *Konstruktionsakustik*, DOI 10.1007/978-3-658-16990-9_2

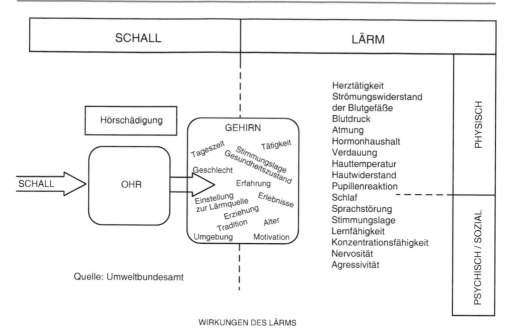

Abb. 2.1 Zusammenhang zwischen Schall, Lärm und Defensivreaktionen

Eine tickende Uhr mit ca. 25 dB(A) kann beim Einschlafen als störende Lärmbelastung empfunden werden, dagegen empfindet dieselbe Person 115 dB(A) bei einem Open-Air-Konzert als Musik und nicht als Lärm.

In Abb. 2.1 sind der Zusammenhang zwischen Schall und Lärm sowie die menschlichen Defensivreaktionen schematisch dargestellt.

Der Hörvorgang wird eingeleitet, wenn das menschliche Ohr mit der physikalischen Größe **Schalldruck** beaufschlagt wird.

Schalldruck *p*

Die den Atmosphärendruck (Ruhedruck) überlagernden Druckschwankungen, verursacht durch das Zusammendrücken und Entspannen von Luftteilchen bei einem Schallereignis, werden als Schalldruck bezeichnet (Abb. 2.2).

Schalldruck ist eine skalare Größe und ist nicht richtungsgebunden.

Akustisch hörbare Druckschwankungen liegen zwischen ca. 10^{-5} bis 10^{2} N/m.

Schalldruck ist die physikalische Größe für die Kennzeichnung der **Schallimmission**.

Schallschnelle *v*

Die Geschwindigkeitsschwankungen, mit denen Luftteilchen bei einem Schallereignis um die Ruhelage hin- und herschwingen, werden als Schallschnelle bezeichnet (Abb. 2.3).

Akustisch hörbare Schallschnellen liegen zwischen ca. $5 \cdot 10^{-8}$ bis 0,25 m/s.

Abb. 2.2 Schalldruck p

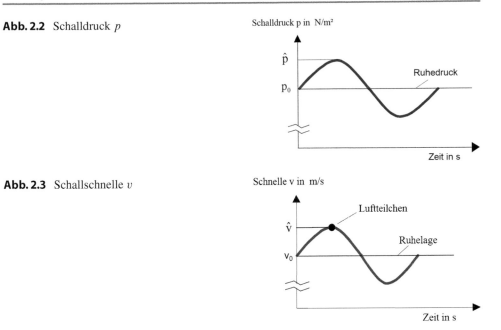

Abb. 2.3 Schallschnelle v

Die Schallschnelle hat als kinematische Größe Vektorcharakter und gibt die Richtung der Schallausbreitung an.

Schallfeld

Durch äußere Störungen – Schallereignisse – wie z. B. Händeklatschen werden Luftteilchen in einem Raum zu Druck- und Geschwindigkeitsschwankungen, Schalldruck und Schallschnelle, angeregt. Die so im Raum entstandene Schallverteilung wird als **Schallfeld** bezeichnet. Ein Schallfeld ist eindeutig definiert, wenn man an jedem Raum- und Zeitpunkt den Schalldruck und die Schallschnelle kennt.

Die Fortpflanzung von Schallwellen in einem Schallfeld erfolgt mit der Schallgeschwindigkeit. Die Ausbreitung erfolgt im Freien kugelförmig in alle Raumrichtungen, ähnlich der Wellenausbreitung in einer ruhenden Flüssigkeit, die durch äußere Störungen, z. B. durch Einwurf eines Steines, verursacht wird.

Freifeld

Kann sich der von einer Quelle erzeugte Schall ungehindert fortpflanzen, dann bezeichnet man das von der Quelle erzeugte Schallfeld als Freifeld. Im Freifeld breitet sich der Schall kugelförmig aus. Hierbei nehmen die Schallintensität mit dem Quadrat und der Schalldruck linear mit der Entfernung ab. In der Praxis wird das Freifeld durch die sog. reflexionsfreien Räume (Abb. 2.4) realisiert, bei denen ab einer bestimmten Frequenz – der unteren Grenzfrequenz – der Reflexionsanteil vernachlässigt werden kann (siehe ISO 26101). Hierbei besteht die Möglichkeit, akustische Messungen und Untersuchungen unabhängig von Witterungseinflüssen und äußeren Störeinwirkungen durchzuführen.

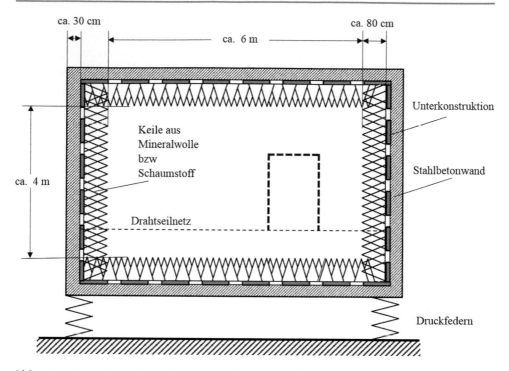

Abb. 2.4 Schematische Darstellung eines reflexionsfreien Raumes

Diffusfeld

Kann der von einer Quelle erzeugte Schall an Raumbegrenzungsflächen reflektiert werden, dann wird bei konstant emittierender Schallquelle im Raum ein konstantes Schallfeld aufgebaut, das neben Direktanteilen der Quelle (Freifeld) auch Reflexionsanteile beinhaltet. Ist der Reflexionsanteil so groß, dass an allen Raumpunkten gleicher Schalldruck herrscht, dann entspricht das Schallfeld einem Diffusfeld. Die Schalldruckabnahme in einem Diffusfeld ist nahezu null. Das Diffusfeld wird in der Praxis in sog. Hallräumen erzeugt, Abb. 2.5. Hallräume eignen sich besonders gut für die Untersuchung stationärer breitbandiger Geräusche.

Reales Schallfeld

Das Schallfeld in gewöhnlichen Wohn- bzw. Arbeitsräumen liegt zwischen Frei- und Diffusfeld. Man spricht von einem Semidiffus- oder realen Schallfeld. In Abb. 2.6 ist das Schallfeld eines realen Raumes schematisch dargestellt. Das Schallfeld im Nahbereich der Maschine, das nicht eindeutig definiert ist, wird als Nahfeld bezeichnet. Außerhalb des Nahfelds bis zu einem Radius r_H kann das Schallfeld in etwa als Freifeld betrachtet werden. Ab dem sog. Hallradius r_H, ist das Schallfeld weitgehend diffus.

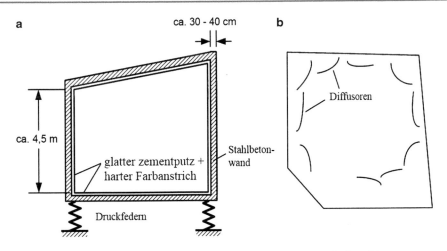

ca. 30 - 40 cm

b

ca. 4,5 m

glatter zementputz + harter Farbanstrich

Stahlbeton-wand

Druckfedern

Diffusoren

Abb. 2.5 Schematische Darstellung eines Hallraumes, **a** Längsschnitt, **b** Grundriss

Abb. 2.6 Schematische Darstellung eines realen Schallfelds

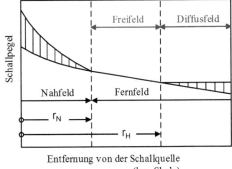

Entfernung von der Schallquelle
(log. Skala)

Wellenlänge λ

Die Wellenlänge ist der kleinste Abstand zwischen zwei Punkten einer Sinuswelle, die gleiche Amplitude und Phasenlage aufweisen (Abb. 2.7). Bei Luft (Gase) ist die Wellenlänge umgekehrt proportional zur Frequenz f.

$$\lambda = \frac{c}{f} \quad \text{m} \tag{2.1}$$

c Schallgeschwindigkeit in m/s
f Frequenz in Hz

Für Luft bei Raumtemperatur (15 °C) ist $c \approx 340\,\text{m/s}$, $\lambda_{100\,\text{Hz}} \approx 3,4\,\text{m}$ und $\lambda_{1000\,\text{Hz}} \approx 0,34\,\text{m}$.

Abb. 2.7 Definition der Wellenlänge

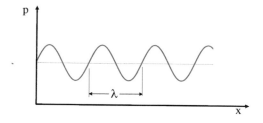

Frequenz

Die Anzahl der Schwingungen pro Sekunde bezeichnet man als Frequenz f. Die Maßeinheit der Frequenz ist Hertz (Hz). Die Frequenz gibt die Tonhöhe an.

Der akustisch hörbare Frequenzbereich liegt zwischen 16 und 16000 Hz.

Schallgeschwindigkeit c

Die Ausbreitungsgeschwindigkeit einer Schallwelle bezeichnet man als Schallgeschwindigkeit. Sie ist abhängig von den elastischen Eigenschaften (Dichte, Kompressionsmodul bzw. Elastizitätsmodul) des Mediums.

$$c_{\text{Luft}} \approx 340\,\text{m/s} \quad \text{bei} \quad t \approx 15\,°\text{C}$$

$$c_{\text{Wasser}} \approx 1450\,\text{m/s} \quad \text{bei} \quad t \approx 10\,°\text{C}$$

$$c_{\text{Stahl}} \approx 5200\,\text{m/s}$$

2.2   Schallfeldgrößen, Wellengleichung

Der Zusammenhang zwischen den Schallfeldgrößen lässt sich am besten durch die Wellengleichung des Geschwindigkeitspotentials ϕ beschreiben [1]:

$$\Delta\phi = \frac{1}{c^2}\frac{\partial^2\phi}{\partial t^2} \tag{2.2}$$

Hierbei ist Δ der sog. Laplace-Operator:

$$\Delta = \frac{\partial^2}{\partial r^2} + \frac{2}{r}\frac{\partial}{\partial r} \qquad \text{(Kugelkoordinaten)} \tag{2.3}$$

$$\Delta = \frac{\partial^2}{\partial x^2} + \frac{\partial^2}{\partial y^2} + \frac{\partial^2}{\partial z^2} \qquad \text{(Kartesische Koordinaten)} \tag{2.4}$$

Die Schallfeldgrößen p und v lassen sich mit Hilfe des Geschwindigkeitspotenzials wie folgt angeben:

$$p = -\rho\frac{\partial\phi}{\partial t} \quad \text{N/m}^2 \tag{2.5}$$

$$v = \frac{\partial\phi}{\partial r} \quad \text{m/s} \tag{2.6}$$

Der Lösungsansatz für die Wellengleichung (2.2) lautet:

$$\phi = -\frac{\phi'}{r} \cdot e^{-jkr} \cdot e^{j\omega t} \quad \text{m}^2/\text{s} \tag{2.7}$$

Hierbei ist r der Abstand von der Quelle und ϕ' ist die konstante Hilfsgröße mit der Dimension m^3/s. k ist die sog. Wellenzahl:

$$k = \frac{\omega}{c} = \frac{2\pi}{\lambda} \quad \text{1/m} \tag{2.8}$$

ω ist die Kreisfrequenz:

$$\omega = 2\pi f \quad \text{1/s} \tag{2.9}$$

Die komplexen e-Funktionen stellen allgemeine Ansätze für periodische Lösungen:

$$e^{\pm j\alpha} = \cos(\alpha) \pm j \cdot \sin(\alpha) \tag{2.10}$$

Mit

$$j = \sqrt{-1}$$

In der Akustik bedeutet der Faktor j eine Phasenverschiebung um $\pi/2 = 90°$.

$$e^{\pm j\frac{\pi}{2}} = \cos\left(\frac{\pi}{2}\right) \pm j \cdot \sin\left(\frac{\pi}{2}\right) = \pm j$$

Mit Hilfe der Wellengleichung (2.2) und des Lösungsansatzes (2.7) lässt sich die Schallfeldgröße p und v, (2.5) und (2.6), berechnen:

$$p = -\rho\frac{\partial\phi}{\partial t} = j\phi' \cdot \frac{\omega\rho}{r} \cdot e^{-jkr} \cdot e^{j\omega t} \quad \text{N/m}^2 \tag{2.11}$$

$$v = \frac{\partial\phi}{\partial r} = \frac{\phi'}{r^2}(1 + jkr) \cdot e^{-jkr} \cdot e^{j\omega t} \quad \text{m/s} \tag{2.12}$$

2.2.1 Akustische Impedanz

Das Verhältnis zwischen Schalldruck p und Schallschnelle v bezeichnet man als akustische Impedanz bzw. akustischer Widerstand. Mit (2.11) und (2.12) lässt sich die akustische Impedanz berechnen [1, 2]:

$$Z = \frac{p}{v} = (\rho \cdot c) \cdot \frac{jkr}{1 + jkr} = \frac{\hat{p}}{\hat{v}} \cdot \frac{j}{1 + jkr} = \frac{\hat{p}}{\hat{v}} \cdot \frac{1}{\sqrt{1 + k^2 r^2}} \cdot e^{j\varphi} \quad \text{N s/m}^3 \tag{2.13}$$

Der Phasenwinkel φ zwischen Schalldruck und Schallschnelle ist wie folgt definiert:

$$\phi = \arctan \frac{\text{Im}\,(p/v)}{\text{Re}\,(p/v)} = \frac{\pi}{2} - \arctan\,(k \cdot r) = \frac{\pi}{2} - \arctan\left(2\pi \frac{r}{\lambda}\right) \qquad (2.14)$$

Hieraus folgt, dass der Übergang von $\varphi = 90°$ zu annähernder Phasengleichheit $\varphi \approx 0$ sich auf verhältnismäßig kurzem Abstand vollzieht.

$$r = 0 \qquad \varphi = 90°$$
$$r = \lambda \qquad \varphi \approx 9°$$
$$r = 3\lambda \qquad \varphi \approx 3°$$

Für die praktische Anwendung bedeutet dies, dass man bei einer Entfernung von einer Wellenlänge $r \approx \lambda$ das Schallfeld als quasi eben betrachten kann, d.h. Schalldruck und Schallschnelle sind annähernd in Phase. Für Industrielärm und Geräusche, deren dominierende Frequenzen im Bereich von $f > 300\,\text{Hz}$ liegen, ergibt sich bereits bei einer Entfernung $r \approx 1\,\text{m}$ die Phasengleichheit, was auch in vielen Messvorschriften und Normen, z.B. DIN EN ISO 3744 [7], als Messabstand für Schalldruckmessungen vorgeschrieben bzw. empfohlen wird.

In großer Entfernung r von der Quelle ($r \gg \lambda$) ist die akustische Impedanz eine reelle Größe (p und v sind in Phase) und gleich:

$$Z \approx \rho \cdot c \quad \text{N s/m}^3 \qquad (2.15)$$

In der Praxis wird in der Regel bei einer Entfernung von $r \approx \lambda$ eine reelle Impedanz zu Grunde gelegt. Der Schalldruck und die Schallschelle lassen sich dann aus (2.11) und (2.12) wie folgt bestimmen:

$$p = \text{j}\phi' \cdot \frac{\omega\rho}{r} \cdot \text{e}^{-\text{j}kr} \cdot \text{e}^{\text{j}\omega t} = \text{j} \cdot \hat{p} \cdot \text{e}^{-\text{j}kr} \cdot \text{e}^{\text{j}\omega t} \quad \text{N/m}^2 \qquad (2.16)$$

$$v \approx \text{j} \cdot \frac{\phi' \cdot \omega}{r \cdot c} \cdot \text{e}^{-\text{j}kr} \cdot \text{e}^{\text{j}\omega t} = \text{j} \cdot \hat{v} \cdot \text{e}^{-\text{j}kr} \cdot \text{e}^{\text{j}\omega t} \quad \text{N/m}^2 \qquad (2.17)$$

Für Luft bei Raumtemperatur ($c \approx 340\,\text{m/s}$; $\rho = 1{,}21\,\text{kg/m}^3$) ist:

$$Z_{\text{Luft}} \approx \rho \cdot c \approx 410\,\text{N s/m}^3$$

Die akustische Impedanz ist für den Aufbau des Schallfeldes verantwortlich. Bei reeller Impedanz kann die Schallschnelle aus dem Schalldruck, der relativ einfach messtechnisch erfasst werden kann, bestimmt werden.

$$v = \frac{p}{Z} = \frac{p}{\rho \cdot c} \quad \text{m/s} \qquad (2.18)$$

Die Gleichung (2.18) besagt, dass eine große Impedanz dem Aufbau eines Schallfeldes hinderlich ist, wenn die Erregung über den Schalldruck erfolgt. Ein Wert von ca. $400\,\text{N}\,\text{s/m}^3$ stellt für praktische Anwendungen die niedrigste Impedanz dar. Daher kann man z. B. relativ einfach mit Sprache ein wahrnehmbares Schallfeld aufbauen. Dagegen ist es sehr schwer, im Wasser ein wahrnehmbares Schallfeld aufzubauen, weil die Impedanz des Wassers bei Raumtemperatur ($c \approx 1450\,\text{m/s}$; $\rho = 1000\,\text{kg/m}^3$) wesentlich größer ist als in der Luft:

$$Z_{\text{Wasser}} \approx \rho \cdot c \approx 1,45 \cdot 10^6\,\text{N}\,\text{s/m}^3$$

2.2.2 Schallintensität

Die pro Flächen- und Zeiteinheit transportierte Schallenergie, die von einer Erregerquelle verursacht wird, bezeichnet man als **Schallintensität** mit der Einheit $[\text{N} \cdot \text{m/m}^2 \cdot \text{s}) = \text{W/m}^2]$.

Die Schallintensität ist definiert als Produkt des Schalldrucks und der Schallschnelle $p(t) \cdot v(t)$ in W/m^2. Durch Mittelwertbildung (Integration über die Periode bzw. Messzeit T) erhält man die mittlere Intensität:

$$\boldsymbol{I}\,(r,t) = \frac{1}{T} \int_0^T p\,(r,t) \cdot \boldsymbol{v}\,(r,t)\,\mathrm{d}t \quad \text{W/m}^2 \qquad (2.19)$$

Die Intensität ist eine Funktion des Ortes und hat Vektorcharakter und weist in die Richtung der zugehörigen Schnelle.

Akustisch interessierende Schallintensitäten liegen zwischen 10^{-12} und $10\,\text{W/m}^2$.

Für großes r bzw. $r/\lambda > 1$ sind Wechseldruck und Schnelle entsprechend (2.16) und (2.17) definiert. Die über die Periode $T = \frac{2 \cdot \pi}{\omega}$ gemittelte Schallintensität erhält man dann [1]:

$$I(r) = \frac{1}{2}\hat{p}(r)\hat{v}(r) = \frac{\hat{\phi}'^2 \cdot \omega^2 \cdot \rho}{2 \cdot r^2 \cdot c} = \tilde{p}(r) \cdot \tilde{v}(r) \quad \text{W/m}^2 \qquad (2.20)$$

Hierbei sind $\tilde{p}$ und $\tilde{v}$ die Effektivwerte des Schalldrucks und der Schallschnelle:

$$\tilde{p}(r) = \sqrt{\frac{1}{T} \int_0^T \hat{p}^2\,(r,t) \cdot \mathrm{d}t} = \frac{\hat{p}(r)}{\sqrt{2}} \quad \text{N/m}^2 \qquad (2.21)$$

$$\tilde{v}(r) = \sqrt{\frac{1}{T} \int_0^T \hat{v}^2\,(r,t) \cdot \mathrm{d}t} = \frac{\hat{v}(r)}{\sqrt{2}} \quad \text{m/s} \qquad (2.22)$$

Für großes r bzw. r/λ nimmt die Intensität des Kugelwellenfeldes mit $1/r^2$ ab, ist aber am Radius r selbst konstant. Mit (2.18) folgt aus (2.20):

$$I(r) = \tilde{p}(r) \cdot \tilde{v}(r) = \frac{\tilde{p}(r)^2}{Z} = \frac{\tilde{p}(r)^2}{\rho \cdot c} = \tilde{v}(r)^2 \cdot Z \quad \text{W/m}^2 \tag{2.23}$$

2.2.3 Schallleistung

Die Schallleistung P, die durch eine Fläche S_i, im Abstand r von der Quelle, tritt, ist das Produkt der Schallintensität mit der zur Richtung des Energietransportes senkrechten Fläche (Abb. 2.8).

$$P_{S_i} = I \cdot S_i = \frac{\tilde{p}^2(r)}{\rho \cdot c} \cdot S_i \quad \text{W} \tag{2.24}$$

Die Gesamtschallleistung einer Quelle erhält man durch Aufsummieren (Integration) der Teilschallleistungen über einer geschlossenen Fläche um die Schallquelle (Hüllfläche):

$$P_Q = \oint_S \frac{\tilde{p}(r)^2}{Z} \cdot dS = \sum_{i=1}^{n} P_{S_i} = \frac{\tilde{p}^2(r)}{\rho \cdot c} \cdot S \quad \text{W} \tag{2.25}$$

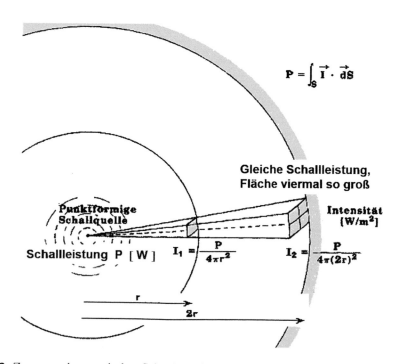

Abb. 2.8 Zusammenhang zwischen Schallintensität und Schallleistung

$\tilde{p}^2(r)$ Effektivwert des mittleren Schalldruckquadrats auf der geschlossenen Fläche S im
          Abstand r von der Quelle

S Geschlossene Messfläche um eine Schallquelle. Im Freifeld entspricht die Messflä-
          che einer Kugelfläche $S = 4\pi \cdot r^2$

Bemerkung:

Die in (2.25) angegebene Beziehung gilt nur für eine reelle Impedanz, freie Schallausbreitung und ohne Verluste zwischen Quelle und Messfläche.

Die Schallleistung ist die physikalische Größe für die Kennzeichnung der **Schallemission**.

2.2.4   Mechanische Impedanz

Die mechanische Impedanz ist der Widerstand, den eine elastische Struktur den wirkenden Kräften entgegensetzt. Ist die erregende Kraft (periodische Erregung) und die
Systemschnelle an der gleichen Stelle und sind beide gleichgerichtet, dann stellt die Kraft
bezogen auf die Schnelle die sogenannte **Eingangsimpedanz** Z_e dar:

$$Z_e = \frac{F}{v} \quad \text{kg/s} \tag{2.26}$$

Die punktförmige Krafterregung bedeutet (Abb. 2.9), dass die Abmessung der An-
griffsfläche wesentlich ($< \frac{1}{6}$) kleiner ist als die erzeugten Wellenlängen des Körperschalls.

Die mechanische Eingangsimpedanz Z_e ist in der Regel komplex, d. h. die Kraft und
die Schnelle sind phasenverschoben. Z_e hat die Einheit N s/m, bzw. kg/s.

Physikalisch besagt Z_e, in welcher Stärke bei einer Krafterregung in der Struktur Körperschall erzeugt wird. Eine große Eingangsimpedanz führt demnach bei einer Krafterregung zu geringem Körperschall in der Struktur. Nachfolgend werden für einige Sonder-
fälle die mechanischen Eingangsimpedanzen angegeben.

Abb. 2.9 Punktförmige Kraftanregung einer Struktur

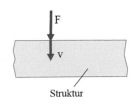

Struktur

2.2.4.1   Mechanische Impedanzen idealisierter Bauteile

Die idealisierte Eingangsimpedanz lässt sich für viele Bauteile, z. B. die Koppelstellen
von Maschinen an den Strukturen, am Beispiel eines gedämpften Ein-Massen-Schwingers
(EMS) veranschaulichen. Die Bewegungsgleichung des in Abb. 2.10 angegebenen gedämpften Ein-Massen-Schwingers lässt sich mit Hilfe der Newtonschen Grundgleichung

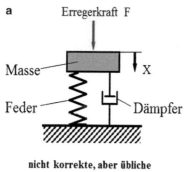

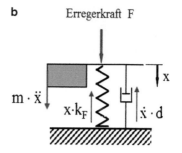

Abb. 2.10 Gedämpfter Ein-Massen-Schwinger

$\sum F = m \cdot a$ (Summe aller äußeren Kräfte ist gleich Masse mal Beschleunigung) wie folgt angeben:

$$\left. \begin{array}{c} F - x \cdot k_F - d \cdot \dot{x} = m \cdot \ddot{x} \\ \text{bzw.} \\ m \cdot \ddot{x} + x \cdot k_F + d \cdot \dot{x} = F \end{array} \right\} \quad N \qquad (2.27)$$

mit:

$x \cdot k_F$	N	Federkraft (k_F = Federsteifigkeit in N/m)
$d \cdot \dot{x}$	N	geschwindigkeitsproportionale Dämpfungskraft
		(d = Dämpfungskoeffizient in N s/m = kg/s)
$m \cdot \ddot{x} = m \cdot a$	N	Massen- bzw. Beschleunigungskraft
$\dot{x} = \frac{dx}{dt} = v = \frac{\ddot{x}}{j\omega}$	m/s	Geschwindigkeit, Schwingungsschnelle
$a = \ddot{x} = \frac{d^2x}{dt^2} = \dot{x} \cdot j\omega$	m/s²	Beschleunigung, Schwingbeschleunigung
$F = \hat{F} \cdot e^{j\omega t}$	N	periodische Erregerkraft bei der Kreisfrequenz $\omega = 2\pi f$

Bei erzwungenen Schwingungen, Krafterregung mit der Kreisfrequenz ω schwingt die Struktur ebenfalls mit der Kreisfrequenz ω. Der Lösungsansatz für den Schwingweg x lautet:

$$x = \hat{x} \cdot e^{j\omega t} = \frac{\dot{x}}{j\omega} \quad m \qquad (2.28)$$

Mit (2.26) und (2.28) folgt aus (2.27):

$$Z_e = \frac{F}{v} = \frac{F}{\dot{x}} = jm\omega + d + \frac{k_F}{j\omega} \quad kg/s \qquad (2.29)$$

Hieraus folgt, dass sich die Eingangsimpedanz aus drei Anteilen zusammensetzt:

1. Massenimpedanz Z_m

$$Z_m = jm\omega \quad \text{kg/s} \tag{2.30}$$

Die Impedanz einer Punktmasse ist eine rein imaginäre Größe, d. h. die Schwinggeschwindigkeit (Schnelle) der Masse ist um 90° gegenüber der anregenden Kraft phasenverschoben. Der Betrag der Impedanz ist proportional der Masse m und der anfachenden Kreisfrequenz ω.

2. Dämpferimpedanz Z_D

$$Z_D = d \quad \text{kg/s} \tag{2.31}$$

Die Impedanz eines geschwindigkeitsproportionalen Dämpfers ist eine reelle Größe, d. h. die Schwinggeschwindigkeit des Dämpfers ist mit der anregenden Kraft in Phase. Der Betrag der Impedanz ist gleich der Dämpfungskonstanten d.

3. Federimpedanz Z_F

$$Z_F = \frac{k_F}{j\omega} \quad \text{kg/s} \tag{2.32}$$

Die Impedanz einer Feder ist wiederum rein imaginär, d. h. die Schwinggeschwindigkeit ist um $-90°$ gegenüber der anregenden Kraft phasenverschoben. Ihr Betrag ist proportional der Federsteifigkeit k_F und umgekehrt proportional der anfachenden Kreisfrequenz ω.

Die Eingangsimpedanz des gedämpften Ein-Massen-Schwingers, die sich aus den drei Grundimpedanzen entsprechend (2.30) bis (2.32) zusammensetzt, kann je nach Eigenschaft der Einzelelemente Masse, Dämpfer und Feder sehr unterschiedliche Werte annehmen.

Graphische Darstellung der idealisierten Impedanzverläufe

Zur Veranschaulichung der physikalischen Bedeutung der mechanischen Impedanz, wird nachfolgend das Verhältnis $\frac{|Z|}{\omega}$ in Abhängigkeit der Frequenz dargestellt. Dieses Verhältnis hat die Dimension einer Masse und wird sinnvollerweise als mitbewegte bzw. **dynamische Masse** bezeichnet:

$$m_b = \frac{|Z|}{\omega} = \frac{\text{Betrag der mech. Impedanz}}{\text{Kreisfrequenz}} \quad \text{kg} \tag{2.33}$$

m_b mitbewegte bzw. dynamische Masse

Die dynamische Masse m_b charakterisiert den Widerstand einer Struktur gegenüber äußeren Erregerkräften. Im Gegensatz zur statischen Masse der Strukturen, die eine Konstante darstellt, ist die dynamische Masse sehr stark frequenzabhängig. Eine Ausnahme ist hierbei die kompakte Masse, siehe (2.30), bei der die dynamische Masse denselben

Wert hat wie die Masse der Struktur. Damit man die Impedanzverläufe besser miteinander vergleichen kann, sind nachfolgend die Beträge einiger idealisierter Impedanzen, die dazugehörigen dynamischen Massen, der Werkstoff sowie die jeweiligen geometrischen Abmessungen zusammengestellt. Die Abmessungen sind so gewählt, dass alle idealisierten Bauteile bei einer Frequenz von 10 Hz eine dynamische Masse von 10 kg aufweisen [1].

kompakte Masse $m_\text{b} - m$

ideale Feder $\quad m_\text{b} = \frac{k_\text{F}}{\omega^2}$

idealer Dämpfer $m_\text{b} = \frac{d}{\omega}$

idealer Balken $\quad m_\text{b} = \dfrac{2\sqrt{2}\cdot\rho\cdot A\cdot\sqrt[4]{\dfrac{E J_\text{b}}{\rho\cdot A}}}{\sqrt{\omega}}$

ideale Platte $\quad m_\text{b} = \dfrac{8\cdot\sqrt{\dfrac{E\cdot h^3}{12\,(1-\mu^2)}}\cdot\rho\cdot h}{\omega}$

In Abb. 2.11 sind die kontinuierlichen Verläufe der dynamischen Massen von idealisierten Bauteilen in Abhängigkeit von der Frequenz dargestellt.

Hieraus folgt, dass der Widerstand der Strukturen gegen anregende Wechselkräfte mit zunehmender Frequenz immer kleiner wird. Nur bei der kompakten Masse (z. B. Amboss) ist dies nicht der Fall. Die abnehmenden dynamischen Massen der anderen Strukturen sind ein Grund dafür, dass man diese Strukturen mit zunehmender Frequenz leichter zu Schwingungen anregen kann. Relativ schwere Maschinenstrukturen lassen sich daher je nach Anfachungsfrequenz mehr oder weniger leicht zu Schwingungen anregen.

Weiterhin folgt aus Abb. 2.11, dass man mit Hilfe einer kompakten Masse an der krafteinleitenden Stelle die dynamische Masse wesentlich erhöhen kann, vor allem, wenn die Strukturen geringe dynamische Massen aufweisen (Erhöhung der Eingangsimpedanz).

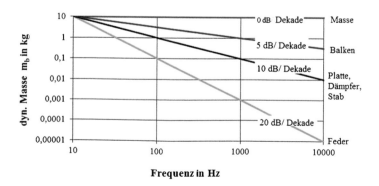

Abb. 2.11 Dynamische Masse idealisierter Bauteile [1]

2.2.4.2 Mechanische Eingangsimpedanz realer Bauteile

Die mechanische Eingangsimpedanz realer Bauteile unterscheidet sich von der Impedanz idealer Bauteile wesentlich. Die Impedanz realer Bauteile hat im Gegensatz zur Impedanz idealer Bauteile keinen kontinuierlichen Verlauf über die Frequenz. Impedanzverläufe realer Bauteile weisen Einbrüche (Resonanzstellen) und Überhöhungen (Antiresonanzstellen) auf, die durch das Eigenschwingungsverhalten der Bauteile verursacht werden. In Abb. 2.12 ist der Impedanzverlauf realer Bauteile schematisch dargestellt. Der gesamte Frequenzbereich lässt sich in drei Bereiche unterteilen:

Frequenzbereich I: Unterhalb der 1. Eigenfrequenz des Bauteils
In diesem Frequenzbereich verhalten sich die Bauteile je nach ihrer Einspannung als freie Masse oder als Feder. Dämpfungsmaßnahmen in diesem Frequenzbereich sind unwirksam.

Frequenzbereich II: Zwischen der 1. und 5. bis 8. Eigenfrequenz des Bauteils
In diesem Frequenzbereich können durch Resonanzanregungen, je nach Dämpfung des Systems, erhebliche Einbrüche im Impedanzverlauf auftreten, d. h. es können bei gleicher Krafterregung sehr hohe Schwingungsamplituden entstehen.
Durch die Dämpfungsmaßnahmen werden die Impedanzen bei den Resonanzfrequenzen erhöht und bei den Antiresonanzfrequenzen verringert, s. Abb. 2.12. Daher führen die Dämpfungsmaßnahmen in diesem Frequenzbereich zu deutlichen Schwingungsreduzierungen, besonders dann, wenn die Strukturen bzw. Bauteile Resonanzschwingungen ausführen.

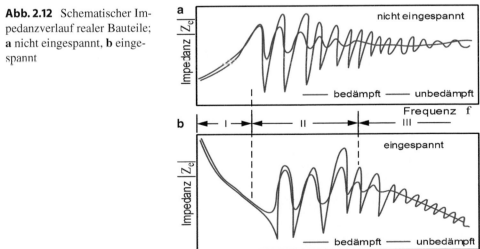

Abb. 2.12 Schematischer Impedanzverlauf realer Bauteile; **a** nicht eingespannt, **b** eingespannt

Frequenzbereich III: Oberhalb der 5. bis 8. Eigenfrequenz des Bauteils

Je nach Einspannbedingungen können hier die Impedanzverläufe Platten- oder Balkencharakter annehmen. Wegen der höheren Eigenfrequenzdichte ist die Wahrscheinlichkeit der Resonanzanregung in diesem Frequenzbereich geringer als im II. Frequenzbereich. Daher sind auch die Dämpfungsmaßnahmen in diesem Frequenzbereich, zwecks Schwingungsreduzierung, nicht besonders wirksam.

Für die Lärm- und Schwingungsentwicklung sind oft die niedrigen Impedanzen, wie sie bei Resonanzstellen auftreten und dort zu Resonanzzuständen führen können, maßgebend. Die Impedanzeinbrüche realer Bauteile, die neben den Einspannbedingungen, Materialeigenschaften und der Bauteilgeometrie auch von der vorhandenen Systemdämpfung abhängig sind, lassen sich nur genau durch Messungen ermitteln [3]. Da in vielen Fällen, z. B. während der Planungsphase, eine messtechnische Ermittlung der Impedanz nicht möglich ist, wird nachfolgend eine vereinfachte Modellvorstellung [4] für die Abschätzung der mechanischen Eingangsimpedanz behandelt.

$\lambda/4$-Modell zur Abschätzung der mechanischen Eingangsimpedanz [4]

Der Betrag der mechanischen Eingangsimpedanz realer Bauteile lässt sich ohne Berücksichtigung von Resonanzeinbrüchen nach (2.33) wie folgt abschätzen:

$$|Z| \approx \omega \cdot m_{\mathrm{b}} \quad \text{kg/s} \tag{2.34}$$

Hierbei ist m_{b} die mitbewegte bzw. dynamische Masse der Strukturstelle, deren Eingangsimpedanz bestimmt werden soll. m_{b} entspricht hier der Masse innerhalb einer gedachten Kugel an der Krafteinleitungsstelle mit dem Radius $\lambda/4$, wobei λ die maßgebliche Biege- oder Schubwellenlänge ist. In den meisten Fällen entspricht λ der Biegewellenlänge λ_{B}. Für plattenartige Bauteile, wie sie bei vielen schallabstrahlenden Maschinenstrukturen- und/oder -oberflächen vorkommen, lässt sich die Biegewellenlänge wie folgt bestimmen [1]:

$$c_{\mathrm{B}} = \sqrt{2\pi} \cdot \sqrt[4]{\frac{B'}{m''}} \cdot \sqrt{f} \quad \text{m/s} \tag{2.35}$$

$$\lambda_{\mathrm{B}} = \frac{c_{\mathrm{B}}}{f} = \sqrt{2\pi} \cdot \sqrt[4]{\frac{B'}{m''}} \cdot \frac{1}{\sqrt{f}} \quad \text{m} \tag{2.36}$$

Mit

c_{B} Biegewellengeschwindigkeit in m/s

B' auf die Länge bezogene Biegesteifigkeit der Platte in Nm

m'' auf die Fläche bezogene Masse der Platte in kg/m^2

Für eine Platte mit der Dicke h ist:

$$B' = \frac{E \cdot h^3}{12\,(1 - \mu^2)} \quad \text{Nm} \tag{2.37}$$

$$m'' = \rho \cdot h \quad \text{kg/m}^2 \tag{2.38}$$

E Elastizitätsmodul der Platte in N/m^2

ρ Dichte der Platte in kg/m^3

h Plattendicke in m

μ Poisson- oder Querkontraktionszahl. Für viele Metalle, z. B. Stahl, ist $\mu \approx 0{,}3$

Die Masse innerhalb der gedachten Kugel mit dem Radius $\lambda_B/4$ entspricht bei einer ebenen Platte der Masse einer Kreisscheibe mit dem Radius $\lambda_B/4$. Mit (2.35) bis (2.38) lässt sich die dynamische Masse der ebenen Platte wie folgt bestimmen:

$$m_b \approx \pi \cdot \left(\frac{\lambda_B}{4}\right)^2 \cdot h \cdot \rho = \frac{\pi^2}{8} \cdot \sqrt{\frac{E \cdot \rho}{12\,(1 - \mu^2)}} \cdot \frac{h^2}{f} \quad \text{kg} \tag{2.39}$$

Mit (2.34) erhält man dann den Betrag der mechanischen Eingangsimpedanz einer ebenen Platte:

$$|Z| \approx \omega \cdot m_b = \frac{\pi^3}{4} \cdot \sqrt{\frac{E \cdot \rho}{12\,(1 - \mu^2)}} \cdot h^2 \quad \text{kg/s} \tag{2.40}$$

In Abb. 2.13 sind die gemessene Eingangsimpedanz und die dynamische Masse einer Platte, Krafterregung in der Plattenmitte, dargestellt. Als Vergleich sind auch die idealisierten Verläufe nach (2.39) und (2.40) eingezeichnet. Hieraus folgt, dass die idealisierten Verläufe nur für die Abschätzung der Mittelwerte geeignet sind.

Wie aus der Abb. 2.13 auch leicht zu erkennen ist, ist es nicht möglich, mit Hilfe des $\lambda/4$-Modells die Einbrüche im Verlauf der dynamischen Masse bzw. der Impedanz zu bestimmen. Das bedeutet, dass die Impedanzen, die mit Hilfe dieser Modellvorstellung ermittelt werden, nur näherungsweise für die Frequenzbereiche, in denen keine ausgeprägten Eigenfrequenzen vorkommen, verwendet werden können (Frequenzbereich I und III in Abb. 2.12).

Die Einbrüche bei der Eingangsimpedanz bzw. die dynamische Masse, die für die Geräuschentwicklung maßgebend sind, lassen sind am besten durch Messungen bestimmen, s. Kap. 5.

Beispiel 2.1

Abschätzen der mechanischen Eingangsimpedanz einer $h = 6\,\text{mm}$ dicken Stahlplatte bei $f = 10, 100, 1000$ und $10000\,\text{Hz}$.

$$E_{\text{Stahl}} = 2{,}1 \cdot 10^{11}\,\text{N/m}^2; \quad \mu = 0{,}3; \quad \rho_{\text{Stahl}} = 7850\,\text{kg/m}^3$$

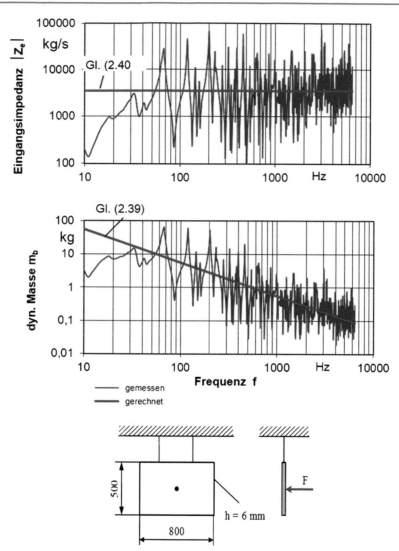

Abb. 2.13 Gemessener und gerechneter Betrag der Eingangsimpedanz und dynamische Masse einer frei aufgehängten (nicht eingespannt!) und in der Mitte erregten ebenen Stahlplatte

In der Tab. 2.1 sind die berechneten Werte für c_B, λ_B, m_b und $|Z|$ nach (2.35), (2.36), (2.39) und (2.40) zusammengestellt:

Für die einfache Berechnung der Biegewellenlänge λ_B und der dynamischen Masse m_b lässt sich aus (2.36) und (2.39) für eine ebene Stahlplatte folgende Näherungsformel als

Zahlenwertgleichung angeben:

$$\lambda_{\text{B,Stahl}} \approx 3{,}14 \cdot \frac{\sqrt{h}}{\sqrt{f}} \quad \text{m } (h \text{ in mm}; f \text{ in Hz}) \tag{2.41}$$

$$m_{\text{b,Stahl}} \approx 15{,}16 \cdot \frac{h^2}{f} \quad \text{kg } (h \text{ in mm}; f \text{ in Hz}) \tag{2.42}$$

Tab. 2.1 Gerechnete Werte für Beispiel 2.1

f	10	100	1000	10000	Hz
c_B	24,3	76,8	242,9	768,2	m/s
λ_B	2,43	0,77	0,24	0,08	m
m_b	54,6	5,5	0,55	0,05	kg
$|Z|$	3429	3429	3429	3429	kg/s

2.2.5 Körperschallleistung

Die indirekte Schallabstrahlung von Maschinenstrukturen, die durch Wechselkräfte zu mechanischen Schwingungen („Körperschallschwingungen") angeregt werden, wird als sekundärer bzw. indirekter Luftschall (Körperschall!) bezeichnet. Dabei werden die Luftteilchen durch Strukturschwingungen, z. B. des Gehäuses, indirekt zu Schwingungen angeregt.

Wechselkräfte treten z. B. in Getrieben durch Stöße, Abroll- und Reibvorgänge, Unwuchten rotierender Bauteile, Druckpulsationen sowie Ablöseerscheinungen bei Strömungsvorgängen an Umlenkungen und Querschnittsveränderungen auf.

Im einfachsten Falle besitzt die Intensität (s. (2.23)) der Abstrahlung die Größe:

$$I_S = \overline{\tilde{v}_S^2} \cdot Z \quad \text{W/m}^2 \tag{2.43}$$

Dabei ist $\overline{\tilde{v}_S^2}$ das Quadrat des Effektivwerts der Schnelle, gemittelt über die Abstrahlfläche S und $Z = \rho \cdot c$ ist die Schallkennimpedanz der Luft.

Hierbei wurde vorausgesetzt, dass der durch die Strukturschwingungen verursachte Schalldruck und die Schallschnelle der Luftteilchen vor der Abstrahlfläche in Phase sind.

Unter der Annahme, dass alle Flächenteile konphas mit dem mittleren Schnellequadrat $\overline{\tilde{v}_S^2}$ schwingen, lässt sich die abgestrahlte Schallleistung dieser Fläche wie folgt bestimmen:

$$P_{\text{K,th}} = \overline{\tilde{v}_S^2} \cdot Z \cdot S \quad \text{W} \tag{2.44}$$

Hierbei ist $P_{\text{K,th}}$ die theoretisch abgestrahlte Körperschallleistung, die in der Regel einen Maximalwert darstellt. Die tatsächlich abgestrahlte Körperschallleistung der Fläche S ist kleiner und wird durch den Faktor σ berücksichtigt [1]:

$$P_{\mathrm{K}} = \overline{\tilde{v}_s^2} \cdot Z \cdot S \cdot \sigma \quad \mathrm{W} \tag{2.45}$$

$$\overline{\tilde{v}_s^2} = \frac{1}{S} \int_A \tilde{v}_s^2 \mathrm{d}S = \frac{1}{S} \sum_{i=1}^{n} \overline{\tilde{v}_{s_i}^2} \cdot S_i \quad \mathrm{m}^2/\mathrm{s}^2 \tag{2.46}$$

Hierin sind:

$\tilde{v}_s^2$ Quadrat des Effektivwertes der Schnelle auf dem Flächenelement $\mathrm{d}S$,

$\overline{\tilde{v}_{s_i}^2}$ Quadrat des Effektivwertes der Schnelle als Mittelwert für die Teilfläche S_{i},

S Gesamtfläche der schallabstrahlenden Struktur,

$\overline{\tilde{v}_s^2}$ mittleres Quadrat des Effektivwertes der Schnelle auf der abstrahlenden Fläche S (Körperschall),

σ der sog. Abstrahlgrad der Fläche S und gibt den Anteil der tatsächlich abgestrahlte Körperschallleistung an.

2.2.6 Abstrahlgrad

Die Strukturschwingungen, die als Luftschall abgestrahlt werden, bezeichnet man als „Körperschallabstrahlung". Die Körperschallabstrahlung ist neben der Schwingschnelle v und Fläche S im Wesentlichen von dem Abstrahlgrad „σ" abhängig. Der Abstrahlgrad beschreibt die Umsetzung von Struktur- bzw. Körperschallschwingungen in Luftschall. Er gibt an, in welchem Umfang Körperschall bei den jeweiligen Frequenzen als (sekundärer) Luftschall abgestrahlt wird. Im logarithmischen Maß angegeben, wird der Abstrahlgrad als **Abstrahlmaß** σ' bezeichnet:

$$\sigma = \frac{P_{\mathrm{K}}}{\rho \cdot c \cdot \overline{\tilde{v}_s^2} \cdot S} \tag{2.47}$$

$$\sigma' = 10 \cdot \lg(\sigma) \quad \mathrm{dB} \tag{2.48}$$

In Abb. 2.14 ist schematisch die Körperschallabstrahlung von plattenartigen Strukturen, den üblichen schallabstrahlenden Bauteilen einer Maschine, dargestellt. Der durch die Strukturschwingungen angeregte Luftschall, kann erst ab einer Grenzfrequenz f_{g}, bei der die Luft- und Biegewellenlänge gleich sind ($\lambda_{\mathrm{Luft}} = \lambda_{\mathrm{B}}$), abgestrahlt werden, d. h. $\sigma = 1$.

Mit (2.1) und (2.36) lassen sich die Luft- und Biegewellenlängen bei der Grenzfrequenz f_{g} wie folgt bestimmen:

$$\lambda_{\mathrm{Luft,fg}} = \frac{c}{f_{\mathrm{g}}} \quad \mathrm{m} \tag{2.49}$$

$$\lambda_{\mathrm{B}.f_{\mathrm{g}}} = \sqrt{2\pi} \cdot \sqrt[4]{\frac{B'}{m''}} \cdot \frac{1}{\sqrt{f_{\mathrm{g}}}} \quad \mathrm{m} \tag{2.50}$$

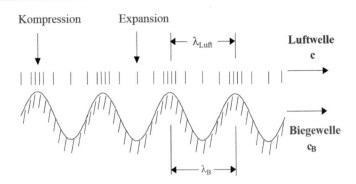

Abb. 2.14 Schematische Darstellung der Körperschallabstrahlung von plattenartigen Strukturen

Hieraus ist leicht zu erkennen, dass Luft- und Biegewellenlänge unterschiedlich von der Frequenz abhängig sind. Dadurch ist natürlich auch der Abstrahlgrad frequenzabhängig. Durch das Gleichsetzen der Gleichungen (2.49) und (2.50) erhält man dann die Grenzfrequenz f_g:

$$f_g = \frac{1}{2\pi} c^2 \sqrt{\frac{m''}{B'}} \quad \text{Hz} \tag{2.51}$$

Bei den Frequenzen oberhalb der Grenzfrequenz, $\lambda_{\text{Luft}} < \lambda_B$, werden die Strukturschwingungen in den meisten Fällen voll abgestrahlt. Für die praktische Anwendung ist:

$$\left.\begin{array}{ll} \sigma \approx 1 & \text{für} \quad f \geq f_g \\ \sigma < 1 & \text{für} \quad f < f_g \end{array}\right\} \tag{2.52}$$

Der Grund für dieses Verhalten liegt darin, dass bei den Frequenzen $f < f_g$ die Wellenlänge des abgestrahlten Luftschalls λ_{Luft} größer ist als die Biegewellenlänge λ_B der schwingenden Strukturen. Dadurch verhindern die größeren Schallwellenlängen in der Luft die Abstrahlung der kleineren Biegewellenlängen, die sich unmittelbar vor den schwingenden Strukturen als Luftschall abbilden. Diesen Effekt nennt man **akustischen Kurzschluss** oder **Koinzidenzeffekt** [5, 6].

Die Lage der Grenzfrequenz f_g kann durch konstruktive Maßnahmen, z. B. durch die Veränderung des Quotienten:

$$\text{Massenbelegung/Biegesteifigkeit} = m''/B'$$

verschoben werden.

Schalltechnisch wünschenswert ist eine möglichst hohe Grenzfrequenz, da für $f < f_g$, $\sigma < 1$ ist und weniger Körperschall abgestrahlt wird.

2.3 Schallpegel

Orientiert am menschlichen Hörvermögen (relativ, logarithmisch) und bedingt durch einen sehr großen Hörbereich von 12 Zehnerpotenzen werden die Schallfeldgrößen grundsätzlich als Pegel (Logarithmus eines Verhältnisses) mit der Einheit Dezibel dB angegeben.

Der Schallpegel ist als 10-facher Logarithmus des Verhältnisses einer Leistungsgröße, z. B. P, I, p^2, v^2 definiert und mit dem Buchstabe L bezeichnet. Durch entsprechende Indizes werden je nach physikalischer Größe die Schallpegelgrößen gekennzeichnet. Wegen der Einheitlichkeit sind die Bezeichnungen der meisten Schallpegelgrößen genormt.

Die Bezugsgrößen sind ebenfalls für die meisten Pegelgrößen festgelegt. Die Zahlenwerte orientieren sich an der Wahrnehmungsgrenze eines gesunden Menschen (Hörschwelle). Nachfolgend sind einige wesentliche Pegelgrößen angegeben.

Schalleistungspegel L_W

$$\left. \begin{aligned} L_W &= 10 \cdot \lg \frac{P}{P_0} \quad \text{dB} \\ P_0 &= 10^{-12} \quad \text{W} \end{aligned} \right\} \tag{2.53}$$

Schallintensitätspegel L_I

$$\left. \begin{aligned} L_I &= 10 \cdot \lg \frac{I}{I_0} \quad \text{dB} \\ I_0 &= 10^{-12} \quad \text{W/m}^2 \end{aligned} \right\} \tag{2.54}$$

Schalldruckpegel L_p

$$\left. \begin{aligned} L_p &= 10 \cdot \lg \frac{p^2}{p_0^2} = 20 \cdot \lg \frac{p}{p_0} \quad \text{dB} \\ p_0 &= 2 \cdot 10^{-5} \quad \text{N/m}^2 \end{aligned} \right\} \tag{2.55}$$

Schnellepegel L_v

$$\left. \begin{aligned} L_v &= 10 \cdot \lg \frac{v^2}{v_0^2} = 20 \cdot \lg \frac{v}{v_0} \quad \text{dB} \\ v_0 &= 5 \cdot 10^{-8} \quad \text{m/s} \end{aligned} \right\} \tag{2.56}$$

Schallkennimpedanz K_0

$$\left. \begin{aligned} K_0 &= -10 \lg \frac{\rho \cdot c}{\rho_0 \cdot c_0} \quad \text{dB} \\ \rho_0 \cdot c_0 &= 400 \quad \text{N s/m}^3 \end{aligned} \right\} \tag{2.57}$$

Hinweis:

Bei der freien Schallausbreitung (Atmosphärendruck und Raumtemperatur) ist für die praktische Anwendung wegen $\rho \cdot c \approx \rho_0 \cdot c_0 = 400\,\mathrm{N\,s/m^3}$:

$$K_0 \approx 0 \quad \mathrm{dB}$$

Flächenmaß L_S

$$\left. \begin{aligned} L_S &= 10 \cdot \lg \frac{S}{S_0} \quad \mathrm{dB} \\ S_0 &= 1 \quad \mathrm{m^2} \end{aligned} \right\} \tag{2.58}$$

Die Bezugswerte sind so gewählt, dass man die Pegelwerte miteinander vergleichen kann.

$$\left. \begin{aligned} P_0 &= \frac{p_0^2}{\rho_0 \cdot c_0} \cdot S_0 = 10^{-12} \quad \mathrm{W} \\ I_0 &= \frac{p_0^2}{\rho_0 \cdot c_0} = 10^{-12} \quad \mathrm{W/m^2} \\ v_0 &= \frac{p_0}{\rho_0 \cdot c_0} = 5 \cdot 10^{-8} \quad \mathrm{m/s} \\ \frac{p_0}{v_0} &= \rho_0 \cdot c_0 = Z_0 = 400 \quad \mathrm{N\,s/m^3} \end{aligned} \right\} \tag{2.59}$$

2.3.1 Pegeladdition, energetische Addition

Bei Addition von mehreren Pegeln werden die Leistungsgrößen addiert:

$$P_{\mathrm{ges}} = \sum_{i=1}^{n} P_i \quad \mathrm{W} \tag{2.60}$$

$$I_{\mathrm{ges}} = \sum_{i=1}^{n} I_i \quad \mathrm{W/m^2} \tag{2.61}$$

$$p_{\mathrm{ges}} = \sqrt{\sum_{i=1}^{n} p_i^2} \quad \mathrm{N/m^2} \tag{2.62}$$

$$v_{\mathrm{ges}} = \sqrt{\sum_{i=1}^{n} v_i^2} \quad \mathrm{m/s} \tag{2.63}$$

Den Summenpegel erhält man dann:

$$\left. \begin{aligned} L_{W_{\mathrm{ges}}} &= 10\lg \frac{P_{\mathrm{ges}}}{P_0} = 10\lg \sum_{i=1}^{n} 10^{L_{Wi}/10} \\ &\quad\quad \text{bzw.} \\ L_{p_{\mathrm{ges}}} &= 10\lg \frac{p_{\mathrm{ges}}^2}{p_0^2} = 10\lg \sum_{i=1}^{n} 10^{L_{pi}/10} \end{aligned} \right\} \quad \mathrm{dB} \tag{2.64}$$

Die Gleichung (2.64) bezeichnet man auch als **leistungsmäßige** Addition.

Beispiel 2.2
Gesucht ist die Summe folgender Pegel:

a) 70 dB und 70 dB:

$$L_{\text{ges.}} = 10 \cdot \lg(10^{70/10} + 10^{70/10}) = 73{,}0\,\text{dB}$$

b) 70 dB und 60 dB:

$$L_{\text{ges.}} = 10 \cdot \lg(10^{70/10} + 10^{60/10}) = 70{,}4\,\text{dB}$$

c) 90 dB und 80 dB:

$$L_{\text{ges.}} = 10 \cdot \lg(10^{90/10} + 10^{80/10}) = 90{,}4\,\text{dB}$$

Hieraus folgt, dass bei Addition von zwei gleichen Pegeln sich der Gesamtpegel um 3 dB erhöht. Unterscheiden sich die Einzelpegel um mehr als 10 dB, so entspricht der Gesamtpegel in etwa dem größeren Pegel und der Einfluss des kleineren Pegels ist vernachlässigbar. Auch ergibt sich dann kurioserweise, dass

$$0\,\text{dB} + 0\,\text{dB} = 3\,\text{dB} \quad \text{ist}$$

oder

$$L_{\text{ges.}} = 10 \cdot \lg(10^{0/10} + 10^{0/10}) = 10 \cdot \lg(1 + 1) = 3\,\text{dB}.$$

2.3.2 Mittelungspegel

Die energetische bzw. leistungsmäßige Mittelung von n-Pegeln ergibt sich analog zur Pegeladdition:

$$\overline{P} = \frac{1}{n} \sum_{i=1}^{n} P_i \quad \text{W} \tag{2.65}$$

bzw.

$$\overline{p} = \sqrt{\frac{1}{n} \sum_{i=1}^{n} p_i^2} \quad \text{N/m}^2 \tag{2.66}$$

Der Mittelungspegel ergibt sich dann:

$$\left.\begin{array}{c} \overline{L} = 10 \cdot \lg \dfrac{\overline{P}}{P_0} = 10 \cdot \lg \left[\dfrac{1}{n} \displaystyle\sum_{i=1}^{n} 10^{L_{Wi}/10} \right] \\[2mm] \text{bzw.} \\[2mm] \overline{L} = 10 \cdot \lg \dfrac{\overline{p^2}}{p_0^2} = 10 \cdot \lg \left[\dfrac{1}{n} \displaystyle\sum_{i=1}^{n} 10^{L_{pi}/10} \right] \end{array}\right\} \quad \text{dB} \qquad (2.67)$$

Mit der (2.64) folgt aus (2.67):

$$\overline{L} = L_{\mathrm{ges}} - 10 \cdot \lg n \quad \text{dB} \qquad (2.68)$$

Beispiel 2.3

Gesucht ist der Mittelwert der Pegel 70 dB und 60 dB:

$$\overline{L} = 10 \lg \left[\frac{1}{2} \left(10^{70/10} + 10^{60/10} \right) \right] = 67{,}4\,\text{dB}$$

bzw.

$$\overline{L} = L_{\mathrm{ges}} - 10 \cdot \lg(2) = 70{,}4 - 3 = 67{,}4\,\text{dB}$$

Hieraus folgt, dass der leistungsmäßige Mittelwert größer ist als der arithmetische Mittelwert von $(70 + 60)/2 = 65\,\text{dB}$ und kleiner ist als der größte Pegel.

2.3.3 Störpegel

Das Problem des Störpegels tritt bei Schallpegelmessungen in Erscheinung, wenn der zu messende Pegel L_M durch einen gleichzeitig und ständig wirkenden Stör- oder Fremdpegel L_F, der nicht zu eliminieren ist, verfälscht wird.

Zur Korrektur des gemessenen Gesamtpegels L_G, der sich aus der Summe von L_M und L_F zusammen setzt, misst man zunächst den Gesamtpegel L_G bei vorhandenem Störpegel L_F und anschließend den Störpegel L_F alleine bei ausgeschalteter Maschine. Durch die Differenzbildung erhält man den Korrekturpegel ΔL:

$$L_M = L_{G-F} = 10 \cdot \lg \left(10^{\frac{L_G}{10}} - 10^{\frac{L_F}{10}} \right) = L_G + 10 \cdot \lg \left(1 - 10^{\frac{L_G - L_F}{10}} \right)$$

$$= L_G - \Delta L \quad \text{dB} \qquad (2.69)$$

$$\Delta L = -10 \cdot \lg \left(1 - \frac{1}{10^{\frac{L_G - L_F}{10}}} \right) = -10 \cdot \lg \left(1 - 10^{-0{,}1 \cdot (L_G - L_F)} \right) \quad \text{dB} \qquad (2.70)$$

Nach DIN EN ISO 3744 [7] werden bei Schalldruckmessungen für die o. a. Größen folgende Bezeichnungen angegeben:

$$\left.\begin{array}{l} L_\mathrm{G} = L_p' \\ L_\mathrm{F} = L_p'' \\ \Delta L = K_1 \end{array}\right\} \quad \mathrm{dB} \tag{2.71}$$

L_p' Schalldruckpegel bei vorhandenem Störpegel
L_p'' Schalldruckpegel bei ausgeschalteter Maschine, Störpegel
K_1 Korrekturpegel für Fremdgeräusche

2.3.4 A-bewerteter Pegel

Die Lautstärke einer Geräuschquelle, die vom Menschen wahrgenommen wird, ist neben dem Pegel sehr stark frequenzabhängig. Tiefe Frequenzen werden vom Ohr sehr stark gedämpft und die hohen Frequenzen zum Teil verstärkt. Der Grund hierfür liegt einerseits am Übertragungssystem zwischen Außen- und Innenohr – Umwandlung von Druckschwankungen in mechanische Schwingungen – und andererseits am Eigenschwingverhalten des Gehörganges. Die Eigenfrequenz des Außengehörganges liegt zwischen 2000 bis 4000 Hz und bildet damit den empfindlichsten Frequenzbereich bei der Wahrnehmung [1].

Da man die Lautstärke nicht direkt messen kann, werden für praktische Anwendungen, bei denen die Lautstärke gekennzeichnet werden soll, die Schallpegelwerte mit einer in DIN 45 633 festgelegten Filterkurve (A-Kurve) bewertet. Die A-Filterkurve entspricht in etwa dem Frequenzgang des menschlichen Ohres im Bereich niedriger Pegel.

Die so gemessenen Schallpegelwerte werden mit Index „A" versehen und als A-bewerteter Pegel bezeichnet. Die Einheit wird oft ebenfalls mit dem Buchstaben A in Klammer erweitert, z. B.:

L_{WA} A-bewerteter Schallleistungspegel in dB(A)

oder

L_{vA} A-bewerteter Schnellepegel in dB(A)

Neben der A-Filterkurve existieren auch andere Filterkurven, die mit B-, C- und D-Kurven bezeichnet werden. In Abb. 2.15 sind die Filterkurven in Anhängigkeit der Frequenz dargestellt.

Die Bewertungskurven geben den Frequenzgang des Ohres für schmalbandige Geräusche etwas vereinfacht wieder, die Kurve A im Bereich weniger lauter, die Kurven B und C in den Bereichen lauter und sehr lauter Geräusche. Die Kurve D gilt für Flugzeuggeräusche und hat für die Konstruktionsakustik ebenfalls keine Bedeutung mehr. Die

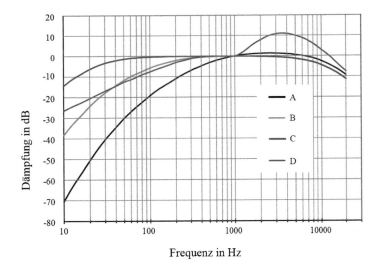

Abb. 2.15 Bewertungskurven

zugehörigen Messgrößen werden als A-bewerteter Schalldruckpegel L_A in dB(A) oder als B-, C-, D-bewerteter Schalldruckpegel L_B, L_C, L_D angegeben.

2.3.5 Beurteilungspegel

Der Beurteilungspegel dient zur Bewertung der subjektiven Geräuschbelästigung am Immissionsort. Damit werden neben dem Schalldruckpegel zusätzliche Besonderheiten in der spektralen Verteilung berücksichtigt, vor allem, wenn schmalbandige Anteile und kurzzeitige impulsartige Pegelanstiege auftreten.

Der Beurteilungspegel L_r (Noise Rating Level) ermöglicht die Lärmbelästigung durch Angabe einer Einwertgröße in der Regel für einen definierten Zeitraum T_r (Beurteilungszeit) zu charakterisieren. Die Grundlage für die zahlenmäßige Festlegung des Beurteilungspegels ist der A-bewertete energieäquivalente Dauerschalldruckpegel L_{Aeq} am Immissionsort nach (2.72).

$$L_{Aeq} = 10 \lg \left[\frac{1}{T} \int\limits_0^T 10^{\frac{L_A(t)}{10}} \, dt \right] \quad dB(A) \tag{2.72}$$

2.3.5.1 Nachbarschaftslärm

Gewerbliche Geräuschimmissionen werden in der Nachbarschaft in der Bundesrepublik Deutschland nach TA-Lärm beurteilt. Danach lässt sich der Beurteilungspegel L_r wie folgt bestimmen [8]:

$$L_r = 10 \cdot \lg \left[\frac{1}{T_r} \cdot \sum_{j=1}^{N} T_i \cdot 10^{0,1 \cdot (L_{Aeq.j} - C_{met} + K_{T,j} + K_{I,j} + K_{R,j})} \right] \quad dB(A) \qquad (2.73)$$

$T_r = \sum_{j=1}^{N} T_j = 16\,\text{h}$ Beurteilungszeit für den Tag: 06:00–22:00 Uhr

$T_r = 1\,\text{h}$ Beurteilungszeit für die Nacht: 22:00–06:00 Uhr

                      Maßgebend für die Beurteilung der Nacht ist die volle Nachtstunde (z. B. 01:00–02:00 Uhr) mit dem höchsten Beurteilungspegel.

T_j Teilzeit j

N Anzahl der Teilzeiten

$L_{Aeq.j}$ A-bewerteter energieäquivalenter Dauerschalldruckpegel für die Teilzeit T_j

$K_{I,j}$ Der Zuschlag für Impulshaltigkeit wird aus der Differenz des A-bewerteten 5 s Taktmaximal-Mittelungspegel $L_{AFTeq.j}$ und dem A-bewerteten energieäquivalenten Dauerschalldruckpegel $L_{Aeq.j}$ für die jeweilige Taktzeit T_j berechnet [8].

$K_{T,j}$ Der Zuschlag für Tonhaltigkeit lässt sich, nach DIN 45681-3/2005, objektiv bestimmen. Nach TA-Lärm wird er subjektiv, je nach Auffälligkeit der tonalen Komponenten, durch einen Zuschlag von 3 oder 6 dB berücksichtigt.

$K_{R,j} = 6\,\text{dB}$ Zuschlag für Tageszeiten mit erhöhter Empfindlichkeit.

                      1. an Werktagen   06:00–07:00 Uhr

                                               20:00–02:00 Uhr

                      2. an Sonn- und Feiertagen 06:00–09:00 Uhr

                                               13:00–15:00 Uhr

                                               20:00–22:00 Uhr

                      Der Ruhezeitenzuschlag wird in Abhängigkeit der Schutzwürdigkeit des Immissionsortes vergeben.

C_{met} Meteorologische Korrektur nach DIN ISO 9613-2 [9]

                      C_{met} lässt sich nach einer elementaren Analyse der örtlichen Wetterstatistiken mit einer Genauigkeit von $\pm 1\,\text{dB}$ bestimmen und kann Werte von 0 bis 5 dB annehmen. Teilweise sind derzeit bundeslandspezifische Regelungen für die Ermittlung von C_{met} in Kraft. Da C_{met} zu einer Verminderung des Beurteilungspegels führt, wird oft, damit man auf der sicheren Seite ist, $C_{met} = 0$ eingesetzt.

2.3.5.2 Arbeitslärm

Für den Arbeitslärm ist der Tages-Lärmexpositionspegel (bisher in der „UVV Lärm" BGV B3 als Beurteilungspegel bezeichnet) wie folgt definiert:

$$L_{\text{EX,8h}} = L_{\text{Aeq},T_e} + 10\lg(T_e/T_0) \quad \text{dB(A)} \tag{2.74}$$

mit:

$L_{\text{EX,8h}}$ Tages-Lärmexpositionspegel in dB(A), bezogen auf $20\,\mu\text{Pa}$. Der über die Zeit gemittelte Lärmexpositionspegel für einen nominalen Achtstundentag.

$$L_{\text{Aeq},T_e} = 10\lg\left[\frac{1}{T_e}\sum_{i=1}^{n}\left(T_i \cdot 10^{0,1 \cdot L_{\text{Aeq},T_i}}\right)\right] \quad \text{dB(A)} \tag{2.75}$$

L_{Aeq,T_i} Energieäquivalenter Dauerschalldruckpegel in dB(A), der über die Teilzeit T_i (in h) einwirkt

T_e effektive Einwirkzeit während eines Arbeitstages in h

T_0 Beurteilungszeit ($= 8\,$h)

Unter begründeten Umständen kann für Tätigkeiten, bei denen die Lärmexposition von einem Arbeitstag zum anderen erheblich schwankt, zur Bewertung der Lärmpegel, denen die Arbeitnehmer ausgesetzt sind, anstatt des Tages-Lärmexpositionspegel der Wochen-Lärmexpositionspegel verwendet werden:

$$\overline{L}_{\text{EX,8h}} = 10\lg\left[\frac{1}{5}\sum_{i=1}^{n} 10^{0,1\left(L_{\text{EX,8h}}\right)_i}\right] \quad \text{dB(A)} \tag{2.76}$$

mit:

$\overline{L}_{\text{EX,8h}}$ Wochen-Lärmexpositionspegel in dB(A). Der über die Zeit gemittelte Tages-Lärmexpositionspegel für eine nominale Woche mit fünf Achtstundentagen

$L_{\text{EX,8h},i}$ Tages-Lärmexpositionspegel in dB(A) für den i-ten Achtstundentag der insgesamt n Arbeitstage der betreffenden Woche

Zur Beurteilung des Lärms am Arbeitsplatz wird der Immissionspegel am Arbeitsplatz des Betroffenen im Bereich seiner Ohren, ersatzweise bei stehenden Personen in ca. 1,60 m Höhe über der Standfläche, bei sitzenden Personen in ca. 0,8 m Höhe über der Sitzfläche gemessen. Eine Beurteilung des Arbeitslärms am Arbeitsplatz hinsichtlich Gehörschäden erfolgt gemäß *LärmVibrationsArbSchV* bzw. unter Berücksichtigung unterschiedlicher Tätigkeiten gemäß *VDI 2058, Blatt 2 bzw. Blatt 3* [11].

2.4   Zeitliche und spektrale Darstellung von Schallfeldgrößen

Für schall- und schwingungstechnische Untersuchungen ist die Kenntnis des Gesamt-
pegels, z. B. Gesamtschalldruck- oder Gesamtschallleistungspegel ($L_{p,\text{ges}}$, $L_{W,\text{ges}}$) allein
nicht ausreichend. Darüber hinaus sind detaillierte Informationen, speziell über die im
Geräusch enthaltenen Frequenzanteile, erforderlich. Diese werden durch die Frequenzanalyse gewonnen, bei der das Geräusch in seine Frequenzanteile zerlegt wird.

Bei der Darstellung des Amplituden- bzw. Frequenzspektrums ist der sehr große akustische Frequenzbereich von 16–16000 Hz zu beachten. In Anlehnung an das menschliche
Hörvermögen teilt man diesen Bereich logarithmisch auf. Man erreicht so eine Verdich-
tung des Frequenzbereiches mit einer gleichmäßigen Auflösung zugunsten einer größeren
Übersichtlichkeit. Das Ergebnis einer ersten, etwas gröberen Einteilung ist die sog. Oktavleiter (Abb. 2.16).

Die logarithmische Einheit ist der Oktavschritt, der eine Frequenzverdoppelung darstellt. Damit ergeben sich für den ganzen Hörbereich 10 Oktavschritte auf der Oktavleiter.

Die Eckfrequenzen f_1 und $f_2 = 2 \cdot f_1$ bestimmen die jeweilige Oktave (Abb. 2.17).
Sie lässt sich auch durch ihre Mittenfrequenz $f_{m,\text{Okt}}$, die den Oktavschritt geometrisch in
zwei gleiche Teile teilt, kennzeichnen. Es ist also:

$$\frac{f_{m_{\text{Okt}}}}{f_{1,\text{Okt}}} = \frac{f_{2,\text{Okt}}}{f_{m_{\text{Okt}}}} \tag{2.77}$$

Hieraus folgt:

$$f_{m,\text{Okt}} = \sqrt{f_{1,\text{Okt}} \cdot f_{2,\text{Okt}}} = \sqrt{2} \cdot f_{1,\text{Okt}} = \frac{1}{\sqrt{2}} \cdot f_{2,\text{Okt}} \quad \text{Hz} \tag{2.78}$$

Die relative Bandbreite von Oktaven ist konstant und beträgt ca. 71 %:

$$\frac{\Delta f_{\text{Okt}}}{f_{m,\text{Okt}}} = \frac{f_{2,\text{Okt}} - f_{1,\text{Okt}}}{f_{m,\text{Okt}}} = \frac{1}{\sqrt{2}} \approx 0{,}71 \tag{2.79}$$

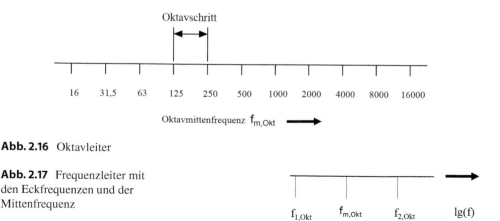

Abb. 2.16 Oktavleiter

Abb. 2.17 Frequenzleiter mit
den Eckfrequenzen und der
Mittenfrequenz

Abb. 2.18 Terzschritte in einer Oktave

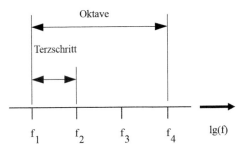

Hieraus folgt, dass bei einer Mittenfrequenz von $f_m = 100\,\text{Hz}$ die Bandbreite $\Delta f_{100\,\text{Hz}}$ 70 Hz und bei $f_m = 1000\,\text{Hz}$ die Bandbreite $\Delta f_{100\,\text{Hz}} \approx 700\,\text{Hz}$ beträgt.

Für eine feinere Unterteilung wird die Oktave auf der logarithmischen Frequenzleiter in drei gleiche Teile, sog. Terzschritte $\left(\frac{1}{3}\text{Oktave}\right)$ unterteilt (Abb. 2.18).

$$\frac{f_2}{f_1} = \frac{f_3}{f_2} = \frac{f_4}{f_3} \tag{2.80}$$

Definitionsgemäß ist:

$$\lg\left(\frac{f_4}{f_1}\right) = \lg(2) \quad \text{und} \quad \lg\left(\frac{f_2}{f_1}\right) = \frac{\lg(2)}{3}$$

Hieraus folgt dann:

$$f_{2,\text{Terz}} = \sqrt[3]{2} \cdot f_{1,\text{Terz}} \quad \text{Hz} \tag{2.81}$$

$$f_{m,\text{Terz}} = \sqrt{f_{1,\text{Terz}} \cdot f_{2,\text{Terz}}} = \sqrt{f_{1,\text{Terz}} \cdot \sqrt[3]{2} \cdot f_{1,\text{Terz}}} = \sqrt[6]{2} \cdot f_{1,\text{Terz}} \quad \text{Hz} \tag{2.82}$$

Die relative Bandbreite von Terzen ist konstant und beträgt:

$$\frac{\Delta f_{\text{Terz}}}{f_{m,\text{Terz}}} = \frac{f_{2,\text{Terz}} - f_{1,\text{Terz}}}{f_{m,\text{Terz}}} = \frac{\sqrt[3]{2} - 1}{\sqrt[6]{2}} \approx 0{,}23 \tag{2.83}$$

Hieraus folgt, dass die Bandbreite ca. 23 % der Terzmittenfrequenz beträgt und deutlich kleiner ist als bei der Bandbreite einer Oktave (71 %).

In den Tab. 2.2 und 2.4 sind die genormten [12] Mittenfrequenzen f_m mit den dazugehörigen Eckfrequenzen (untere und obere Grenzfrequenzen f_u und f_o) sowie die Bandbreite und die Dämpfungspegel der A-Bewertung für Oktaven und Terzen zusammengestellt. Die für die Praxis maßgebenden Frequenzbereiche, vor allem bei der Lärmminderung, sind farbig markiert.

Will man aus einer vorliegenden Oktav- oder Terzanalyse eines Geräusches den A-bewerteten Gesamtpegel bestimmen, muss der Summenpegel unter Berücksichtigung der

Tab. 2.2 Mittenfrequenz f_m, nach EN ISO 266, obere und untere Grenzfrequenzen, die Bandbreite und die Dämpfungspegel der A-Bewertung für Oktaven

$f_{m,Okt}$ Hz	$f_{u,Okt}$ Hz	$f_{o,Okt}$ Hz	Δf_{Okt} Hz	ΔL_{Okt} dB
16	11,3	22,6	11,3	-56,4
31,5	22,3	44,5	22,3	-39,5
63	44,5	89,1	44,5	-26,2
125	88,4	176,8	88,4	-16,1
250	176,8	353,6	176,8	-8,6
500	353,6	707,1	353,6	-3,2
1000	707,1	1414,2	707,1	0,0
2000	1414,2	2828,4	1414,2	1,2
4000	2828,4	5656,9	2828,4	1,0
8000	5656,9	11313,7	5656,9	-1,1
16000	11313,7	22627,4	11313,7	-6,7

frequenzabhängigen Dämpfungspegel der A-Bewertung (Tab. 2.2 und 2.4) von den Oktav- bzw. Terzpegeln gebildet werden. Es ist

$$L_{A,j} = L_j + \Delta L_j \quad \text{dB(A)} \quad j = f_m \tag{2.84}$$

$$L_A = 10 \cdot \log \left[\sum_{j=1}^{N} 10^{\frac{L_j + \Delta L_j}{10}} \right] \quad \text{dB(A)} \tag{2.85}$$

L_j Terz- oder Oktavpegel bei der Mittenfrequenz f_j in dB

Beispiel 2.4

Gegeben sind die gemessenen 1 m-Oktavschalldruckpegel $L_{p,Okt}$ einer Maschine. Gesucht wird der 1m-A-Oktav- und A-Gesamtschalldruckpegel der Maschine: $L_{pA.Okt}$; L_{pA}. In der Tab. 2.3 sind die Ergebnisse zusammengestellt.

1m-A-Schalldruckpegel: $L_{pA} = 87,0 \, \text{dB(A)}$.

Tab. 2.3 Ergebnisse des Beispiels 2.4

f_m	63	125	250	500	1000	2000	4000	8000	Summe	Hz
$L_{p,Okt}$	68	92	73	86	81	78	75	73	93,5	dB
ΔL_{Okt}	-26,2	-16,1	-8,6	-3,2	0,0	1,2	1,0	-1,1	–	dB
$L_{pA,Okt}$	41,8	75,9	64,4	82,8	81,0	79,2	76,0	71,9	87,0	dB(A)

In der gleichen Weise wie der Schalldruckpegel L_p frequenzbewertet wird, lässt sich auch der Schallleistungspegel L_W frequenzbewertet darstellen. Das Ergebnis ist der A-bewertete Schallleistungspegel oder der A-Schallleistungspegel L_{WA}. Diese Größe ist besonders gut geeignet, die Geräuschemission einer Schallquelle, z. B. einer Maschine, zu beurteilen.

Tab. 2.4 Mittenfrequenz f_m, nach EN ISO 266, obere und untere Grenzfrequenzen, die Bandbreite und die Dämpfungspegel der A-Bewertung für Terzen

$f_{m,Terz}$ Hz	$f_{u,Terz}$ Hz	$f_{o,Terz}$ Hz	Δf_{Terz} Hz	ΔL_{Terz} dB
16	14,3	18,0	3,7	-56,4
20	17,8	22,4	4,6	-50,4
25	22,3	28,1	5,8	-44,8
31,5	28,1	35,4	7,3	-39,5
40	35,6	44,9	9,3	-34,5
50	44,5	56,1	11,6	-30,3
63	56,1	70,7	14,6	-26,2
80	71,3	89,8	18,5	-22,4
100	89,1	112,2	23,2	-19,1
125	111,4	140,3	28,9	-16,1
160	142,5	179,6	37,1	-13,2
200	178,2	224,5	46,3	-10,8
250	222,7	280,6	57,9	-8,6
315	280,6	353,6	72,9	-6,6
400	356,4	449,0	92,6	-4,8
500	445,4	561,2	115,8	-3,2
630	561,3	707,2	145,9	-1,9
800	712,7	898,0	185,3	-0,8
1000	890,9	1122,5	231,6	0,0
1250	1113,6	1403,1	289,5	0,6
1600	1425,4	1795,9	370,5	1,0
2000	1781,8	2244,9	463,1	1,2
2500	2227,2	2806,2	578,9	1,3
3150	2806,3	3535,8	729,4	1,2
4000	3563,6	4489,8	926,3	1,0
5000	4454,5	5612,3	1157,8	0,6
6300	5612,7	7071,5	1458,8	-0,1
8000	7127,2	8979,7	1852,5	-1,1
10000	8909,0	11224,6	2315,6	-2,5
12500	11136,2	14030,8	2894,5	-4,3
16000	14254,4	17959,4	3705,0	-6,7

Bemerkung:

Wenn der A-bewertete Gesamtpegel kleiner ist als der lineare Gesamtpegel, wie im Beispiel 2.4 (87,0 dB(A) < 93,5 dB), dann ist dies ein Hinweis dafür, dass im Spektrum die Frequenzen unterhalb 1000 Hz pegelbestimmend sind. Umgekehrt, wenn der A-Pegel größer ist als der lineare Pegel, dann ist es ein Hinweis dafür, dass die Frequenzen oberhalb 1000 Hz pegelbestimmend sind.

In dem Maße, wie der A-Schalldruckpegel zur Beurteilung der Geräuschimmission herangezogen wird, kann der A-Schallleistungspegel zur Beurteilung der Geräuschemission verwendet werden.

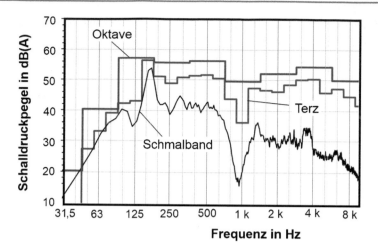

Abb. 2.19 Verschiedene Frequenzanalysen eines Geräusches mit schmalbandigen Komponenten

Neben der Frequenzanalyse mit konstanter relativer Bandbereite, z. B. Oktav- und Terz-
analysen ($\frac{1}{3}$ Oktave), sind auch schmalbandigere Analysen mit konstanter relativer Bandbereite ($\frac{1}{6}, \frac{1}{12}, \frac{1}{24}$ Oktave) üblich.

Für genauere Ursachenanalysen, vor allem für die Lokalisierung von tonalen Frequenzkomponenten, werden auch Frequenzanalysen mit konstanter Bandbreite, z. B. $\Delta f =$
$1, 2, 4, \ldots$ Hz angewendet.

Liegt in einem bestimmten Frequenzbereich Rauschen konstanter Leistungsdichte vor,
so unterscheiden sich die zugehörigen Spektren gerade um das Verhältnis ihrer Band-
breiten. Für Oktav- und Terzspektren entspricht dies einem konstanten Verhältnis von
70,7/23,2. Mit Hilfe von Oktav-, Terz- und Schmalbandfiltern lassen sich auch periodische Funktionen, beispielsweise Einzeltöne, analysieren (Abb. 2.19).

Die Amplitude einer der Teilschwingungen f_i erscheint in allen drei Spektren mit dem
gleichen Wert (Abb. 2.20).

Nachfolgend sind einige für die Praxis wichtige physikalische Größen, z. B. der Schalldruck oder die Wechselkraft, als Zeit- und Frequenzdiagramm angeben

Abb. 2.20 Schematische
Darstellung verschiedener
Frequenzanalysen eines ton-
haltigen Geräusches bei der
Frequenz f_i

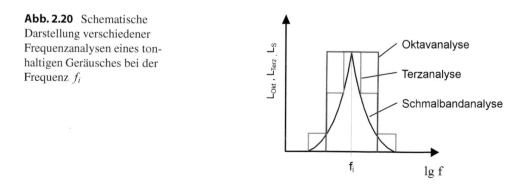

2.4.1   Periodischer Zeitverlauf

Im einfachsten Fall ist es eine Sinusfunktion oder ein physikalischer Ton mit der Perioden-dauer T_0 (Abb. 2.21). Der Ton ist charakterisiert durch die Amplitude $\hat{p}$ und die Frequenz $f_0 = 1/T_0$. Die Amplitude bestimmt die Lautstärke und die Frequenz die Tonhöhe. Der Zeit- und Frequenzverlauf von mechanischen Schwingungen, die durch reine Unwucht entstehen, haben den gleichen Verlauf.

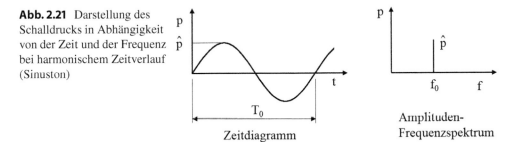

Abb. 2.21 Darstellung des Schalldrucks in Abhängigkeit von der Zeit und der Frequenz bei harmonischem Zeitverlauf (Sinuston)

Zeitdiagramm

Amplituden-Frequenzspektrum

Der beliebige periodische Zeitverlauf (Abb. 2.22) gehört dagegen akustisch zu den einfachen oder musikalischen Klängen, so genannt, weil diese Schallart vor allem von Musikinstrumenten erzeugt wird.

Man kann aus dem vorliegenden periodischen Zeitdiagramm durch Fourier-Analyse harmonische Teilschwingungen gewinnen. Sie bestehen aus der Grundschwingung f_0 und den Oberschwingungen f_1, f_2, usw. mit den Amplituden $\hat{p}_0$, $\hat{p}_1$, $\hat{p}_2$ ... Die tiefste Frequenz f_0 bestimmt die Klanghöhe, das Zusammenwirken von $\hat{p}_0$, $\hat{p}_1$, $\hat{p}_2$ die Klangstärke.

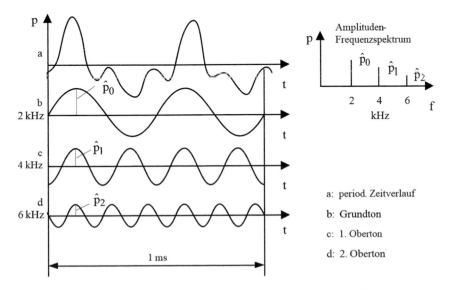

Abb. 2.22 Zeitverlauf und Frequenzspektrum einer periodischen Funktion [1]

Die Darstellung des Ergebnisses durch Fourier-Analyse im sog. Amplitudenspektrum führt zu einem diskreten Spektrum bzw. Linienspektrum, das im Falle eines Einzeltones aus nur einer Linie besteht, s. Abb. 2.20.

2.4.2 Regelloser, stochastischer Zeitverlauf, allgemeines Rauschen

Es handelt sich hier um einen regellosen, stochastischen Zeitverlauf, z. B. Reibungsvorgänge. In Abb. 2.23 ist schematisch das Zeitdiagramm einer physikalischen Größe, z. B. der Schalldruck $p(t)$, dargestellt, in dem keine Perioden zu erkennen sind. Das zugehörige Frequenzspektrum ist, im Gegensatz zum Linienspektrum periodischer Vorgänge, ein kontinuierliches Spektrum. Das Frequenzspektrum ist breitbandig verteilt. Das bedeutet, es können keine Amplituden wie beim diskreten Spektrum angegeben werden, sondern es muss eine auf die Frequenz bezogene Amplitudendichte $p'(f)$ aufgetragen werden.

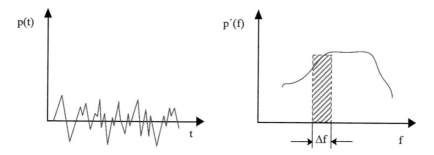

Abb. 2.23 Regelloser, stochastischer Vorgang im Zeit- und Frequenzdiagramm

2.5 Pegelminderung durch Schallreflexion und Schallabsorption

2.5.1 Dämmung

Die durch Reflexionen an schallharten Trennflächen, z. B. Betonwand, verminderte Schallleistung in Richtung der Schallausbreitung bezeichnet man als Schalldämmung. (Verminderung der Schallenergie durch Reflexion, Abb. 2.24)

Die Schalldämmung wird durch das Schalldämmmaß R ausgedrückt und lässt sich wie folgt bestimmen (siehe DIN 4109):

$$R = D + 10 \cdot \lg \frac{S}{A} \quad \mathrm{dB} \tag{2.86}$$

$$D = L_1 - L_2 \quad \mathrm{dB} \tag{2.87}$$

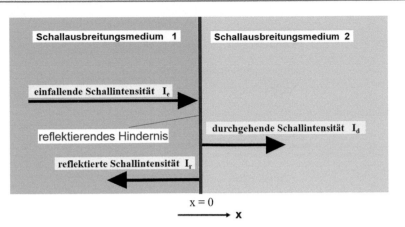

Abb. 2.24 Schematische Darstellung der Schallausbreitung durch ein schallreflektierendes Hindernis (ohne Flankenübertragung und Dämpfung)

Hierbei sind:

D Schallpegeldifferenz in dB
L_1 Schallpegel im Senderaum in dB
L_2 Schallpegel im Empfangsraum in dB
S Fläche der schalldämmenden Wand in m^2
A äquivalente Absorptionsfläche des Empfangsraumes in m^2

2.5.2   Schalldämpfung

Die Absorption von Schallenergie an schallweichen „Trennwänden" (schallabsorbierende Wände), also die Umwandlung der Schallenergie in Wärme, bezeichnet man als Schalldämpfung (Verminderung der Schallenergie durch Reibung Abb. 2.25).

Die Schalldämpfung wird durch den **Schallabsorptionsgrad** α ausgedrückt und lässt sich wie folgt bestimmen:

$$\alpha = \frac{I_e - I_r}{I_e} \tag{2.88}$$

Mit

I_e einfallende Schallintensität in W/m^2
I_r reflektierte Schallintensität in W/m^2
$I_e - I_r$ absorbierte Schallintensität in W/m^2

Nur ein Teil der einfallenden Energie wird in den Senderaum zurückreflektiert. Der nicht reflektierte Anteil wird als absorbierter Anteil bezeichnet (Schalldämpfung).

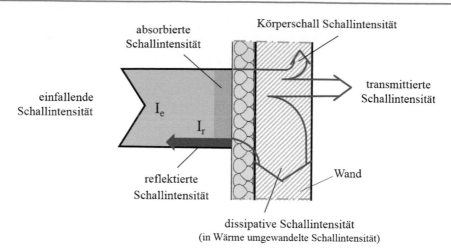

Abb. 2.25 Schematische Darstellung der Schallausbreitung durch ein schallabsorbierendes Hindernis

2.5.3 Äquivalente Absorptionsfläche A

Das Absorptionsvermögen eines geschlossenen Raumes setzt sich zusammen aus der Absorption der begrenzenden Wände, der Decke und des Bodens und allen weiteren im Raum vorhandenen schallabsorbierenden Elemente. Es handelt sich dabei um flächenhafte Schallschlucker, die neben den natürlichen auch ggf. zusätzlich angeordnete Poren- oder Resonanzabsorber enthalten können. Ihr Absorptionsvermögen hängt vom Absorptionsgrad α_i und der Fläche S_i der einzelnen Flächenelemente ab. Dabei ist für jedes dieser Flächenelemente S_i die Absorption

$$\overline{A_i} = \alpha_i \cdot S_i \quad \text{m}^2 \tag{2.89}$$

Die Absorption $\overline{A_i}$ hat die Einheit einer Fläche und kann auch als äquivalente Ersatzfläche von S_i aufgefasst werden, für die $\alpha = 1$ ist, d. h. die äquivalente Absorptionsfläche A gibt in m^2 an, wie groß eine Fläche mit dem Absorptionsgrad $\alpha = 1$ sein müsste, damit sie die gleiche Schallenergie pro Zeiteinheit absorbiert, wie dies die tatsächlich vorhandene Fläche in m^2 mit dem realen Absorptionsgrad α leistet. Die äquivalente Schallabsorptionsfläche wird aus der Nachhallzeit des betreffenden Raumes, die man relativ einfach messtechnisch ermitteln kann, bestimmt.

2.5.3.1 Nachhallzeit T

Die Nachhallzeit ist definiert als diejenige Zeit in s, die nach dem Ausschalten der Quelle im Raum vergeht, bis der Schalldruck auf den tausendsten Teil oder der Schalldruckpegel um 60 dB abgeklungen ist. Die Nachhallzeit T lässt sich, aufgrund einer einfachen

Energiebetrachtung in einem diffusen Schallfeld, wie folgt bestimmen [1]:

$$T = \frac{V}{\overline{A}_{ges}} \frac{24 \cdot \ln(10)}{c} = \frac{V}{\overline{A}_{ges}} \frac{55{,}26}{c} \quad s \qquad (2.90)$$

Mit

$\overline{A}_{ges}$ mittlere Gesamtabsorption eines Raumes in m^2
V Raumvolumen in m^3
c Schallgeschwindigkeit in m/s

Speziell für Luft ($c = 340$ m/s), lässt sich die Nachhallzeit nach folgender Zahlenwertgleichung, die sog. „Sabinesche Nachhallzeit T_S" berechnen:

$$T = T_S = 0{,}163 \cdot \frac{V}{\overline{A}_{ges}} \quad s \qquad (2.91)$$

Hierin ist T in s, V in m^3, $\overline{A}_{ges}$ in m^2 einzusetzen.

Die Nachhallzeit und folglich auch die äquivalente Gesamtabsorptionsfläche des Raumes sind frequenzabhängig. Üblicherweise wird die Nachhallzeit in Terz- oder Oktavbändern durch Messungen ermittelt. Hierzu werden z. B. aus dem weißen Rauschen eines Rauschgenerators Oktav- oder Terzbänder herausgefiltert und von einem Lautsprecher in den Raum abgestrahlt. Der Schalldruckpegel wird ebenfalls gefiltert und nach dem Abschalten des Rauschgenerators mitgeschrieben.

Aus messtechnischen Gründen wird oft die halbe Nachhallzeit $T/2$ ermittelt, da der Abfall des angeregten Schalldruckpegels i. d. R. nicht volle 60 dB umfasst, sondern bereits vorher den Störschalldruckpegel erreicht.

Wie in Abb. 2.26 angegeben, entspricht die Zeit, in der der Schalldruckpegel von -5 dB auf -35 dB abfällt, der halben Nachhallzeit $T/2$. Durch die Verdoppelung erhält man die gesuchte Nachhallzeit T.

Die Nachhallzeit entscheidet in der Raumakustik über die Hörsamkeit eines Raumes. Werden die Nachhallzeiten für Oktav- bzw. Terzbänder ermittelt, lässt sich die Gesamtabsorption des Raumes $\overline{A}_{ges}$ frequenzabhängig für Oktav- bzw. Terzbänder darstellen. Man kann noch in allen akustischen Beziehungen des Raumes, in denen die Größe $\overline{A}_{ges}$ enthalten ist, letztere durch T_S ersetzen.

Hierbei ist zu beachten, dass die äquivalente Absorptionsfläche neben der Dämpfung alle Oberflächen und auch die Luftschalldämpfung des Messraums repräsentiert. Aufgrund der geringen Luftdämpfungseigenschaften muss diese nur bei sehr großen Räumen oder Normmessungen in Hallräumen berücksichtigt werden [1].

2.5.3.2 Hallradius r_H

Das von einer Punktquelle, Kugelstrahler 0. Ordnung, erzeugte Schallfeld in einem realen bzw. semidiffusen Raum geht im Abstand r_H vom Direktschall in das Diffusfeld über,

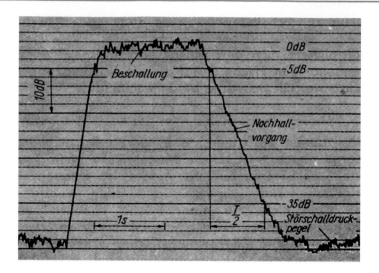

Abb. 2.26 Gemessene Nachhallzeit eines Raumes bei der Oktavmittenfrequenz $f_{\mathrm{m}} = 1000\,\mathrm{Hz}$

s. Abb. 2.6. Dieser Abstand wird als Hallradius bezeichnet. Die Abb. 2.27 verdeutlicht schematisch die Schallfelder in geschlossenen Räumen. Hierbei hat das Schallfeld im Raum innerhalb der Kugel ($r < r_{\mathrm{H}}$) Freifeldcharakter, d. h. die Intensität nimmt mit dem Quadrat der Entfernung ab:

$$I(r) = \frac{P_{\mathrm{Q}}}{4\pi \cdot r^2} \quad \text{bzw.} \quad I\,(r_{\mathrm{H}}) = \frac{P_{\mathrm{Q}}}{4\pi \cdot r_{\mathrm{H}}^2} \quad \mathrm{W/m}^2 \tag{2.92}$$

Für $r > r_{\mathrm{H}}$ hat das Schallfeld Diffuscharakter, d. h. die Intensität ist konstant (s. Abb. 2.6) und lässt sich wie folgt bestimmen [1]:

$$I_{\mathrm{H}} = \frac{4 \cdot P_{\mathrm{Q}}}{\overline{A}_{\mathrm{ges}}} \quad \mathrm{W/m}^2 \tag{2.93}$$

Durch Gleichsetzen der Intensitäten ($I\,(r_{\mathrm{H}}) = I_{\mathrm{H}}$) an der Grenzfläche $r = r_{\mathrm{H}}$ lässt sich der Hallradius bestimmen:

$$r_{\mathrm{H}} \approx \sqrt{\frac{\overline{A}_{\mathrm{ges}}}{16 \cdot \pi}} = 0{,}141 \cdot \sqrt{\overline{A}_{\mathrm{ges}}} \quad \mathrm{m} \tag{2.94}$$

Man erkennt, dass der Hallradius r_{H} nur von der Gesamtabsorptionsfläche $\overline{A}_{\mathrm{ges}}$ abhängig ist. Mit (2.91) lässt sich der Hallradius als Funktion der Nachhallzeit angeben:

$$r_{\mathrm{H}} \approx 0{,}057 \sqrt{\frac{V}{T_{\mathrm{S}}}} \quad \mathrm{m} \tag{2.95}$$

Abb. 2.27 Schematische
Darstellung des Hallradius in
einem abgeschlossenen Raum

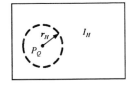

In der Zahlenwertgleichung (2.95) erhält man r_H in m, wenn V in m^3 und T_S in s eingesetzt wird.

Der Hallradius ist eine Kenngröße, die u. a. in der Raumakustik zur Anwendung kommt. Raumakustische Maßnahmen, z. B. Erhöhung der Absorptionsfläche mit Hilfe einer Akustikdecke, führen zur Reduzierung der Nachhallzeit und Erhöhung des Hallradius. Das bedeutet, dass man durch Erhöhung der Raumabsorption die Raumreflexionen verringern und den mittleren Raum- bzw. Hallenpegel reduzieren kann. Allerdings sind die raumakustische Maßnahmen für die Immissionsorte (z. B. Arbeitsplätze), die innerhalb der Kugel mit dem Radius r_H, liegen, unwirksam.

2.6   A-Schallleistungspegel L_{WA}

Die Schallemission bzw. die Geräuschentwicklung einer Maschine wird am besten durch den A-Schallleistungspegel als Gesamtwert und das dazugehörige Frequenzspektrum L_{WA,f_m} (Terz- oder Oktavspektrum) gekennzeichnet. Die Aufgabe der primären Lärmminderung bzw. des lärmarmen Konstruierens besteht darin, die Schallemission einer Maschine zu reduzieren. Die Wirksamkeit von Maßnahmen lässt sich auch eindeutig durch die Ermittlung der A-Schallleistungspegel mit und ohne Maßnahmen nachweisen.

Die messtechnische Ermittlung der Schallleistungspegel ist international genormt. In der Tab. 2.5 sind einige Normen zusammengestellt.

In der Bundesrepublik Deutschland gilt auch noch weiterhin die DIN 45635, Teil 1, mit den zahlreichen Folgeblättern für spezielle Anwendungen. Nachfolgend werden, orientiert an DIN 45635, Teil 1 (ISO 3744), die wesentlichen Zusammenhänge bei der Ermittlung der A-Schallleistungspegel (L_{WA} und L_{WA,f_m}) erläutert.

Orientiert an (2.25), in der die Schallleistung einer Quelle P_Q als Funktion des Schalldrucks p, der Fläche S und der Impedanz ($\rho \cdot c$) angegeben wird, lässt sich der Schallleistungspegel L_W der Quelle wie folgt berechnen:

$$L_W = 10 \cdot \lg\left(\frac{P_Q}{P_0}\right) = 10 \cdot \lg\frac{p^2}{p_0^2} + 10\lg\frac{S}{S_0} - 10 \cdot \lg\frac{\rho \cdot c}{\rho_0 \cdot c_0} \quad \text{dB} \qquad (2.96)$$

$$L_W = L_p + L_S + K_0 \quad \text{dB} \qquad (2.97)$$

mit

L_p Schalldruckpegel nach (2.55)

Tab. 2.5 Einige Messtechnische Normen für die Ermittlung der Schallleistung [7, 14–20]

Messverfahren	Messumgebung	Norm
Emissions-Schalldruckpegel am Arbeitsplatz	Freifeld über reflektierender Fläche in Räumen oder im Freien	ISO 11202
	Keine spezielle Messumgebung	ISO 11203 ISO 11204
Originalschallquelle, Hüllflächenverfahren	Hartwandiger Messraum	ISO 3743-1
	Reflexionsarmer Messraum, Genauigkeitsklasse 1	ISO 3745
	Im Freien oder in großen Räumen, Genauigkeitsklasse 2	ISO 3744
	Keine spezielle Messumgebung, Genauigkeitsklasse 3	ISO 3746
Intensitätsmessung	Keine spezielle Messumgebung	ISO 9614-1 ISO 9614-2

L_S Flächenmaß nach (2.58)

K_0 Schallkennimpedanz nach (2.57). Für die praktische Anwendung ist $K_0 \approx 0$ und kann vernachlässigt werden.

Mit Hilfe von (2.97) kann man den Schallleistungspegel einer Maschine unter Freifeldbedingungen bestimmen.

Erfolgt die Schallleistungsbestimmung in geschlossenen Räumen bei Vorhandensein von Fremdgeräuschen und Raumreflexionen, dann folgt aus (2.97) die Bestimmungsgleichung für den Schallleistungspegel L_W nach DIN EN ISO 3744:

$$L_W = \overline{L_{pf}} + 10\lg\left(\frac{S}{S_0}\right) \quad \text{dB} \tag{2.98}$$

$$\overline{L_{pf}} = \overline{L_p'} - K_1 - K_2 \quad \text{dB} \tag{2.99}$$

$$\overline{L_p'} = 10\lg\left(\frac{1}{N}\sum_{i=1}^{N} 10^{0,1L_{pi}'}\right) \quad \text{dB} \tag{2.100}$$

$$K_1 = -10\lg\left(1 - 10^{-0,1\Delta L}\right) \quad \text{dB} \tag{2.101}$$

$$\Delta L = \overline{L_p'} - \overline{L_p''} \quad \text{dB} \tag{2.102}$$

$$\overline{L_p''} = 10\lg\left(\frac{1}{N}\sum_{i=1}^{N} 10^{0,1L_{pi}''}\right) \quad \text{dB} \tag{2.103}$$

$$K_2 = 10\lg\left(1 + \frac{4 \cdot S}{A_{\text{ges}}}\right) \quad \text{dB} \tag{2.104}$$

Hierin bedeuten:

$\overline{L_{pf}}$ Messflächen-Schalldruckpegel in dB, über die Messfläche S gemittelter, fremd-
      geräusch- und umgebungskorrigierter Schalldruckpegel

$\overline{L'_p}$ während des Betriebes der zu untersuchenden Quelle über die Messfläche S ge-
      mittelter Schalldruckpegel bei Vorhandensein von Fremdgeräusch

K_1 Korrektur für Fremdgeräusche

$\overline{L''_p}$ über die Messfläche S gemittelter Fremdgeräuschpegel

L'_{pi}, L''_{pi} an der i-ten Mikrofonposition gemessener Schalldruck- bzw. Fremdgeräuschpe-
      gel

K_2 Umgebungskorrektur für Raumreflexionen. Die Frequenzabhängigkeit der Um-
      gebungskorrektur K_2 wird durch die Frequenzabhängigkeit der äquivalenten Ab-
      sorptionsfläche bzw. der Nachhallzeit des Messraumes bestimmt.

S Messfläche (Hüllfläche) in m²; $S_0 = 1\,\mathrm{m}^2$

$\overline{A}_{\mathrm{ges}}$ äquivalente Schallabsorptionsfläche des Raumes in m² nach (2.91)

N Anzahl der Messpunkte

Bis auf die Messfläche S werden alle angegebene Größen A-bewertet oder in Frequenzbändern (Terz- oder Oktavbändern) angegeben.

Liegen die Messwerte $\overline{L_{pf}}$, $\overline{L'_p}$, K_1 und K_2 in den Frequenzbändern f_{mj} vor, dann
lässt sich der A-bewertete Schallleistungspegel auch beim Frequenzband f_{mj} wie folgt
bestimmen:

$$L_{W,f_{mj}} = \overline{L'_{p,f_{mj}}} - K_{1,f_{mj}} - K_{2,f_{mj}} + L_S \quad \mathrm{dB} \tag{2.105}$$

$$L_{WA,f_{mj}} = L_{W,f_{mj}} + \Delta L_{f_{mj}} \quad \mathrm{dB} \tag{2.106}$$

oder

$$L_{WA,f_{mj}} = \overline{L'_{pA,f_{mj}}} - K_{1,f_{mj}} - K_{2,f_{mj}} + L_S \quad \mathrm{dB(A)} \tag{2.107}$$

Mit

$\overline{L'_{pA,f_{mj}}}$ gemittelter A-Schalldruckpegel bei der Mittenfrequenz f_{mj} und beim Vorhanden-
      sein von Fremdgeräusch

$\Delta L_{f_{mj}}$ Korrekturpegel der A-Bewertung bei der Mittenfrequenz f_{mj}. In den Tab. 2.2 und
      2.4 sind die Korrekturpegel für Oktav- und Terzmittenfrequenzen zusammenge-
      stellt.

Der A-Gesamtschallleistungspegel L_{WA} lässt sich dann wie folgt bestimmen:

$$L_{WA} = 10\lg\left[\sum_{j=1}^{M} 10^{\frac{L_{WAf_{mj}}}{10}}\right] \quad \mathrm{dB(A)} \tag{2.108}$$

M Anzahl der Frequenzbänder

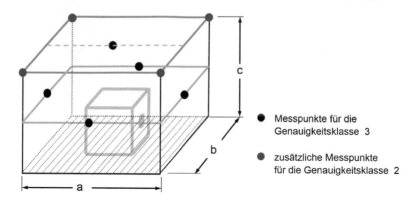

Abb. 2.28 Mess- oder Hüllfläche S mit Anordnung von Messpunkten für die Bestimmung des Schallleistungspegels bei einer quaderförmigen Schallquelle

In Abb. 2.28 ist die Mess- oder Hüllfläche mit der Anordnung von Messpunkten für die Bestimmung des Schallleistungspegels bei einer quaderförmigen Schallquelle dargestellt. Das Flächenmaß L_S lässt sich wie folgt bestimmen:

$$L_S = 10 \cdot \lg \frac{S}{S_0} \quad \mathrm{dB} \quad S_0 = 1 \quad \mathrm{m}^2 \tag{2.109}$$

$$S = 2 \cdot a \cdot c + 2 \cdot b \cdot c + a \cdot b \quad \mathrm{m}^2 \tag{2.110}$$

Beispiel 2.5
Der A-Oktav- und der A-Gesamtschallleistungspegel der in Beispiel 2.4 angegebenen Maschine sollen, bei Vorhandensein von Störpegeln und Raumreflexionen, nach ISO 3744 ermittelt werden.

Abmessungen des Messraums: $L_R \times B_R \times H_R = 16 \times 12 \times 6\,\mathrm{m}$
Maschinenabmessungen: $L_M \times B_M \times H_M = 2{,}3 \times 1{,}8 \times 1{,}6\,\mathrm{m}$
Messabstand: $r = 1\,\mathrm{m}$
$K_0 = 0\,\mathrm{dB}$

In den Tab. 2.6 und 2.7 sind die Ergebnisse des Beispiels 2.5 zusammengestellt.

Tab. 2.6 Hüllfläche; Flächenmaß; Raumvolumen

L_M	2,3	m	a	4,3	m	L_R	16	m
B_M	1,8	m	b	3,8	m	B_R	12	m
H_M	1,6	m	c	2,6	m	H_R	6	m
Messanstand r =	1,0	m						
S =	**58,5**	**m**	L_S =	**17,7**	**dB**	V =	**1152**	**m³**

Tab. 2.7 Messdaten und Rechenergebnisse

f_m in Hz	63	125	250	500	1000	2000	4000	8000	Summe	
$\overline{L'_{pA,Okt}}$	41,8	75,9	64,4	82,8	81,0	79,2	76,0	71,9	87,0	dB(A)
$\overline{L''_{pA,Okt}}$	40,1	70,4	55,0	76,6	78,0	74,3	68,9	62,5	82,0	dB(A)
ΔL	1,7	5,5	9,4	6,2	3,0	4,9	7,1	9,4	-	dB
K_1	4,9	1,4	0,5	1,2	3,0	1,7	0,9	0,5	-	dB
T	1,2	1,1	1,2	0,9	1,0	0,8	0,7	0,6	-	s
$\overline{A}_{ges.}$	156	171	156	209	188	235	268	313	-	m²
K_2	4,0	3,7	4,0	3,3	3,5	3,0	2,7	2,4	-	dB
$\overline{L_{pA,Okt}}$	32,9	70,7	59,9	78,3	74,5	74,5	72,3	68,9	82,1	dB(A)
$L_{WA,Okt}$	50,6	88,4	77,6	96,0	92,1	92,2	90,0	86,6	99,8	dB(A)
L_{WA}	99,8	dB(A)								

Literatur

1. Sinambari, Gh.R., Sentpali, S.: Ingenieurakustik, 5. Aufl. Springer Vieweg Verlag, Wiesbaden (2014)
2. Skudrzyk, E.: Die Grundlagen der Akustik. Springer-Verlag, Wien (1954)
3. Thorn, U.: Vorausbestimmung der Schall- und Körperschallreduzierung durch Einfügen von mechanischen Impedanzen bei realen Strukturen. Dipl. Arbeit FH Bingen (1995)
4. Heckl, M.: Eine einfache Methode zur Abschätzung der mechanischen Impedanz, Tagungsband zur DAGA 80, S. 827–830. VDE-Verlag (1980)
5. Cremer, L., Heckl, M.: Körperschall, 2. Aufl. Springer Verlag (1996), Möser, M., Kropp, W: 3. Aufl. 2009
6. Cremer, L.: Die wissenschaftlichen Grundlagen der Raumakustik, 2. Aufl., 1. Teil. Hirzel-Verlag, Stuttgart (1978)
7. DIN EN ISO 3744: Akustik – Bestimmung der Schallleistungspegel von Geräuschquellen aus Schalldruckmessungen; Hüllflächenverfahren der Genauigkeitsklasse 2 für ein im Wesentlichen freies Schallfeld über einer reflektierenden Ebene, 02/2011
8. Technische Anleitung zum Schutz gegen Lärm – TA Lärm: Sechste Allgemeine Verwaltungsvorschrift zum Bundes-Immissionsschutzgesetz vom 26.08.1998
9. DIN ISO 9613-2: Akustik – Dämpfung des Schalls bei der Ausbreitung im Freien – Teil 2: Allgemeines Berechnungsverfahren (ISO 9613-2:1990-10) (1999)
10. LSA 01-400: Lärmschutzarbeitsblatt „Lärmmesstechnik – Ermittlung des Lärmexpositionspegels am Arbeitsplatz" (BGI 5053). Carl Heymanns Verlag, Köln (2007), Oktober
11. VDI 2058 Blatt 2: Beurteilung von Lärm hinsichtlich Gehörgefährdung, 1988; Blatt 3: Beurteilung von Lärm am Arbeitsplatz unter Berücksichtigung unterschiedlicher Tätigkeiten, 1999, (Entwurf, 04/2013)
12. DIN EN 61260: Elektroakustik – Bandfilter für Oktaven und Bruchteile von Oktaven (2003)
13. Kurtze, G., Schmidt, H., Westphal, W.: Physik und Technik der Lärmbekämpfung, 2. Aufl. Verlag G. Braun, Karlsruhe (1975)
14. DIN EN ISO 11202: Geräuschabstrahlung von Maschinen und Geräten – Bestimmung von Emissions-Schalldruckpegeln am Arbeitsplatz und an anderen festgelegten Orten unter Anwendung angenäherter Umgebungskorrekturen, 2010-10

15. DIN EN ISO 11204: Geräuschabstrahlung von Maschinen und Geräten – Bestimmung von Emissions-Schalldruckpegeln am Arbeitsplatz und an anderen festgelegten Orten unter Anwendung exakter Umgebungskorrekturen, 2010-10

16. DIN EN ISO 3743-1: Akustik – Bestimmung der Schallleistungs- und Schallenergiepegel von Geräuschquellen aus Schalldruckmessungen-Verfahren der Genauigkeitsklasse 2 für kleine, transportable Quellen in Hallfeldern – Teil 1, 01/2011

17. DIN EN ISO 3745: Bestimmung der Schallleistungs- und Schallenergiepegel von Geräuschquellen aus Schalldruckmessungen – Verfahren der Genauigkeitsklasse 1 für reflexionsarme Räume und Halbräume, 2012-07

18. DIN EN ISO 3746: Bestimmung der Schallleistungs- und Schallenergiepegel von Geräuschquellen aus Schalldruckmessungen – Hüllflächenverfahren der Genauigkeitsklasse 3 über einer reflektierenden Ebene, 07/2011

19. DIN EN ISO 9614-1: Bestimmung der Schallleistungspegel von Geräuschquellen aus Schallintensitätsmessungen – Teil 1: Messungen an diskreten Punkten, 11/2009

20. DIN EN ISO 9614-2: Bestimmung der Schallleistungspegel von Geräuschquellen aus Schallintensitätsmessungen – Teil 2: Messung mit kontinuierlicher Abtastung, 12/1996

Schallentstehung

3

Für das Erarbeiten von primären, konstruktiven Lärmminderungsmaßnahmen ist die Kenntnis der Schallentstehungsmechanismen entscheidend. Nachfolgend werden die Mechanismen der Schallentstehung durch Strömungsvorgänge und mechanische Schwingungen, die in der Regel für die Geräuschentwicklung bei Maschinen und Anlagen verantwortlich sind, angegeben.

Die Grundsätze der Schallentstehung lassen sich wie folgt zusammenfassen:

- Schall entsteht überall dort, wo die Energieübertragung bzw. Energieumwandlung zeitlich begrenzt abläuft.
- Die umgesetzte Energie ist ein Maß für die Amplitude des erzeugten Schalls – „**Schallstärke**".
- Die Zeit, in der die Energie umgesetzt wird, ist ein Maß für den Frequenzinhalt des erzeugten Schalls – „**Tonlage**".

Die Schallentstehung lässt sich in zwei Arten unterteilen:

a) primärer Luftschall

Primäre bzw. **direkte Schallentstehung** wird in erster Linie durch Strömungsvorgänge verursacht, wobei die Luftteilchen direkt zu Schwingungen angeregt werden. Hierzu muss zwischen Strömungsgebiet und Umgebung eine direkte Verbindung, z. B. Öffnungen, bestehen. Beispiele hierfür sind: Ventilator, Freistrahlgeräusche, Blasinstrumente.

b) sekundärer Luft- oder Körperschall

Sekundäre bzw. **indirekte Schallentstehung** erfolgt durch Körperschallabstrahlung von Strukturen, die durch Wechselkräfte zu Schwingungen angeregt werden. Die Wechselkräfte können hierbei sowohl mechanisch als auch strömungstechnisch erzeugt werden. Beispiele hierfür sind: Getriebe, Transformator, Gehäuseabstrahlung von Ventilatoren und Pumpen, Streichinstrumente.

© Springer Fachmedien Wiesbaden GmbH 2017
G.R. Sinambari, *Konstruktionsakustik*, DOI 10.1007/978-3-658-16990-9_3

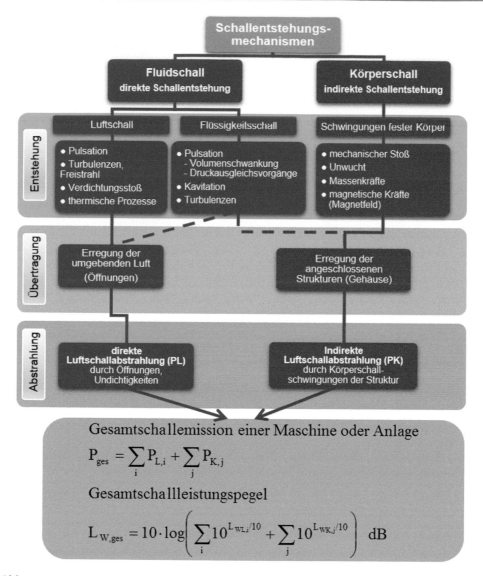

Abb. 3.1 Schematische Darstellung der Schallentstehungsmechanismen

Bei Maschinengeräuschen treten in der Regel beide Schallentstehungsarten gemeinsam auf, sodass für die Gesamtgeräuschentwicklung (Gesamtschallleistung „P_{ges}") auch stets die Summe der beiden Anteile (Luft- und Körperschallleistung, P_L und P_K, bzw. deren Pegel bzw. L_{WL} und L_{WK}) verantwortlich sind.

In der Abb. 3.1 sind schematisch die Schallentstehungsmechanismen dargestellt [1].

Mit

$$L_{W,\text{ges}} = 10 \cdot \lg \left[\sum 10^{L_{W\text{L},i}/10} + \sum 10^{L_{W\text{K},j}/10} \right] \quad \text{dB} \tag{3.1}$$

$$L_{WL} = 10 \cdot \lg \sum 10^{L_{W\text{L},i}/10} \; ; \; L_{WL,i} = 10 \cdot \lg \frac{P_{\text{L},i}}{P_0} \quad \text{dB} \tag{3.2}$$

$$L_{WK} = 10 \cdot \lg \sum 10^{L_{W\text{K},j}/10} \; ; \; L_{WK,j} = 10 \cdot \lg \frac{P_{\text{K},j}}{P_0} \quad \text{dB} \tag{3.3}$$

Hierbei sind:

$P_{\text{L}}, P_{\text{L},i}$ Gesamt- und Teilluftschallleistung in W
$P_{\text{K}}, P_{\text{K},j}$ Gesamt- und Teilkörperschallleistung in W
$L_{W,\text{ges}}$ Gesamtschallleistungspegel in dB
$L_{WL}, L_{WL,i}$ Gesamt- und Teilluftschallleistungspegel in dB
$L_{WK}, L_{WK,i}$ Gesamt- und Teilkörperschallleistungspegel in dB
i Index für Luftschallquellen, Öffnungen
j Index für Körperschallquellen, Strukturflächen

Obwohl vom Empfänger – Ohr und/oder Mikrofon – die Gesamtgeräuschentwicklung stets als Luftschall wahrgenommen wird, ist die Unterscheidung von direkter bzw. indirekter Schallentstehung vor allem wegen der zu erarbeitenden Lärmminderungsmaßnahmen von entscheidender Bedeutung. Hierfür sollen u. a. die Gesamt- und Teilschallleistungspegel unabhängig voneinander bestimmt und daraus die luft- und körperschallbedingte Geräuschentwicklung ermittelt werden [2, 3]. Im Kap. 4 wird die methodische Vorgehensweise bei der Ermittlung der in (3.1) bis (3.3) angegebenen Kenngrößen erläutert.

3.1 Schallentstehung durch Strömungsvorgänge

Strömungsgeräusche sind Geräusche, die durch zeitliche Schwankungen einer Gas- oder Flüssigkeitsströmung, z. B. plötzliche Druckänderungen (Druckpulsation), Umströmen von Hindernissen, Querschnittsänderungen, Umlenkungen und Ausströmen von Öffnungen entstehen. Die umgebende Luft wird hierbei zu Schwingungen angeregt, die dadurch entstehenden Druckschwankungen können dann als direkter Luftschall abgestrahlt bzw. wahrgenommen werden.

Strömungsgeräusche haben i. d. R. ein breitbandiges Frequenzspektrum, das mehr oder weniger von diskreten Frequenzkomponenten (z. B. Pulsation oder Drehklänge von Strömungsmaschinen) überlagert wird. Die Anfachungsmechanismen solcher Geräusche lassen sich aufgrund theoretischer Überlegungen in drei wesentliche Quellarten unterteilen:

1. Monopolquellen (I)   zeitliche Änderung der Volumenzufuhr
2. Dipolquellen (II)   Einwirkung von Wechselkräften auf die Umgebung der Strö-
                            mung (Raumbegrenzung!)
3. Quadrupolquellen (III) zeitliche Schwankungen der Schubspannungen, vor allem an
                            der Grenzfläche zwischen strömendem Medium und ruhender
                            Umgebung

Historisch ist interessant, dass die theoretischen Grundlagen der Strömungsgeräusche mit
Monopol- und Dipolcharakter, die auch bei relativ niedrigen Strömungsgeschwindigkeiten sehr intensiv sein können, schon in den klassischen Arbeiten von Lord Rayleigh (1877)
enthalten sind. Die theoretischen Grundlagen der Strömungsgeräusche mit Quadrupolcharakter, die erst bei hohen Strömungsgeschwindigkeiten zu großer Geräuschentwicklung
führen, wurden in relativ junger Vergangenheit in den Arbeiten von Leighthill veröffentlicht [4].

Die allgemeine Wellengleichung für ungestörte Schallausbreitung für den Schalldruck
lässt sich entsprechend (2.2) wie folgt darstellen:

$$\frac{1}{c^2} \cdot \frac{\partial^2 p}{\partial t^2} = \Delta p \quad N/m^4 \tag{3.4}$$

Berücksichtigt man die äußeren Störgrößen auf das Strömungsgebiet, dann folgt aus (3.4)
die allgemeine Wellengleichung für Strömungsvorgänge [5]:

$$\frac{1}{c^2} \cdot \frac{\partial^2 p}{\partial t^2} = \Delta p + \frac{\partial \dot{m}'}{\partial t} - \frac{\partial F_i'}{\partial x_i} + \frac{\partial^2 \left(\rho \cdot v_i \cdot v_j \right)}{\partial x_i \partial x_j} \quad N/m^4 \tag{3.5}$$

$\dot{m}'$ in $kg/(s\,m^3)$ Massenstrom pro Volumen: **Quelltyp (I)**
F' in N/m^3 äußere Wechselkraft pro Volumen **Quelltyp (II)**
$\rho \cdot v_i \cdot v_j$ in $N\,m/m^3$ auf das Volumen bezogene kinetische Energie der Geschwindig-
                            keitsschwankungen **Quelltyp (III)**

Mit $\dot{m}'$ = konst., F' = konst. und $\rho \cdot v_i \cdot v_j$ = konst. folgt die allgemeine Wellengleichung
der Schallausbreitung in einem ruhenden Medium nach (3.4).

In Abb. 3.2 ist schematisch das Strömungsgebiet, die äußeren Störgrößen nach (3.5),
und der durch das Strömungsgebiet verursachte Schalldruck am Immissionsort unter Freifeldbedingungen (direkte Schallabstrahlung) dargestellt [6].

Befindet sich das Strömungsgebiet in einem abgeschlossenen Gehäuse, wie dies z. B.
bei Strömungsmaschinen der Fall ist, dann erfolgt die Schallabstrahlung durch Körperschallabstrahlung des Maschinengehäuses und/oder angeschlossenen Rohrleitungen (indirekte Schallabstrahlung).

Eine exakte analytische Lösung von (3.5) ist nicht möglich. Durch Darstellung
von (3.5) in Integralform [5, 6] lässt sich je nach Störgrößen und bestimmten Voraussetzungen eine Näherungsformel angeben.

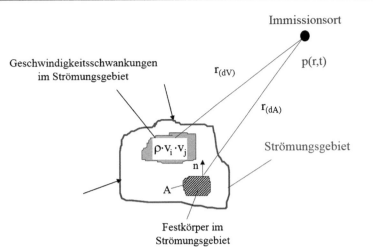

Abb. 3.2 Schematische Darstellung eines Strömungsgebietes bei direkter Schallabstrahlung entsprechend (3.5)

3.1.1 Schallentstehung durch Geschwindigkeitsschwankungen

Unter der Annahme, dass für die Schallentstehung nur die Geschwindigkeitsschwankungen der Strömungsvorgänge (freie Turbulenzen) verantwortlich sind, $\rho \cdot v_i \cdot v_j \neq$ konst., folgt aus (3.5):

$$\frac{1}{c^2} \cdot \frac{\partial^2 p}{\partial t^2} - \Delta p = \frac{\partial^2 (\rho \cdot v_i \cdot v_j)}{\partial x_i \partial x_j} \quad \text{N/m}^4 \tag{3.6}$$

mit

c Schallgeschwindigkeit außerhalb des Strömungsgebiets in m/s
Δp Laplace-Operator für den Schalldruck p

$$\Delta p = \frac{\partial^2 p}{\partial x^2} + \frac{\partial^2 p}{\partial y^2} + \frac{\partial^2 p}{\partial z^2} \quad \text{N/m}^4 \tag{3.7}$$

Mit Hilfe von (3.6) erhält man in guter Näherung die durch direkte Schallabstrahlung erzeugte Schallleistung, verursacht durch Strömungsvorgänge [6]:

$$P_{\text{L}} = K_n \cdot \rho \cdot u^3 \cdot S \cdot \text{Ma}^n \quad \text{W} \tag{3.8}$$

$$\text{Ma} = \frac{u}{c} \tag{3.9}$$

Hierbei sind:

u Strömungsgeschwindigkeit in m/s
c Schallgeschwindigkeit im Fluid in m/s
ρ Dichte des Fluids in kg/m^3
S Strömungsquerschnitt in m^2
K_n Proportionalitätsfaktor
n Exponent
Ma   Machzahl

Gleichung (3.8) besagt, dass die durch Strömungsvorgänge erzeugte Luftschallleistung P_L proportional zu der Strömungsleistung ($\rho \cdot u^3 \cdot S$) und der Machzahl Ma^n ist. Der Proportionalitätsfaktor K_n ist für jede Quellenart annähernd eine Konstante und lässt sich am besten durch Messungen bestimmen. Beispiele hierfür sind bei konstantem Volumen bzw. Massenstrom sowie konstanter Geschwindigkeit:

- Freistrahlgeräusche,
- Rohrleitungsgeräusche,
- Ventilatoren, Regelventile,
- Umströmung von Hindernissen,
- Windgeräusche an Fahrzeugen bei konstanter Geschwindigkeit des Fahrzeugs,
- Propeller- und Düsenflugzeuge.

Für Strömungsmaschinen, wie z. B. Ventilatoren, mit konstantem Volumenstrom $\dot{V}$ ist es sinnvoll, (3.8) wie folgt anzugeben:

$$P_\mathrm{L} = 2 \cdot K_n \cdot \dot{V} \cdot \Delta p \cdot \mathrm{Ma}^n \quad \mathrm{W} \tag{3.10}$$

$$P_\mathrm{S} = \dot{V} \cdot \Delta p \quad \mathrm{W} \tag{3.11}$$

Mit

$\dot{V} = u \cdot S$ mittlerer Volumenstrom in m^3/s
$\Delta p = \frac{\rho}{2} \cdot u^2$ statische Druckerhöhung in N/m^2
P_S Strömungsleistung einer Strömungsmaschine in W bzw. kW

Den Schallleistungspegel erhält man dann:

$$L_{W\mathrm{L}} = 10 \cdot \log \frac{P_\mathrm{L}}{P_0} \quad \mathrm{dB} \qquad P_0 = 10^{-12} \quad \mathrm{W} \tag{3.12}$$

P_L durch Strömungsvorgänge erzeugte Luftschallleistung in W
$L_{W\mathrm{L}}$ Luftschallleistungspegel in dB

Je nach Strömungsvorgang kann der **Exponent *n*** einen Wert zwischen ca. 1 und 5 annehmen:

Quellenart	Monopolquellen	Dipolquellen	Quadrupolquellen
Schallentstehung	zeitliche Volumenänderung, Verdrängungswirkung	Einwirkung von Wechselkräften	turbulente freie Strömung
Fiktive Modellvorstellung der Luftteilchen			
Eigenschaften	tieffrequentes Geräusch ⟶		hochfrequentes Geräusch
Strömungs-geschwindigkeit u	u < 5 - 10 m/s	u < 100 m/s	u > 100 m/s
Exponent n	$n \approx 1 - 2$	$n \approx 3 - 4$	$n \approx 5 - 6$
Beispiele	Propeller, Ventilatoren, Kompressoren, Auspuffrohre, Profilrillen Autoreifen	Rohrströmungen z.B.: Querschnittsänderungen, Messstutzenkanten, Umlenkungen	Düsentriebwerke, Reduzier- und Abblasventile, Freistrahlen

Abb. 3.3 Übersicht über die Quellenarten bei Strömungsgeräuschen

$n \approx 1$ „**Monopolquellen**":

Zeitliche Volumenänderung, z. B. Propeller, Kompressor, pulsierende Ausströmung aus dem Auspuff ($P_L \sim u^4$)

$n \approx 3$ „**Dipolquellen**":

Einwirkung von Wechselkräften, z. B. Rohrströmungen,

 Querschnittsänderung, Umlenkungen ($P_L \sim u^6$)

$n \approx 5$ „**Quadrupolquellen**":

freie Turbulenzen, z. B. Düsentriebwerke, Reduzier- und Abblasventile ($P_L \sim u^8$)

In Abb. 3.3 sind die wesentlichen Eigenschaften verschiedener Quellarten zusammengestellt.

Setzt man in (3.8) die Machzahl, (3.9) ein, so lässt sich die Wirkung der verschiedenen Einflussparameter besser erkennen:

$$P_L = K_n \cdot \rho \cdot u^3 \cdot S \cdot \frac{u^n}{c^n} \quad \text{W} \qquad (3.13)$$

Berücksichtigt man, dass im Hinblick auf die Schallentstehung durch Strömungsvorgänge die Dichte und Schallgeschwindigkeit bei bestimmten Medien und Betriebsparametern (Druck und Temperatur) als annähernd konstant betrachtet werden kann, folgt aus (3.13), dass die Schallentstehung maßgebend durch die Strömungsgeschwindigkeit u beeinflusst wird.

Je nach Quellart ($n = 1$ bis 5) kann die Luftschallleistung mit der 4. bis 8. Potenz der Strömungsgeschwindigkeit steigen. Die strömungsbedingte Schallleistung kann man deutlich verringern, wenn es gelingt, die höchste auftretende Geschwindigkeit zu verringern. Eine Halbierung der Strömungsgeschwindigkeit führt je nach Quellart zu einer Reduzierung des Schallleistungspegels um 12 bis 24 dB.

Weitere wesentliche Einflussparameter bei der Schallentstehung durch Strömungsvorgänge sind:

K_n Der Proportionalitätsfaktor ist je nach Quellart vor allem durch die Strömungsführung und die Oberflächenbeschaffenheit der Strömungsführungen abhängig. Diese Größe lässt sich im Wesentlichen experimentell bestimmen.

S Eine Vergrößerung des Strömungsquerschnitts an den Stellen mit der höchsten Geschwindigkeit (Verengungen) führt zu einer Reduzierung der Schallleistung. Dies erfolgt in erster Linie durch Verringerung der Strömungsgeschwindigkeit.

3.1.2 Schallentstehung durch Schwankungen der Fördermenge und Wechselkräfte

Bei Strömungsmaschinen, speziell bei Pumpen wie z. B. Zahnrad-, Flügelzellen- oder Axialkolbenpumpen, wird die Schallentstehung maßgebend durch zwei äußere Einflussfaktoren (Störgrößen) bestimmt:

a) Schwankungen der Fördermenge

$$\left(\frac{\partial \dot{m}'}{\partial t} > 0 \right)$$

b) Wechselkraft verursacht durch impulsartige Druckausgleichsvorgänge

$$\left(\frac{\partial F_i'}{\partial x_i} > 0 \right)$$

Berücksichtigt man, dass die Geräuschentwicklung durch Geschwindigkeitsschwankungen (Turbulenzen) im Vergleich zu den o. a. Einflussfaktoren vernachlässigt werden kann, dann folgt aus (3.5):

$$\frac{1}{c^2} \cdot \frac{\partial^2 p}{\partial t^2} - \Delta p \approx \frac{\partial \dot{m}'}{\partial t} - \frac{\partial F_i'}{\partial x_i} \quad \text{N/m}^4 \tag{3.14}$$

Die Wirkung der einzelnen Störgrößen auf die Gesamtgeräuschentwicklung wird nachfolgend getrennt ermittelt.

3.1.2.1 Schallentstehung durch Schwankungen der Fördermenge

Unter der Annahme, dass die Dichte ρ, der Querschnitt S und die Drehzahl n konstant sind, sind die zeitlichen Schwankungen des Massenstroms periodisch und proportional zu den Volumenstromschwankungen $\dot{V}(t)$. Die Volumenstromschwankungen lassen sich aus dem Produkt der Schallschnelle $v(t)$ in der Druckleitung mit dem Rohrquerschnitt S bestimmen:

$$\dot{V}(t) = S \cdot v(t) \quad \text{m}^3/\text{s} \tag{3.15}$$

Das Verhältnis der Volumenstromschwankungen zum mittleren Volumenstrom wird als relative zeitliche Änderung des Volumenstroms mit μ bezeichnet.

$$\mu = \frac{\dot{V}(t)}{\dot{V}} \tag{3.16}$$

Bei ebenen Wellen (p und v sind in Phase), wie sie in der Regel in den Druckleitungen einer Pumpe vorliegen, lässt sich der Wechseldruck in der Druckleitung mit Hilfe von (3.15), (3.16) und (2.18) wie folgt berechnen [8]:

$$p_{\Delta V} = \rho \cdot c \cdot v(t) = \rho \cdot c \cdot \frac{\dot{V}(t)}{S} = \rho \cdot c \cdot \frac{\dot{V}}{S} \cdot \mu \quad \text{N/m}^2 \tag{3.17}$$

Die relative zeitliche Änderung des Volumenstroms μ ist im Wesentlichen von der Pumpenart abhängig.

Bei Flügelzellen- und Axialkolbenpumpen beträgt $\mu \approx (2 \text{ bis } 5) \cdot 10^{-3}$, bei Zahnradpumpen $\mu \approx 2 \cdot 10^{-2}$.

Die aufgrund der zeitlichen Schwankungen der Fördermenge erzeugte Schallleistung in der Druckleitung lässt sich für eine ebene Welle wie folgt bestimmen s. (2.24):

$$P_{\Delta V} = I \cdot S = p_{\Delta V} \cdot v \cdot S = \frac{p_{\Delta V}^2}{\rho \cdot c} \cdot S \quad \text{W} \tag{3.18}$$

Mit (3.17) folgt aus (3.18):

$$P_{\Delta V} = \frac{p_{\Delta V}^2}{\rho \cdot c} \cdot S = \rho \cdot c \cdot \frac{\dot{V}^2}{S} \cdot \mu^2 \quad \text{W} \tag{3.19}$$

Der innere Schallleistungspegel, verursacht durch die zeitlichen Schwankungen der Fördermenge, ergibt dann:

$$L_{Wi,\Delta V} = 10 \cdot \lg \frac{P_{\Delta V}}{P_0} = 10 \cdot \log \left(\frac{\rho \cdot c \cdot \frac{\dot{V}^2}{S} \cdot \mu^2}{10^{-12} \, \text{W}} \right) \quad \text{dB} \tag{3.20}$$

3.1.2.2 Schallentstehung durch impulsartige Druckausgleichsvorgänge

Durch plötzliche Druckausgleichvorgänge, wenn z. B. das Fördervolumen der Saugseite V_0 schlagartig mit der Druckseite verbunden wird, erfährt das Fluid bedingt durch die äußeren Kräfte die Kompression ΔV.

Analog zum Hooke'schen Gesetz [9]:

$$\varepsilon = \frac{\Delta l}{l} = \frac{\sigma}{E} \qquad (3.21)$$

ε Dehnung
σ Spannung in N/m^2
E Elastizitätsmodul in N/m^2

erhält man für die Volumenkompression ΔV:

$$\frac{\Delta V}{V_0} = \frac{\Delta p}{E_F} \qquad (3.22)$$

V_0 Fördervolumen der Saugseite vor dem Druckausgleich in m^3
E_F Volumenelastizität des Fluids in N/m^2
$\quad E_{Wasser} \approx 2 \cdot 10^9 \, \text{N/m}^2 = 20000 \, \text{bar}$
$\quad E_{\ddot{O}l} \approx 1 \cdot 10^9 \, \text{N/m}^2 = 10000 \, \text{bar}$
$\quad E_{Luft} \approx 1{,}4 \cdot 10^5 \, \text{N/m}^2 = 1{,}4 \, \text{bar}$

Der Kehrwert der Elastizität E wird als Kompressionsmodul $K = 1/E$ bezeichnet.
Mit

$$c_F = \sqrt{\frac{E_F}{\rho_F}} \, \text{m/s} \Rightarrow E_F = \rho_F \cdot c_F^2 \quad \text{N/m}^2 \qquad (3.23)$$

c_F, ρ_F die Schallgeschwindigkeit und Dichte im Fluid

folgt aus (3.22) die Volumenkompression (Volumenänderung) infolge der plötzlichen
Druckdifferenz bzw. des Druckausgleichs Δp:

$$\Delta V = V_0 \cdot \frac{\Delta p}{c_F^2 \cdot \rho_F} \quad \text{m}^3 \qquad (3.24)$$

Δp statische Druckdifferenz im Volumen V_0 vor und nach dem Druckausgleich in N/m^2

Durch den Druckausgleich bzw. die Kompression des Volumens um ΔV fließt etwas Fluid
von der Druckseite in die Saugniere zurück. Die dadurch verursachte Schnelle im Fluid
beträgt dann:

$$v(t) = \frac{1}{\Delta t} \cdot \frac{\Delta V}{S} \quad \text{m/s} \qquad (3.25)$$

Δt Zeitdauer der Kompression bzw. Impulsdauer beim Druckausgleich in s

Abb. 3.4 Zeit- und Frequenzverlauf von intermittierenden
Impulsen

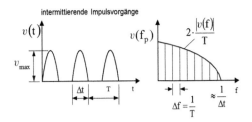

Mit

n Drehzahl in Umdrehung pro Minute 1/min

z Zahl der Fördervolumina pro Umdrehung (z. B. bei einer Zahnradpumpe entspricht dies
der Anzahl der Zähne)

beträgt die Periodendauer der Einzelkompression T in s:

$$T = \frac{60}{z \cdot n} \quad \text{s} \tag{3.26}$$

In Abb. 3.4 ist der Zeit- und Frequenzverlauf von intermittierenden Impulsen, wie sie z. B.
in erster Näherung bei den Druckausgleichvorgängen in einer Zahnrad- oder Flügelzellenpumpe vorkommen, am Beispiel der Schallschnelle dargestellt.

Das Frequenzspektrum des Einzelimpulses bestimmt die Hüllkurve des Linienspek-
trums, s. Abb. 3.4. Die Teilamplitude der einzelnen Linien im Spektrum hat die Größe [7,
25]:

$$\left| v\left(f_p\right) \right| = \frac{2}{T} \cdot \left| \int_0^T v(t) \cdot e^{-j2\pi \frac{t}{T}} \cdot dt \right| = 2 \cdot \frac{|v(f)|}{T} \quad \text{m/s} \tag{3.27}$$

Unter der Annahme, dass man die Druckausgleichsvorgänge, wie sie in Flüssigkeits-
pumpen vorkommen, in erster Näherung durch Rechteckimpulse darstellen kann, wird
nachfolgend der innere Schallleistungspegel der Pumpe basierend auf deren Betriebsdaten theoretisch berechnet.

Das Fourier-Spektrums eines Rechteckimpulses $v(f)$, Abb. 3.5, lässt sich wie folgt
bestimmen [7]:

$$|v(f)| = \left| \int_{-\frac{\Delta t}{2}}^{+\frac{\Delta t}{2}} v(t) \cdot e^{-j2\pi \cdot f \cdot t} dt \right| = J_S \cdot \left| \frac{\sin(\pi \cdot f \cdot \Delta t)}{\pi \cdot f \cdot \Delta t} \right| \quad \text{m} \tag{3.28}$$

J_S Die Fläche unterhalb der Kurve $v(t)$ im Zeitbereich Δt, s. Abb. 3.5

$|v(f)|$ Betrag des Fourier-Spektrums der Schwinggeschwindigkeit

Abb. 3.5 Zeitverlauf eines
Rechteckimpulses

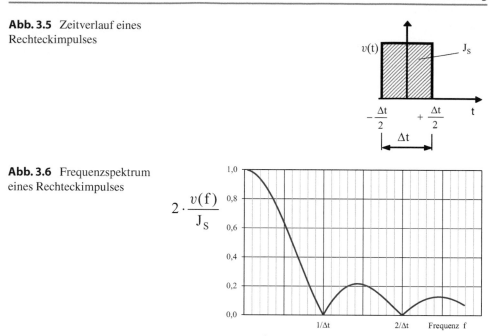

Abb. 3.6 Frequenzspektrum
eines Rechteckimpulses

Mit (3.25) lässt sich J_S wie folgt bestimmen:

$$J_S = \int_{-\frac{\Delta t}{2}}^{\frac{\Delta t}{2}} v(t)\, \mathrm{d}t = v(t) \cdot \Delta t \approx \frac{\Delta V}{S} \quad \mathrm{m} \tag{3.29}$$

In Abb. 3.6 ist das normierte Frequenzspektrum des Einzelrechteckimpulses nach (3.28) dargestellt.

Für intermittierende Rechteckimpulse erhält man mit (3.28) und (3.29) aus (3.27) die Teilamplitude der Schallschnelle der einzelnen Linien im Spektrum (Pulsationsfrequenz und ihre Harmonischen):

$$|v\,(f_p)| = 2 \cdot \frac{|v(f)|}{T} = J_S \cdot \frac{2 \cdot K_p}{T} \approx \frac{2 \cdot \Delta V}{T \cdot S} \cdot K_p \quad \mathrm{m/s} \tag{3.30}$$

mit

$$K_p = \left| \frac{\sin(\pi \cdot f_p \cdot \Delta t)}{\pi \cdot f_p \cdot \Delta t} \right| \tag{3.31}$$

$$f_p = \frac{p+1}{T} = \frac{n \cdot z}{60}(p+1) \quad \mathrm{Hz} \qquad p = 0, 1, 2, 3, \ldots \tag{3.32}$$

Für $p = 0$ liefert (3.32) die s. g. Pulsationsfrequenz (f_0). Für $p > 0$ erhält man die Harmonischen der Pulsationsfrequenz f_p.

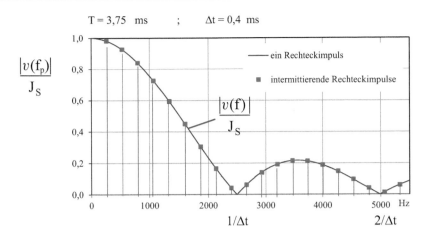

Abb. 3.7 Frequenzspektrum eines Rechteck-Impulses (Hüllkurve) und von intermittierenden Rechteckimpulsen

In Abb. 3.7 ist das normierte Frequenzspektrum von einem Rechteckimpuls (Hüllkurve) und von intermittierenden Rechteckimpulsen bei gleichem $\Delta t = 0{,}4$ ms dargestellt.

Hieraus ist leicht zu erkennen, dass die Amplituden mit zunehmender Frequenz kleiner werden und bei den Frequenzen $k/\Delta t$ ($k = 1, 2, 3\ldots$) gleich null sind.

Für ebene Wellen lässt sich aus (3.30) der Schalldruck bei der Pulsationsfrequenz f_p infolge der impulsartigen Druckausgleichvorgänge einer Flüssigkeitspumpe wie folgt angeben:

$$p_{\Delta p}\left(f_p\right) \approx \rho_F \cdot c_F \cdot v\left(f_p\right) \approx \left(\rho_F \cdot c_F\right) \cdot \frac{2 \cdot \Delta V}{T \cdot S} \cdot K_p \quad \text{N/m}^2 \tag{3.33}$$

Nach (3.24), lässt sich ΔV wie folgt bestimmen:

$$\Delta V = V_0 \cdot \frac{\Delta p}{c_F^2 \cdot \rho_F} = \dot{V} \cdot T \cdot \frac{\Delta p}{c_F^2 \cdot \rho_F} \tag{3.34}$$

Mit (3.34) folgt aus (3.33):

$$p_{\Delta p}\left(f_p\right) = \frac{2 \cdot \dot{V} \cdot \Delta p}{S \cdot c_F} \cdot K_p \tag{3.35}$$

Den inneren Gesamtschalldruck p_{ges} erhält man aus der Summe der Grundfrequenz der Pulsation f_0 ($p = 0$ bei (3.32)) und deren Harmonischen:

$$p_{\Delta p,\text{ges}}^2 = \sum_{p=0}^{N} p_{\Delta p}\left(f_p\right)^2 = 4 \cdot \left(\dot{V} \cdot \frac{\Delta p}{c_F \cdot S}\right)^2 \cdot \sum_{p=0}^{N} K_p^2 \quad \text{N}^2/\text{m}^4 \tag{3.36}$$

Die aufgrund der Druckausgleichsvorgänge erzeugte innere Schallleistung $P_{i,\Delta p}$ in der Pumpe lässt sich für eine ebene Welle wie folgt bestimmen:

$$P_{i,\Delta p} = \frac{p_{\Delta p,\text{ges}}^2}{\rho_F \cdot c_F} \cdot S = \left[4 \cdot \left(\dot{V} \cdot \frac{\Delta p}{c_F \cdot S} \right)^2 \cdot \sum_{p=0}^{N} K_p^2 \right] \cdot \frac{S}{\rho_F \cdot c_F} \quad \text{dB} \qquad (3.37)$$

Den inneren Schallleistungspegel erhält man dann:

$$L_{Wi,\Delta p} = 10 \cdot \lg \frac{P_{i,\Delta p}}{P_0} = 10 \cdot \lg \left\{ \frac{\left[4 \cdot \left(\dot{V} \cdot \frac{\Delta p}{c_F \cdot S} \right)^2 \cdot \sum_{p=0}^{N} K_p^2 \right] \cdot \frac{S}{\rho_F \cdot c_F}}{10^{-12}\,\text{W}} \right\} \quad \text{dB} \quad (3.38)$$

Der innere Gesamtschallleistungspegel $L_{Wi,\text{ges}}$ der Pumpe, verursacht durch die zeitlichen Schwankungen der Fördermenge (3.20) und die Druckausgleichsvorgänge (3.38), lässt sich wie folgt bestimmen:

$$L_{Wi,\text{ges}} = 10 \cdot \lg \left[10^{(L_{Wi,\Delta V} + L_{Wi,\Delta p})/10} \right] \quad \text{dB} \qquad (3.39)$$

Die so entstehende innere Schallleistung bzw. der Schallleistungspegel pflanzt sich in der angeschlossenen Druckleitung als Fluidschall fort und kann weiter entfernt liegende Bauteile zu Schwingungen anregen. Darüber hinaus können sie auch die angeschlossenen Strukturen, z. B. Rohrleitungen oder Pumpengehäuse, indirekt zu Körperschallschwingungen anregen.

Bei höheren statischen Drücken der Pumpe, ca. $\Delta p > 20\,\text{bar}$, wird in der Regel der Gesamtpegel des inneren Schallleistungspegels maßgebend durch die Druckausgleichsvorgänge bestimmt. Die Schwankungen der Fördermenge machen sich im Wesentlichen bei niedrigeren statischen Drücken der Pumpe bei ca. $\Delta p < 20\,\text{bar}$ bemerkbar.

Mit Hilfe von (3.39) lässt sich auch der innere Gesamtschalldruckpegel $L_{pi,\text{ges}}$, Messgröße in der angeschlossenen Druckleitung, bestimmen [7]:

$$L_{pi,\text{ges}} = L_{Wi,\text{ges}} - L_S + 10 \cdot \lg \frac{\rho_F \cdot c_F}{\rho_0 \cdot c_0} + \Delta L_z \quad \text{dB} \qquad (3.40)$$

$\Delta L_z \approx 0 \ldots 6\,\text{dB}$ Pegelzuschlag für Reflexionen in der Druckleitung

$L_S = 10 \cdot \lg \dfrac{S}{S_0}\,\text{dB}$ Flächenmaß

S Querschnitt der Druckleitung in m^2 ($S_0 = 1\,\text{m}^2$)

$\rho_F \cdot c_F$ Impedanz des Fördermediums in N s/m^3

$\rho_0 \cdot c_0 = 400\,\text{N s/m}^3$ Bezugsimpedanz

Der innere Schalldruckpegel bei der Pulsationsfrequenz und der Harmonischen der Pulsationsfrequenz lässt sich mit Hilfe von (3.31), (3.32) und (3.37) wie folgt bestimmen:

$$L_{pi}\left(f_p\right) = L_{Wi}\left(f_p\right) - L_S + 10 \cdot \lg \frac{\rho_F \cdot c_F}{\rho_0 \cdot c_0} + \Delta L_z \quad \text{dB} \qquad (3.41)$$

Mit

$$L_{Wi}\left(f_p\right) = 10 \cdot \lg \frac{P_i\left(f_p\right)}{P_0} = 10 \cdot \lg \left\{ \frac{\left[4 \cdot \left(\dot{V} \cdot \frac{\Delta p}{c_F \cdot S} \right)^2 \cdot \left| \frac{\sin(\pi \cdot f_p \cdot \Delta t)}{\pi \cdot f_p \cdot \Delta t} \right|^2 \right] \cdot \frac{S}{\rho_F \cdot c_F}}{10^{-12}\,\text{W}} \right\}\quad \text{dB}$$

(3.42)

In Abb. 3.8 ist der gemessene innere Gesamtschalldruckpegel am Pumpenausgang einer Flügelzellenpumpe und der gerechnete Schalldruckpegel bei der Pulsationsfrequenz und deren Harmonischen für folgende Betriebsdaten dargestellt.

$$n = 1650\,l/\text{min}; \quad \rho_{\ddot{O}l} = 900\,\text{kg/m}^3; \quad E_{\ddot{O}l} = 10^9\,\text{N/m}^2$$

$$d_i = 12\,\text{mm}; \quad z = 10\,\text{(Flügelzahl)}; \quad \Delta t = 0{,}45\,\text{ms}$$

$$\Delta p \approx 60\,\text{bar}; \quad \dot{V} \approx 22\,l/\text{min}; \quad \Delta L_z = 6\,\text{dB}$$

$$f_0 = 1650 \cdot 10/60 = 275{,}0\,\text{Hz (Pulsationsfrequenz!)}; T = 1/275 = 0{,}0036\,\text{s}$$

Es wird darauf hingewiesen, dass die relativ gute Übereinstimmung bei der Pulsationsfrequenz und deren Harmonischen, die auch pegelbestimmend sind, vor allem durch die Annahmen für den Zeitverlauf der Impulse und ihre Einwirkzeit Δt, die zum Teil durch Messungen ermittelt wurden, zurückzuführen ist. Für die niedrigen Pegel sind offensichtlich andere Effekte, z. B. Strömungsrauschen, Reibung, Volumenstromschwankungen etc. verantwortlich.

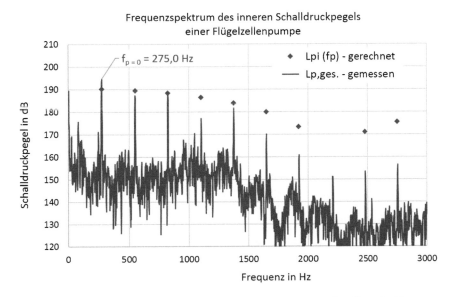

Abb. 3.8 Gemessener Gesamtschalldruckpegel am Pumpenausgang einer Flügelzellenpumpe und gerechneter Schalldruckpegel bei der Pulsationsfrequenz der Pumpe f_0 und deren Harmonischen f_p

3.1.3 Aeropulsive Geräusche

Sie beruhen auf der Erzeugung von Wechseldruck in der Luft durch Verdrängung und werden demzufolge gut durch Strahler 0. Ordnung (Monopol) angenähert.

Zum einen sind es pulsierende Strömungsvorgänge, bei denen ein begrenztes Luftvolumen rhythmisch ausgestoßen bzw. wieder angesaugt wird. Die dadurch hervorgerufenen Druckausgleichsvorgänge mit der unmittelbaren Umgebung bauen im Wechsel Überdruck und Unterdruck auf. Diese Druckschwankungen pflanzen sich in der Luft mit Schallgeschwindigkeit fort, die zugehörigen Geräusche wirken knatternd und können sehr laut sein.

Beispiele hierzu sind Ausstoßgeräusche am Auspuff von Verbrennungsmotoren, am Auslassventil von Kompressoren und Druckluftgeräten. Es können auch Verdrängungsvorgänge sein, bei denen Luft stoßweise ausgepresst wird, wie beispielsweise aus den Profilrillen rollender Autoreifen oder aus dem gemeinsamen Zwischenraum zwischen zwei periodisch ineinander greifenden Maschinenteilen (z. B. Zahnradpaarungen).

Der Hauptanteil der abgestrahlten Schallenergie liegt im Bereich der Pulsationsfrequenz. Die Grundfrequenz der Pulsation f_0 lässt sich folgt bestimmen:

$$f_0 = \frac{n \cdot z}{60} \quad \text{Hz} \tag{3.43}$$

n Drehzahl in Umdrehung pro Minute 1/min
z Anzahl der Pulsationen pro Umdrehung

Neben der Grundfrequenz f_0 treten im Spektrum, in Abhängigkeit der Zeitfunktionen der einzelnen Verdichtungen, auch die Oberschwingungen f_k nach (3.44) auf:

$$f_k = f_0 \cdot (1 + k) \quad \text{Hz} \qquad k = 1, 2, 3, \ldots \tag{3.44}$$

Die Verteilung der Pulsationsenergie auf die o. a. Frequenzen wird maßgebend durch das Schwingungsverhalten des Mediums in der angeschlossenen Rohrleitung beeinflusst.

Zum anderen handelt es sich um eine Luftverdrängung durch bewegte, speziell durch rotierende Körperelemente. Letztere schieben beim Drehen vor sich ein Überdruckfeld her und ziehen hinter sich ein Unterdruckfeld nach (hydrodynamisches Nahfeld ohne örtliche Schallabstrahlung). Für einen gegenüber dem bewegten Element ruhenden Beobachter bedeutet dies aber ein Druckwechselspiel innerhalb einer Umdrehung. Demzufolge entsteht im Falle von rotierenden Rädern, die aus Speichen, Schaufeln und Blättern aufgebaut sind, in der umgebenden Luft ein periodischer Wechseldruck mit der maßgebenden Grundfrequenz f_0. Sie lässt sich nach (3.43) berechnen mit:

z Anzahl der Blattelemente auf dem Umfang

Das zugehörige Geräusch wird Drehklang genannt. Ein solcher Drehklang kann an rotierenden Propellern, Ventilatoren, Turbinenläufern usw. wahrgenommen werden.

Mit dem Drehklang sind Nachlaufgeräusche verwandt. Sie besitzen allerdings Dipol-charakter und entstehen aus der Wechselwirkung zwischen einer Nachlaufzone und einem in Bewegung befindlichen Nahfeld. Hinter einem in einer Strömung angeordneten Hinder-nis stellt sich bekanntlich ein Nachlauffeld ein, auch Windschatten- oder Totwassergebiet genannt, mit einer im Mittel kleineren Geschwindigkeit als die der ungestörten Strömung. Bewegt sich in unmittelbarer Nähe ein etwa gleich großer Körper quer dazu, so wird sein hydrodynamisches Nahfeld beim Durchqueren der Windschattenzone gestört. Diese Stö-rung pflanzt sich in der umgebenden, ruhenden Luft mit Schallgeschwindigkeit fort.

Rotiert daher ein Rad mit regelmäßig angeordneten Blattelementen durch den Wind-schatten eines angeströmten Hindernisses oder auch ein Blattelement durch den Wind-schatten einer Schar regelmäßig angeordneter und angeströmter Hindernisse, so entsteht der sog. Sirenenklang. Er besitzt ein Linienspektrum mit diskreten Frequenzen, die ein Vielfaches der Grundfrequenz sind, s. (3.44).

Ein solcher Sirenenklang kann sich beispielsweise an Strömungsmaschinen aus dem Zusammenwirken der feststehenden Leitschaufeln und der rotierenden Laufradschaufeln einstellen.

3.1.4 Geräuschentstehung infolge Wirbelbildung

Bei der Umströmung von Hindernissen entstehen durch Ablöseerscheinungen Geräusche mit Dipolcharakter. Je nach Reynolds-Zahl stellt sich hinter dem Hindernis „Wirbelzone" eine laminare bzw. turbulente Strömung ein.

Die Grenze, bei der die Strömung von laminar in turbulent umschlägt, tritt bei einer sog. kritischen Reynolds-Zahl „Re_{krit}", die je nach Strömungsform unterschiedliche Werte annehmen kann, ein. Mit zunehmender Reynolds-Zahl wird die Strömung mehr turbulent. Etwa ab $Re = 10^6$ spricht man von vollturbulenter Strömung, d. h. in der Wirbelzone liegen fast ausschließlich regellose Geschwindigkeitsschwankungen vor.

Dadurch wird sowohl Körperschall im Hindernis angeregt als auch Luftschall erzeugt, der durch Druckschwankungen in der Wirbelzone indiziert wird. Der Luftschall pflanzt sich dann in der umgebenden Luft mit Schallgeschwindigkeit fort und wird im Hörbe-reich als Geräusch wahrgenommen. Beispiele hierzu sind Windgeräusche an Fahrzeugen und Gebäuden, Geräusche von Strömungsmaschinen und in Rohrleitungen, die beim Um-strömen von Einbauten, Hindernissen und Querschnittsänderungen entstehen [5, 12–14].

Bei kleinen Reynolds-Zahlen $Re = Re_{krit} \approx 400$ stellt sich hinter dem Hindernis eine laminare Strömung mit periodischer Wirbelablösung am Hindernis ein, die sog. Kár-mán'sche Wirbelstraße [8, 10].

Die zugehörigen Geräusche, die Hiebtöne, nehmen mit kleiner werdender Reynolds-Zahl immer mehr schmalbandigen Charakter an. Die Grundfrequenz ist gleich der Frequenz der Wirbelablösung und beträgt:

$$f_{\text{Hieb}} = \text{St} \cdot \frac{U_0}{d} \quad \text{Hz} \tag{3.45}$$

U_0 Anströmgeschwindigkeit in m/s
d Breite des Hindernisses in m
St Strouhal-Zahl

Die Strouhal-Zahl stellt im Allgemeinen eine Konstante dar, im Falle einer Hindernisumströmung ist St $\approx$ 0,2, z. B. Singen von Drähten im Wind [27].

Mit größer werdender Anströmgeschwindigkeit steigt die Frequenz der Hiebtöne linear an, die Intensität der durch Wirbelbildung abgestrahlten Schallleistung nimmt dabei mit der 5. bis 6. Potenz von U_0 zu. Das bedeutet, dass bei einer Verdoppelung der Anströmgeschwindigkeit der Schallleistungspegel um ca. 18 dB zunimmt.

Der Begriff des Hiebtons lässt sich auch auf geschlossene, rotierende Maschinenteile übertragen. In (3.45) ist dann U_0 durch die Umfangsgeschwindigkeit $(r \cdot \omega)$ im Abstand r von der Drehachse und d durch die Breite b des rotierenden Teiles zu ersetzen. Man gewinnt so für den Rotor zwischen $0 < r < R$ (R Außenradius) ein Frequenzband der Hiebtonanregung $0 < f_{\text{Hieb}} < 0{,}2 \cdot \frac{R \cdot \omega}{b}$, mit Bevorzugung der höheren Frequenzen. Das zugehörige Geräusch wird im Gegensatz zum schmalbandigen Drehklang Drehgeräusch genannt.

Schließlich können Wirbel und damit Geräusche von Hiebtoncharakter bis zu breitbandigem Rauschen auch in Rohrleitungen und allgemeinen Strömungskanälen, wie z. B. in Rohrbündelwärmetauschern, entstehen, wenn in den Leitungen Einbauten umströmt werden [11] oder wenn sich die Strömung an plötzlichen Querschnittsänderungen und schroffen Umlenkungen ablöst [12].

Wirbelablösungen treten schließlich an in die Strömung hineinragenden scharfen Kanten, an Schneiden und an nicht bündigen Messstutzen auf. Man spricht hierbei dann von Schneiden- oder Kantentönen mit den gleichen Eigenschaften wie die der Hiebtöne.

3.1.5 Geräuschentstehung durch Freistrahle

Beim Austritt eines Luftstrahls aus einer Öffnung in den angrenzenden, ruhenden Luftraum entsteht naturgemäß eine Grenzzone heftiger, turbulenter Vermischung zwischen zwei Luftbereichen stark unterschiedlicher Geschwindigkeiten. In den weitaus meisten Fällen bildet sich der sogenannte turbulente Freistrahl aus, wie er in Abb. 3.9 dargestellt ist [13, 14]

Für Re < Re_{krit}, wie z. B. beim Austritt aus einem schmalen Spalt, bildet sich ein laminarer Freistrahl aus (siehe Abb. 3.9b). Er zeigt das Strömungsverhalten einer voll ausgebildeten Wirbelstraße mit periodischer Wirbelablösung, ähnlich der Kármán'schen

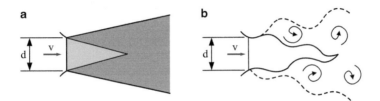

Abb. 3.9 **a** Turbulenter Freistrahl, **b** laminarer Freistrahl

Wirbelstraße bei der laminaren Umströmung eines Hindernisses. Die zugehörigen Geräusche, die *Spalttöne*, sind schmalbandig. Die Grundfrequenz ist gleich der Frequenz der Wirbelablösung und beträgt:

$$f_{\text{Spalt}} = \text{St} \cdot \frac{U_0}{d_{\text{Spalt}}} \quad \text{Hz} \tag{3.46}$$

Hierin sind U_0 ist die ungestörte Ausströmgeschwindigkeit, d_{Spalt} die Spaltbreite und St die Strouhal-Zahl mit dem Wert von St $\approx 0{,}04$. Mit steigender Reynolds-Zahl (Re $>$ Re$_{\text{krit}}$) überlagern sich den Wirbeln, die in Düsennähe kleinere, strahlabwärts größere Wirkungsdurchmesser besitzen, immer höhere Geschwindigkeitsschwankungen. Sie führen zu einem raschen Zerfall vor allem der kleineren Wirbel, die größeren Wirbel existieren etwas länger. Es kommt insbesondere in der Mischzone zu regellosen Geschwindigkeitsschwankungen und folglich zu ebensolchen Druckschwankungen. Letztere pflanzen sich in der umgebenden Luft mit Schallgeschwindigkeit fort und werden im Hörbereich als breitbandiges Geräusch wahrgenommen. Seine hochfrequenten Anteile entstehen aus dem Zerfall der kleineren Wirbel, also im düsennahen Bereich der Mischzone, die tieffrequenten Anteile entstehen aus dem Zerfall der größeren Wirbel, also im düsenferneren Bereich.

Bedingt durch die Verformungen der Turbulenzballen in der Mischzone lässt sich die Abstrahlcharakteristik von Freistrahlgeräuschen am besten durch den Kugelstrahler 2. Ordnung (Quadrupol) annähern. Das Strahlgeräusch, das eine ausgeprägte Richtcharakteristik besitzt (Abb. 3.10) [7], hat sein Abstrahlmaximum bei einer Strouhal-Zahl, (3.47) St $\approx 0{,}2$ bis $0{,}3$. Aus ihr lässt sich direkt die Frequenz des Maximums berechnen, die im Allgemeinen hoch liegt.

Die Strouhal-Zahl der Freistrahlgeräusche ist eine dimensionslose Kennzahl und ist wie folgt definiert:

$$\text{St} = \frac{f \cdot d}{u} \tag{3.47}$$

d Düsendurchmesser in m
u Austrittsgeschwindigkeit in m/s
f Frequenz in Hz

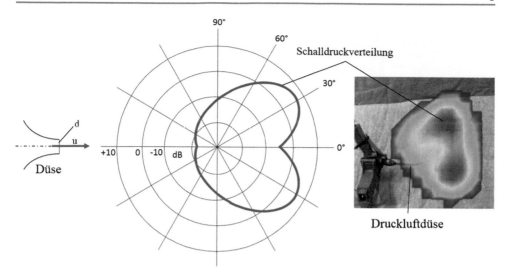

Abb. 3.10 Richtcharakteristik von turbulenten Freistrahlgeräuschen

In Abb. 3.11 ist das experimentell ermittelte relative Oktavspektrum der Freistrahlgeräusche dargestellt [7, 8].

Das relative Oktavspektrum ist wie folgt definiert:

$$\Delta L_{W,\mathrm{Okt}} = 10 \cdot \lg \frac{P_{\mathrm{Oktave}}}{P_{\mathrm{gesamt}}} = L_{W,\mathrm{Okt}} - L_{W,\mathrm{ges}} \quad \mathrm{dB} \tag{3.48}$$

Das relative Oktavspektrum von turbulenten Freistrahlgeräuschen lässt sich auch entsprechend dem in Abb. 3.11 experimentell ermittelten Spektrum durch folgende empirische
Formel berechnen:

St ≤ 0,25

$$\Delta L_{W,\mathrm{Okt}} = -9,6 \cdot [\lg (\mathrm{St}_{\mathrm{Okt}})]^3 - 45,8 \cdot [\lg (\mathrm{St}_{\mathrm{Okt}})]^2 - 45,8 \cdot [\lg (\mathrm{St}_{\mathrm{Okt}})] - 17,4 \quad \mathrm{dB}$$
$$\tag{3.49}$$

St ≥ 0,25

$$\Delta L_{W,\mathrm{Okt}} = 3,1 \cdot [\lg (\mathrm{St}_{\mathrm{Okt}})]^3 - 6,0 \cdot [\lg (\mathrm{St}_{\mathrm{Okt}})]^2 - 14,8 \cdot [\lg (\mathrm{St}_{\mathrm{Okt}})] - 10,6 \quad \mathrm{dB} \tag{3.50}$$

Anmerkung

Unter der Berücksichtigung, dass die Freistrahlgeräusche sehr breitbandig sind, lässt sich
mit Hilfe von (3.49) und (3.50) in guter Näherung auch das relative Terzspektrum der

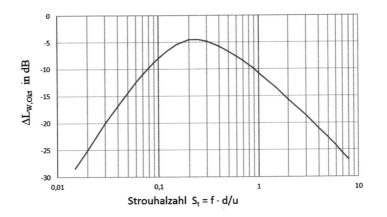

Abb. 3.11 Relatives Oktavspektrum von turbulenten Freistrahlgeräuschen

Freistrahlgeräusche wie folgt abschätzen:

$$\left.\begin{array}{l} \mathbf{St \le 0{,}25} \\[4pt] \Delta L_{W,\mathrm{Terz}} = -9{,}6 \cdot [\lg(\mathrm{St_{Terz}})]^3 - 45{,}8 \cdot [\lg(\mathrm{St_{Terz}})]^2 \\[2pt] \qquad\qquad -45{,}6 \cdot [\lg(\mathrm{St_{Terz}})] - 17{,}4 - 10 \cdot \lg(3) \\[8pt] \mathbf{St \ge 0{,}25} \\[4pt] \Delta L_{W,\mathrm{Okt}} = 3{,}1 \cdot [\lg(\mathrm{St_{Terz}})]^3 - 6{,}0 \cdot [\lg(\mathrm{St_{Terz}})]^2 \\[2pt] \qquad\qquad -14{,}8 \cdot [\lg(\mathrm{St_{Terz}})] - 10{,}6 - 10 \cdot \lg(3) \end{array}\right\} \quad \mathrm{dB} \qquad (3.51)$$

Die Freistrahlgeräusche lassen sich bei höheren Machzahlen ($0{,}6 < \mathrm{Ma} < 1{,}6$) am besten durch Quadrupolquellen darstellen. Entsprechend (3.8) ist die Schallleistung proportional der 8. Potenz der Ausströmungsgeschwindigkeit ($n = 5$, s. Abb. 3.3). Das bedeutet auch, dass beispielsweise bei einer Verdoppelung der Austrittsgeschwindigkeit der Schallleistungspegel um 24 dB zunimmt.

Bei kleineren Machzahlen können im Bereich der Düse Wirbel auftreten, die in Wechselwirkung mit der Düse Geräusche mit Dipolcharakter verursachen. Das Geräuschzentrum rückt näher an die Düse, es kommt mehr zu einem Dipoleinfluss. Das bedeutet auch, dass dann die Schallleistung nur noch proportional etwa der 6. Potenz der Ausströmungsgeschwindigkeit ist ($n = 3$).

Mit Hilfe von (3.8) lässt sich die Gesamtschallleistung der Freistrahlgeräusche, mit Quadrupolcharakter, bei höheren Machzahlen ($0{,}6 < \mathrm{Ma} < 1{,}0$) in guter Näherung wie folgt bestimmen [6]:

$$P_{\mathrm{ges}} = K_Q \cdot \rho \cdot S \cdot u^3 \cdot \mathrm{Ma}^n \quad \mathrm{W} \qquad (3.52)$$

$$K_Q \approx 5 \cdot 10^{-5}; \quad \mathrm{Ma} = \frac{u}{c} \qquad \text{Machzahl}$$

$$n = 5 \quad 0{,}6 > \mathrm{Ma} > 1{,}0 \qquad \text{Quadrupol}$$

Mit

$$\rho = \frac{p_{\text{sta}}}{R \cdot T} \quad \text{kg/m}^3 \tag{3.53}$$

Dichte des Fluids außerhalb des Freistrahls[1]

$$c = \sqrt{\kappa \cdot R \cdot T} \quad \text{m/s} \tag{3.54}$$

Schallgeschwindigkeit außerhalb des Freistrahls[1] folgt aus (3.52):

$$P_{\text{ges}} = K_{\text{Q}} \cdot \frac{p_{\text{sta}}}{R \cdot T} \cdot S \cdot \frac{u^8}{(\kappa \cdot R \cdot T)^{5/2}} = K_{\text{Q}} \cdot \frac{p_{\text{sta}}}{(R \cdot T)^{3,5} \cdot k^{2,5}} \cdot S \cdot u^8 \quad \text{W} \tag{3.55}$$

Hieraus erhält man den Gesamtschallleistungspegel der Freistrahlgeräusche:

$$L_{W,\text{ges}} = 10 \cdot \lg \frac{P_{\text{ges}}}{P_0} \quad \text{dB} \qquad P_0 = 10^{-12} \quad \text{W}$$

$$L_{W,\text{ges}} \approx -48 + 80 \cdot \lg \frac{u}{u_0} + 10 \cdot \lg \frac{S}{S_0} + 10 \cdot \lg \frac{p_{\text{sta}}}{p_{\text{sta},0}} - 35 \cdot \lg \frac{R \cdot T}{R_0 \cdot T_0}$$

$$- 25 \cdot \lg \frac{k}{k_0} \quad \text{dB} \tag{3.56}$$

Mit

$K_{\text{Q}} \approx 5 \cdot 10^{-5}$ Proportionalitätsfaktor der Quadrupolquellen
u Strömungsgeschwindigkeit in m/s
$u_0 = 1 \, \text{m/s}$ Bezugsgeschwindigkeit
$S = \pi \cdot d_{\text{i}}^2 / 4$ Austrittquerschnitt in m^2 ($d =$ Austrittdurchmesser in m)
$S_0 = 1 \, \text{m}^2$ Bezugsfläche
p_{sta} statischer Druck des Fluids
$p_{\text{sta},0} = 10^5 \, \text{N/m}^2$ statischer Bezugsdruck
R spezifische Gaskonstante in J/kg K
$R_0 = 287 \, \text{J/kg K}$ Bezugsgaskonstante
T absolute Temperatur des Fluids in K
$T_0 = 273 \, \text{K}$ Bezugstemperatur
$\kappa = c_p / c_v$ Adiabatenexponent
$\kappa_0 = 1,4$ Bezugsadiabatenexponent

Hinweis

Die Bezugswerte u_0, $p_{\text{sta},0}$, R_0, T_0, κ_0, können grundsätzlich frei gewählt werden. Durch andere Bezugswerte ändert sich nur der konstante Pegel ($-48 \, \text{dB}$) in (3.56)!

---

[1] Hierbei wurde angenommen, dass die mittleren Temperaturen (T) innerhalb und außerhalb des Freistrahls nicht stark voneinander abweichen.

Der angegebene Proportionalitätsfaktor K_Q stellt einen groben Mittelwert dar und ist von vielen Faktoren, z. B. Geschwindigkeit, Öffnungsform, Rauigkeit der Düse, Machzahl usw. abhängig. Daher empfiehlt es sich, diese Größe für bestimmte Randbedingungen und Aufgabenstellungen experimentell zu bestimmen. Gleichung (3.56) ist für niedrige Machzahlen Ma < 0,6 nur bedingt geeignet, da neben Quadrupolquellen auch Dipol- und Monopolquellen, vor allem im Bereich der Düse, auftreten können.

Bei überkritischer Freistrahlexpansion und nicht ausgelegter Lavaldüse bzw. bei einfachen Düsenaustritten stellt sich eine verpuffungsähnliche Expansion mit nahezu regelmäßiger Bildung von Verdichtungs- und Verdünnungswellen ein. Letztere können zu intermittierenden Knallgeräuschen (Überschallknall) führen, Beispiele für Freistrahlgeräusche sind u. a. der Düsenlärm von Strahltriebwerken und der Lärm in der Expansionszone von Reduzier- und Abblasventilen, [13]. Beide Geräusche können sehr laut und lästig sein.

Beispiel 3.1

Gesucht sind die A-Gesamt- und A-Oktavschalleistungspegel der Ausströmungsgeräusche aus einer gut abgerundeten Düse ins Freie.

$$R = 287\,\text{J/kg\,K}; \quad t = 40\,°\text{C} \Rightarrow T = 313\,\text{K}; \quad \kappa = 1,4;$$
$$p_{sta} = 1,05\,\text{bar} \Rightarrow p_{sta} = 1,05 \cdot 10^5\,\text{N/m}^2$$
$$u = 250\,\text{m/s}; \quad d_i = 0,1\,\text{m} \Rightarrow S = 0,0078\,\text{m}^2$$
$$c = \sqrt{\kappa \cdot R \cdot T} = 343,1\,\text{m/s}; \quad \text{Ma} = 0,73$$

Nach (3.56) erhält man den Gesamtschalleistungspegel:

$$L_{W,ges} = 120,9\,\text{dB}$$

Mit (3.48) bis (3.50) und Dämpfungspegel der A-Bewertung nach Tab. 2.2 lässt sich der A-Oktavschalleistungspegel, s. Tab. 3.1, berechnen:

Der A-Gesamtschalleistungspegel ergibt sich dann:

$$L_{WA} = 10\,\lg \sum 10^{0,1\,L_{WA,Okt}} = 119,1\,\text{dB(A)}$$

Tab. 3.1 Ergebnisse des Beispiels 3.1

$f_{m,Okt}$	63	125	250	500	1000	2000	4000	8000	Hz
$L_{W,ges.}$				120,9					dB
St_{Okt}	0,03	0,05	0,10	0,20	0,40	0,80	1,60	3,20	1/m
$\Delta L_{W,Okt}$	-22,3	-14,5	-8,0	-4,7	-5,8	-9,2	-13,8	-19,2	dB
$\Delta L_{,Okt}$	-26,2	-16,1	-8,6	-3,2	0,0	1,2	1,0	-1,1	dB
$L_{WA,Okt}$	72,4	90,3	104,2	113,0	115,1	112,9	108,1	100,6	dB(A)

3.1.6 Geräuschentstehung durch Ansauggeräusche

Die Ansauggeräusche, die in vielen Bereichen (z. B. bei klimatechnischen Anlagen, in der Medizintechnik, bei Staubsaugern etc.) vorkommen, werden durch Geschwindigkeitsschwankungen verursacht. Die Schallleistung lässt sich analog zu (3.10) wie folgt bestimmen [7]:

$$P_{\mathrm{A}} = K_n \cdot \dot{V} \cdot \Delta p_V \cdot \mathrm{Ma}^n \quad \mathrm{W} \tag{3.57}$$

Mit

P_{A}	Schallleistung der Ansauggeräusche in W
$\dot{V} = u_{\mathrm{m}} \cdot S$	Volumenstrom in m^3/s
$u_{\mathrm{m}} = \frac{\dot{V}}{S}$	mittlere Strömungsgeschwindigkeit in m/s
$S = \frac{\pi \cdot d^2}{4}$	Düsen- bzw. Rohrquerschnitt in m^2
$\Delta p_V = \zeta \cdot \frac{\rho}{2} \cdot u_{\mathrm{m}}^2$	Druckverlust der Düse in N/m^2
ζ	Druckverlustbeiwert der Düse
$\mathrm{Ma} = u_{\mathrm{m}}/c$	Machzahl
n	Exponent der Machzahl
K_n	Proportionalitätsfaktor beim Exponenten n

Mit diesen Angaben folgt aus (3.57):

$$P_{\mathrm{A}} = K_n \cdot u_{\mathrm{m}} \cdot S \cdot \zeta \cdot \frac{\rho}{2} u_{\mathrm{m}}^2 \cdot \mathrm{Ma}^n = K_{\mathrm{A}} \cdot \rho \cdot S \cdot u_{\mathrm{m}}^3 \cdot \mathrm{Ma}^n \quad \mathrm{W} \tag{3.58}$$

$$K_{\mathrm{A}} = \frac{K_n \cdot \zeta}{2} \quad \text{Proportionalitätsfaktor der Ansauggeräusche} \tag{3.59}$$

Den Gesamtschallleistungspegel erhält man dann:

$$L_{W,\mathrm{ges}} = 10 \cdot \lg \frac{P_{\mathrm{A}}}{P_0} = 10 \cdot \lg \frac{K_{\mathrm{A}} \cdot \rho \cdot S \cdot u_{\mathrm{m}}^3 \cdot \mathrm{Ma}^n}{10^{-12}\,\mathrm{W}} \quad \mathrm{dB} \tag{3.60}$$

Durch experimentelle Untersuchungen wurden der Proportionalitätsfaktor K_{A} und der Exponent der Machzahl n empirisch ermittelt [15]:

$$K_{\mathrm{A}} \approx 1{,}35 \cdot 10^{-3} \quad \text{und} \quad n \approx 2{,}83$$

Mit den experimentell ermittelten Größen n und K_{A} erhält man aus (3.60) mit (3.53) und (3.54) eine Abschätzformel für die Bestimmung der Gesamtschallleistungspegel der Ansauggeräusche für kompressible Medien [16]:

$$L_W = 21{,}0 + 58{,}3 \cdot \lg \frac{u_{\mathrm{m}}}{u_0} + 10 \cdot \lg \frac{S}{S_0} + 10 \cdot \lg \frac{p}{p_0}$$
$$- 24{,}2 \cdot \lg \frac{R \cdot T}{R_0 \cdot T_0} - 14{,}2 \cdot \lg \frac{\kappa}{\kappa_0} \quad \mathrm{dB} \tag{3.61}$$

Hierbei ist:

$u_0 = 1\,\text{m/s}$ Bezugsgeschwindigkeit

$S_0 = 1\,\text{m}^2$ Bezugsfläche

$p_0 = 10^5\,\text{Pa}$ Bezugsdruck

$R_0 = 287\,\text{N m/kg K}$ Bezugsgaskonstante

$T_0 = 273\,\text{K}$ Bezugstemperatur

$\kappa_0 = 1{,}4$ Bezugsadiabatenexponent

Die experimentellen Untersuchungen haben gezeigt, dass der Proportionalitätsfaktor K_A nach (3.59) in guter Näherung eine Konstante ist, obwohl der Druckverlustbeiwert der Düse ζ und der Proportionalitätsfaktor K_n, s. (3.58), je nach Düsenform und Geschwindigkeit sehr unterschiedlich sind. Darüber hinaus zeigen die Ergebnisse, dass die untersuchten Düsenformen nur einen untergeordneten Einfluss auf die Schallentstehung haben [15].

Im Vergleich zur reinen Rohrströmung liegen die Ansauggeräusche um ca. 14 dB höher als die Strömungsgeräusche in der Rohrleitung. Der Grund für die höheren Pegel liegt sehr wahrscheinlich darin, dass die Strömungsgeschwindigkeit im Eingangsbereich der Düse durch Einschnürung beim Einströmen deutlich höher ist als die mittlere Strömungsgeschwindigkeit in der Rohrleitung.

In Abb. 3.12 sind exemplarisch die Geschwindigkeitsverteilungen (CFD-Analysen) an einer der untersuchten Düsen dargestellt [16].

Hieraus ist zu erkennen, dass die Strömungsgeschwindigkeit am Düseneingang deutlich höher ist als die mittlere Strömungsgeschwindigkeit im Rohr.

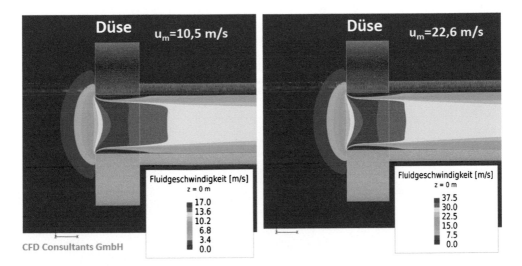

Abb. 3.12 Geschwindigkeitsverteilung beim Ansaugen mit Hilfe einer Düse bei mittleren Strömungsgeschwindigkeiten: $u_m = 10{,}5\,\text{m/s}$ und $u_m = 22{,}6\,\text{m/s}$

Wie aus (3.61) leicht zu erkennen ist, wird die Schallentstehung maßgebend durch die Strömungsgeschwindigkeit bestimmt. Daher ist sicherlich der Düseneingang eine mögliche Quelle der Schallentstehung.

Das relative Oktavspektrum der Ansauggeräusche lässt sich mit Hilfe von (3.62) und (3.63) ermitteln. Diese Gleichungen wurden basierend auf experimentellen Untersuchungen und einer Regressionsanalyse empirisch in Abhängigkeit der Strouhal-Zahl (St_{Okt}), (3.47), bestimmt [15, 16]:

$0,1 \leq S_t \leq 2,0$

$$\Delta L_{W,Okt} = 6,8 \cdot [\lg(St_{Okt})]^3 - 21,8 \cdot [\lg(St_{Okt})]^2 - 13,6 \cdot [\lg(St_{Okt})] - 7,7 \quad dB \quad (3.62)$$

$2 \leq S_t \leq 40$

$$\Delta L_{W,Okt} = -4,2 \cdot [\lg(St_{Okt})]^3 - 1,9 \cdot [\lg(St_{Okt})]^2 + 11,0 \cdot [\lg(St_{Okt})] - 14,6 \quad dB \tag{3.63}$$

Der A-Oktav- und A-Gesamtschallleistungspegel lassen sich wie folgt bestimmen:

$$L_{WA,Okt} = L_W + \Delta L_{W,Okt} + \Delta L_{A,Okt} \quad dB(A) \tag{3.64}$$

$\Delta L_{A,Okt}$ A-Bewertung bei den Oktavmittenfrequenzen, s. Tab. 2.2

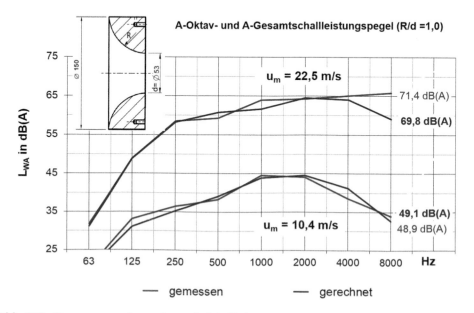

Abb. 3.13 Gemessene und gerechnete A-Schallleistungspegel einer Düse ($R/d = 1,0$) bei verschiedenen Geschwindigkeiten

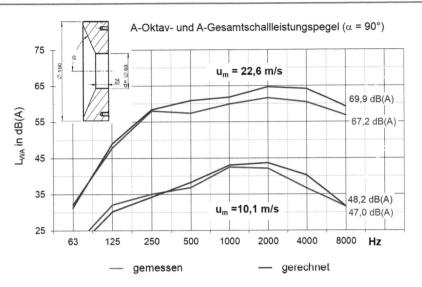

Abb. 3.14 Gemessene und gerechnete A-Schallleistungspegel einer Düse ($\alpha = 90°$) bei verschiedenen Geschwindigkeiten

$$L_{WA} = 10 \cdot \lg \sum_{63\,\mathrm{Hz}}^{8000\,\mathrm{Hz}} 10^{0,1 \cdot L_{WA,\mathrm{Okt}}} \quad \mathrm{dB(A)} \tag{3.65}$$

In den Abb. 3.13 und 3.14 sind exemplarisch die gemessenen und gerechneten A-Gesamt- und A-Oktavschallleistungspegel für zwei untersuchte Düsen bei verschiedenen mittleren Strömungsgeschwindigkeiten gegenübergestellt. Weitere Ergebnisse, Daten und Versuchsaufbauten siehe in [15, 16].

Hieraus folgt, dass man mit den hier angegebenen Abschätzformeln die Gesamt- und Oktavschallleistungspegel der Ansauggeräusche recht gut bestimmen kann. Diese Aussage gilt natürlich nur uneingeschränkt für die untersuchten Düsenformen und Geschwindigkeitsbereiche. Die Überprüfung der Abschätzformeln durch die Fa. IBS[2] an einigen Beispielen aus der Praxis hat ebenfalls eine gute Übereinstimmung geliefert.

3.1.7 Geräuschentstehung in turbulenten Grenzschichten

Ursache aller bisher behandelten Fluidgeräusche sind merkliche Störungen in der Strömung. Daher sind auch in ungestörten laminaren Strömungen praktisch keine Geräusche wahrnehmbar. Dies trifft jedoch nicht mehr für eine turbulente Grundströmung in einer geraden Rohrleitung zu. In ihr treten auch ohne solche Störungen Geräusche auf. Ort der

---

[2] IBS Ingenieurbüro für Schall- und Schwingungstechnik GmbH, D-67227 Frankenthal/Pfalz, www.ibs-akustik.de.

Geräuschentstehung ist die turbulente Grenzschicht an der Wand. Daher ist mit dieser Art Fluidschall auch stets die Entstehung und Abstrahlung von Körperschall verbunden. Die Ursache für diesen Fluid- und Körperschall sind starke Druckschwankungen in der Grenzschicht, die dadurch entstehen, dass in der Grenzschicht dauernd kleine Turbulenzballen von der Größenordnung der Grenzschicht zerfallen und wieder entstehen, wodurch fortwährend Impulsstöße ausgeübt werden.

Die Schallleistung nimmt mit steigender Strömungsgeschwindigkeit und Turbulenz (Turbulenzgrad) zu. Es kann auch zu merklicher Körperschallabstrahlung kommen, falls die Begrenzung aus leichteren Wänden gebildet wird und zusätzlich noch Diskontinuitätsstellen in der Strömung vorhanden sind. Nachfolgend wird am Beispiel der Rohrströmung die Wirkung einiger wesentlicher Einflussparameter bei der Schallentstehung gezeigt.

a) Rohrströmung mit kompressiblen Medien
Die Schallleistung von gasdurchströmten geraden Rohrleitungen lässt sich nach (3.13) wie folgt bestimmen [7, 12]:

$$P_\mathrm{D} = K_\mathrm{D} \cdot \rho \cdot u_\mathrm{m}^3 \cdot S \cdot \mathrm{Ma}^3 \quad \mathrm{W} \tag{3.66}$$

$K_\mathrm{D} \approx (2\ldots12) \cdot 10^{-5}$ Proportionalitätsfaktor der Dipolquellen

Mit (3.53) und (3.54) folgt aus (3.66), analog wie bei den Freistrahlgeräuschen, die innere Gesamtschallleistung P_D:

$$P_\mathrm{D} = K_\mathrm{D} \cdot \frac{p_\mathrm{sta}}{(R \cdot T)^{5/2} \cdot \kappa^{3/2}} \cdot u^6 \cdot S \quad \mathrm{W} \tag{3.67}$$

Berücksichtigt man, dass K_D auch eine Funktion der mittleren Strömungsgeschwindigkeit u_m ist, lässt sich, unter Einbeziehung von experimentellen Untersuchungen, der innere Schallleistungspegel in geraden Rohrleitungen und idealen Gasen wie folgt bestimmen:

$$L_{W_\mathrm{i}} = 10 \lg \frac{P_\mathrm{D}}{P_0} \, \mathrm{dB}; \quad P_0 = 10^{-12}\,\mathrm{W}$$

$$L_{W_\mathrm{i}} = K + 60 \lg \frac{u_\mathrm{m}}{u_0} + 10 \lg \frac{S}{S_0} + 10 \lg \frac{p_\mathrm{sta}}{p_{\mathrm{sta}_0}} - 25 \lg \left(\frac{R \cdot T}{R_0 \cdot T_0} \right) - 15 \lg \left(\frac{\kappa}{\kappa_0} \right) \, \mathrm{dB} \Biggr\}$$

$$K \approx 8 - 0{,}16 \cdot u_\mathrm{m}\,\mathrm{dB} \quad \text{Korrekturpegel}$$

$$\tag{3.68}$$

Die Bezugswerte nach VDI 3733 [12] sind:

$u_0 = 1\,\mathrm{m/s}$ Bezugsgeschwindigkeit
$S_0 = 1\,\mathrm{m}^2$ Bezugsfläche
$p_0 = 101325\,\mathrm{Pa}$ Bezugsdruck = Atmosphärendruck

$R_0 = 287 \, \text{N m/kg K}$ Bezugsgaskonstante
$T_0 = 273 \, \text{K}$ Bezugstemperatur
$\kappa_0 = 1{,}4$ Bezugsadiabatenexponent

b) Rohrströmung mit inkompressiblen Medien

Der innere Schallleistungspegel von flüssigkeitsdurchströmten geraden Rohrleitungen lässt sich ebenfalls nach (3.66) bestimmen;

$$L_{WD,i} = 10 \cdot \log \frac{P_D}{P_0} \quad \text{dB}; \qquad P_0 = 10^{-12} \quad \text{W}$$

Mit $n = 3$ und der Schallgeschwindigkeit nach (3.23) folgt aus (3.66):

$$P_D = K_D \cdot \rho_F \cdot S \cdot u_m^3 \cdot \frac{u_m^3}{c_F^3} = K_D \cdot \rho \cdot S \cdot u_m^6 \cdot \left(\frac{\rho_F}{E_F} \right)^{\frac{3}{2}} \quad \text{W} \qquad (3.69)$$

$$L_{WD,i} = 120 + 10 \cdot \lg(K_D) + 60 \cdot \lg \frac{u_m}{u_0} + 10 \cdot \lg \frac{S}{S_0}$$

$$+ 25 \cdot \lg \frac{\rho_F}{\rho_0} - 15 \cdot \lg \frac{E_F}{E_0} \quad \text{dB} \qquad (3.70)$$

Mit den freigewählten Bezugswerten:

u_m	mittlere Strömungsgeschwindigkeit in m/s
$u_0 = 1 \, \text{m/s}$	Bezugsgeschwindigkeit
$S = \pi \cdot d_i^2/4$	Rohrquerschnitt in m^2 (d_i = Rohrinnendurchmesser in m)
$S_0 = 1 \, \text{m}^2$	Bezugsfläche
ρ_F	Dichte der Flüssigkeit in kg/m^3
$\rho_0 = 1 \, \text{kg/m}^3$	Bezugsdichte
E_F	Elastizitätsmodul der Flüssigkeit in N/m^2
$E_0 = 1 \, \text{N/m}^2$	Bezugselastizitätsmodul
$K_D \approx (2\ldots12) \cdot 10^{-5}$	Proportionalitätsfaktor

c) Frequenzspektrum von Rohrleitungsgeräuschen

Das durch die Grenzschicht erzeugte Geräusch ist grundsätzlich breitbandig. Das Frequenzspektrum der Strömungsgeräusche in geraden Rohrleitungen hat sein Maximum bei tiefen Frequenzen und fällt dann mit steigender Frequenz kontinuierlich ab. Dies gilt in guter Näherung sowohl für kompressible als auch für inkompressible Medien.

Das relative Oktavspektrum (Abb. 3.15) der turbulenten Grenzschichtgeräusche in geraden Rohrleitungen lässt sich wie folgt bestimmen [12]:

$$\left. \begin{array}{l} \Delta L_{W,\text{Okt}} = 12 - 15{,}5 \cdot \lg \dfrac{f_{\text{Okt}}}{u_m} \, \text{dB} \quad \text{für} \quad \dfrac{f_{\text{Okt}}}{u_m} > 12{,}5 \\[3mm] \dfrac{f_{\text{Okt}}}{u_m} \leq 12{,}5 \Rightarrow \Delta L_{W,\text{Okt}} = -5 \, \text{dB} \end{array} \right\} \qquad (3.71)$$

Abb. 3.15 Relatives Oktavspektrum von turbulenten
Grenzschichtgeräuschen in
geraden Rohrleitungen

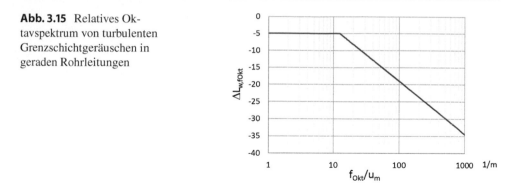

Anmerkung

Da die turbulenten Grenzschichtgeräusche sehr breitbandig sind, kann man, ähnlich wie
bei den Freistrahlgeräuschen, s. (3.49) bis (3.51), in guter Näherung auch das Terzspektrum der Grenzschichtgeräusche abschätzen. Hierzu werden für die Bestimmung von
$\Delta L_{W,\text{Terz}}$ in (3.71) $f_{m,\text{Okt}}$ durch $f_{m,\text{Terz}}$ ersetzt und von dem Ergebnis noch $10 \cdot \lg(3)$
abgezogen.

Der innere Schallleistungspegel lässt sich auch durch Messung des inneren Schalldruckpegels in der Rohrleitung bestimmen [6, 12]:

$$L_{p_i} = 20 \lg \frac{\tilde{p}_i}{p_0} \quad \text{dB} \tag{3.72}$$

Der innere Schallleistungspegel lässt sich dann wie folgt angeben:

$$L_{W_i} = L_{p_i} + 10 \lg \frac{S}{S_0} + K_0 - K_D \quad \text{dB} \tag{3.73}$$

oder in Frequenzbändern:

$$L_{Wi,f_m} = L_{p_{i,f_m}} + 10 \lg \frac{S}{S_0} + K_{0,i} - K_{D,fm} \quad \text{dB} \tag{3.74}$$

Die Gln. (3.73) und (3.74) sind in ihrem Aufbau (2.98) und (2.99) (Schallleistungsbestimmung in geschlossenen Räumen) ähnlich. Bei schallharter Begrenzung entspricht die
Querschnittsfläche S der Absorptionsfläche innerhalb der Rohrleitung.

$$K_{0,i} = -10 \cdot \lg \frac{Z_i}{Z_0} = -10 \cdot \lg \frac{\rho_F \cdot c_F}{\rho_0 \cdot c_0} \quad \text{dB} \tag{3.75}$$

$K_{0,i}$ ist ein Korrekturglied für den Fall, dass die Impedanz des im Rohr befindlichen Mediums Z_i nicht gleich der Bezugsimpedanz $Z_0 = 400\,\text{N s/m}^3$ ist.

Der Korrekturpegel K_D entspricht der Umgebungskorrektur K_2 für die Raumreflexionen, s. Abschn. 2.6, und berücksichtigt die Pegelerhöhungen des Schalldrucks in der

Rohrleitung durch Reflexionen. Die Schallausbreitung in Rohrleitungen erfolgt als ebene Wellen, wenn:

$$\lambda_i \geq 1{,}72 \cdot d_i \qquad \text{Rohre mit Kreisquerschnitt} \qquad (3.76)$$

$$\lambda_i \geq 2 \cdot a_i \qquad \text{Rechteckrohr} \qquad (3.77)$$

Mit

$$\lambda_i = \frac{c_F}{f} \quad \text{m} \qquad (3.78)$$

d_i Rohrinnendurchmesser in m
a_i größte Kantenlänge eines Rechteckkanals in m
c_F Schallgeschwindigkeit im Fluid in m/s

Bei ebener Schallausbreitung in geraden und langen ($l \gg \lambda_i$) Rohrleitungen ist der Reflexionseinfluss vernachlässigbar, d. h. $K_D \approx 0$.

Experimentelle Untersuchungen haben gezeigt, dass das Schallfeld in langen geraden Rohrleitungen als annähernd diffus betrachtet werden kann, wenn die Wellenlänge kleiner ist als 25 % des Rohrdurchmessers [6]:

$$\frac{\lambda_i}{d_i} = \frac{c_F}{d_i \cdot f} \leq 0{,}25 \qquad (3.79)$$

Wenn Rohrkrümmer bzw. kurze Rohrleitungen mit Einbauten, wie z. B. Blenden, Ventile etc. vorhanden sind, kann der Einfluss der Reflexion auch bei ebenen Wellen nicht vernachlässigt werden. Dies gilt auch beim Vorhandensein von stehenden Wellen.

Für das reine Diffusfeld entspricht K_D, ähnlich wie bei der Schallausbreitung in geschlossenen Räumen, der Umgebungskorrektur $K_2 = 10 \lg(4S/\overline{A}_{ges})$. Für $S = \overline{A}_{ges}$ ist $K_D = 10 \cdot \lg 4 = 6\,\text{dB}$.

Mit (3.79) lasst sich K_D wie folgt bestimmen [7]:

$$K_{D,f_m} = 8 \cdot \left(1 - \frac{c_F}{d_i \cdot f_m} \right) \quad \text{dB} \qquad (0 \leq K_{D,fm} \leq 6\,\text{dB}) \qquad (3.80)$$

In Abb. 3.16 ist (3.80) grafisch dargestellt.

Mit Hilfe von (3.71) besteht auch die Möglichkeit, aus den gerechneten inneren Gesamtschallleistungspegeln, s. (3.68) oder (3.70), den Schalldruckpegel für das Frequenzband bei der Mittenfrequenz f_m abzuschätzen:

$$L_{pi,f_m} = L_{Wi,\text{ges}} + \Delta L_{W,f_m} - 10 \lg \frac{S}{S_0} - K_{0_i} + K_{D,f_m} \quad \text{dB} \qquad (3.81)$$

Hierbei sind:

Abb. 3.16 Pegelgröße K_D in Abhängigkeit vom Verhältnis λ/d_i

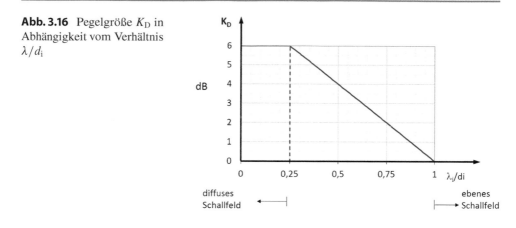

$L_{Wi,ges}$ der innere Gesamtschallleistungspegel in dB

$\Delta L_{W,f_m}$ das relative Frequenzspektrum bei der Mittenfrequenz f_m in dB

Mit dem Dämpfungspegel der A-Bewertung nach Tab. 2.2 und 2.4 lässt sich auch aus (3.81) der A-bewertete innere Schalldruckpegel bei der Mittenfrequenz f_m bestimmen:

$$L_{piA,f_m} = L_{pi,f_m} + \Delta L_{A,f_m} \quad dB(A) \tag{3.82}$$

3.1.7.1 Schallabstrahlung von Rohrleitungen

Für die indirekte Schallabstrahlung einer Rohrleitung die äußere Schallleistung P_a bzw. der zugehörige Schallleistungspegel L_{Wa} ist in erster Linie die innere Schallleistung P_{Qi}, die Dämmung der Rohrwand R und die Rohrlänge l verantwortlich. Die Geräuschentwicklung von vielen Strömungsmaschinen wird maßgebend durch die Schallabstrahlung der angeschlossenen Rohrleitungen und Strömungskanäle bestimmt.

Der äußere Schallleistungspegel L_{Wa} einer geraden Rohleitung der Länge l lässt sich unter der Berücksichtigung der Dämpfung längs der Rohrlänge (Abb. 3.17), wie folgt bestimmen [6, 7, 12]:

$$L_{Wa,l,f} = L_{Wi,m,f} - R_f + 10\lg\frac{l}{d_i} + 6 + K_{\alpha,f} \quad dB \tag{3.83}$$

Abb. 3.17 Schemaskizze für die Bestimmung des äußeren Schallleistungspegels an einem Rohrleitungsstück der Länge l

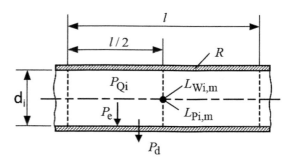

mit

Schalldämmmaß der Rohrwand

$$R_f = 10 \cdot \lg \frac{P_e(f)}{P_d(f)} \quad \text{dB} \tag{3.84}$$

Korrekturglied zur Berücksichtigung der Schallleistungsabnahme innerhalb der Rohrleitungslänge l bei der Frequenz f

$$K_{\alpha,f} = 10 \lg \frac{\sinh B}{B} \quad \text{dB} \tag{3.85}$$

Hilfsgröße

$$B = \frac{l}{d_i} \left(2 \cdot 10^{-\frac{R}{10}} + \frac{\alpha \cdot d_i}{8{,}69} \right) \tag{3.86}$$

α Dämpfungskonstante in dB/m

$L_{Wi,m,f}$ innerer Schallleistungspegel in dB

In Abb. 3.18 ist K_α in Abhängigkeit des Schalldämmmaßes der Rohrleitung für verschiedene l/d_i dargestellt. Die Berechnung wurde für eine mittlere Rohrdämpfung, $\alpha \cdot d_i = 0{,}05\,$dB, berechnet. Hieraus ist zu erkennen, dass bei größerem Schalldämmmaß ($R > 25\,$dB) die Pegelgröße K_α sehr kleine Werte annimmt und man sie für praktische Anwendungen vernachlässigen kann ($K_\alpha \approx 0$). Bei kleinerem Schalldämmmaß, $R < 25\,$dB, und langen Rohrleitungen, $l/d_i > 10$, ist die Pegelgröße K_α nicht vernachlässigbar.

Der nach (3.83) berechnete äußere Schallleistungspegel stellt nur den Anteil der Körperschallabstrahlung der Rohrleitung dar, der durch den inneren Schallleistungspegel angeregt wurde. Der innere Schallleistungspegel setzt sich stets aus der Summe des durch die reine Rohrströmung verursachten Grundrauschens und des durch externe Quellen, wie z. B. Ventilatoren, Pumpen etc., verursachten Anteils zusammen.

Durch die Ankopplung der Rohrleitung an externe Quellen besteht grundsätzlich auch die Möglichkeit, dass unmittelbar Körperschall von der externen Quelle auf die Rohrleitung übertragen und von der Rohrleitung als äußerer Schallleistungspegel, abgestrahlt wird. Dieser Anteil des äußeren Schallleistungspegels der Rohrleitung wird durch (3.83) nicht berücksichtigt. Wenn also der z. B. durch Messungen ermittelte äußere Schallleistungspegel eines Rohrleitungsstückes deutlich höher ist als nach (3.83) berechnet, dann ist dies einen Hinweis dafür, dass u. a. die Rohrleitung zusätzlich durch externe Quellen zu Körperschallschwingungen angeregt wurde.

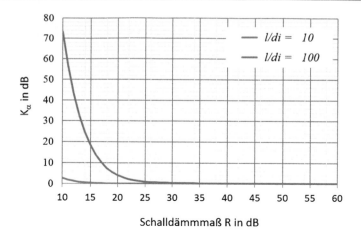

Abb. 3.18 K_α in Abhängigkeit des Schalldämmmaßes als Verhältnis l/d_i

Das Schalldämmmaß der Rohrleitung bei der Frequenz f lässt sich wie folgt bestimmen [7, 12, 17]:

$$
\left.
\begin{aligned}
R_f &= 10\lg \frac{c_{\mathrm{De}} \cdot \rho_{\mathrm{w}} \cdot h}{(c_{\mathrm{F}} \cdot \rho_{\mathrm{F}}) \cdot d_{\mathrm{i}}} + K_f + K = R_{\mathrm{m}} + K_f + K \quad \mathrm{dB} \\
K_f &= -20\lg \frac{f}{f_{\mathrm{R}}} \quad \mathrm{dB} \qquad (f \le f_{\mathrm{R}}) \\
K_f &= 30\lg \frac{f}{f_{\mathrm{R}}} \quad \mathrm{dB} \qquad (f \ge f_{\mathrm{R}})
\end{aligned}
\right\}
\tag{3.87}
$$

Hierbei sind:

mittleres Schalldämmmaß in dB

$$
R_{\mathrm{m}} = 10\lg \frac{c_{\mathrm{De}} \cdot \rho_{\mathrm{w}} \cdot h}{(c_{\mathrm{F}} \cdot \rho_{\mathrm{F}}) \cdot d_{\mathrm{i}}}
\tag{3.88}
$$

Dehnwellengeschwindigkeit in m/s

$$
c_{\mathrm{De}} = \sqrt{\frac{E_{\mathrm{W}}}{\rho_{\mathrm{W}} \cdot (1 - \mu^2)}}
\tag{3.89}
$$

Hierbei sind:

ρ_{W} Dichte der Rohrwand in kg/m^3
E_{W} Elastizitätsmodul der Rohrwand in N/m^2
μ Querkontraktionszahl ($\mu_{\mathrm{Stahl}} \approx 0{,}3$)

h Wanddicke in m

ρ_F Dichte des Mediums in der Rohrleitung in kg/m^3

c_F Schallgeschwindigkeit des Mediums in der Rohrleitung in m/s

d_i Rohrinnendurchmesser in m

Ringdehnfrequenz der Rohrleitung

$$f_R = \frac{c_{De}}{\pi \cdot d_i} \; \text{Hz} \tag{3.90}$$

K Korrekturpegel in dB

Die Größe K ist keine Konstante und ist höchstwahrscheinlich eine Funktion der Rohrab-messungen, vor allem des Rohrdurchmessers [6, 12, 17]. In der VDI-Richtlinie 3733 [12] wird für die praktische Anwendung eine mittlere Größe von $K = 10\,\text{dB}$ empfohlen.

3.1.8   Beispiel: Geräuschentwicklung einer geraden Rohrleitung

Nachfolgend wird modellhaft am Beispiel der Geräuschentwicklung eines geraden Rohr-leitungsstückes, Abb. 3.19, das durch die Rohrströmung und eine externe Quelle angeregt wird, der Umgang mit den hier angegebenen theoretischen Grundlagen erläutert. Die ex-terne Quelle ist ein „Radialventilator mit rückwärts gekrümmten Schaufeln", nach VDI 3731, Bl. 2 [19]. Darüber hinaus soll am Beispiel des „Radialventilators mit rückwärts gekrümmten Schaufeln" gezeigt werden, wie man bestimmte Kenngrößen experimentell bestimmen kann [1].

3.1.8.1   Innerer Gesamtschallleistungspegel eines Radialventilators
Die Schallleistung eines Ventilators lässt sich entsprechend (3.10) mit Hilfe des folgenden Ansatzes bestimmen:

$$P_L = K_n \cdot \dot{V} \cdot \Delta p_V \cdot \text{Ma}^n \quad \text{W}; \qquad \text{Ma} = \frac{u_2}{c_F} \tag{3.91}$$

Hierbei sind:

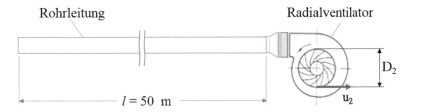

Abb. 3.19 Radialventilator mit rückwärts gekrümmten Schaufeln

$\dot{V}$ Volumenstrom in m^3/s

$u_2 = \dfrac{D_2}{2} \cdot \omega$ Umfangsgeschwindigkeit des Laufrads in m/s

D_2 Laufraddurchmesser in m

$\omega = 2 \cdot \pi \cdot \dfrac{n}{60}$ Kreisfrequenz in 1/s

n Drehzahl des Laufrads in 1/min

c_F Schallgeschwindigkeit des Mediums in m/s

Δp_V Gesamtdruckverlust des Ventilators in N/m^2

$$\Delta p_V = \Delta p_{th} - \Delta p_t = \frac{\Delta p_t}{\eta} - \Delta p_t = \Delta p_t \cdot \left(\frac{1}{\eta} - 1\right) \qquad (3.92)$$

Δp_{th} Theoretische Druckerhöhung des Ventilators in N/m^2
Δp_t Gesamtdruckerhöhung des Ventilators in N/m^2
η Wirkungsgrad des Ventilators
K_n Proportionalitätsfaktor

Mit (3.92) folgt aus (3.91):

$$P_L = K_n \cdot \dot{V} \cdot \Delta p_t \cdot \left(\frac{1}{\eta} - 1\right) \cdot \left(\frac{u_2}{c_F}\right)^n \quad \text{W} \qquad (3.93)$$

Der Schallleistungspegel ergibt sich dann:

$$L_W = 10 \cdot \lg \frac{P_L}{P_0} = L_{W,spez} + 10 \cdot \lg \left[\frac{\dot{V}}{V_0} \cdot \frac{\Delta p_t}{\Delta p_0} \cdot \left(\frac{1}{\eta} - 1\right)\right] + 10 \cdot n \cdot \lg \left(\frac{u_2}{c_F}\right) \quad \text{dB}$$

$$(3.94)$$

mit

$$L_{W,spez} = 10 \cdot \log(K_n) \text{ dB}; \quad \dot{V}_0 = 1 \text{ m}^3/\text{s}; \quad \Delta p_0 = 1 \text{ N/m}^2; \quad P_0 = 10^{-12} \text{ W}$$

L_W Kanalschallleistungspegel des Ventilators
$L_{W,spez}$ spezifischer Schallleistungspegel, abhängig vom Ventilatortyp

Für die Bestimmung der hier unbekannten Größen, des spezifischen Schallleistungspegels $L_{W,spez}$ und des Exponenten n wird (3.94) umgestellt:

$$L_W - 10 \cdot \lg \left[\frac{\dot{V}}{V_0} \cdot \frac{\Delta p_t}{\Delta p_0} \cdot \left(\frac{1}{\eta} - 1\right)\right] = L_{W,spez} + 10 \cdot n \cdot \lg \left(\frac{u_2}{c_F}\right) \quad \text{dB} \qquad (3.95)$$

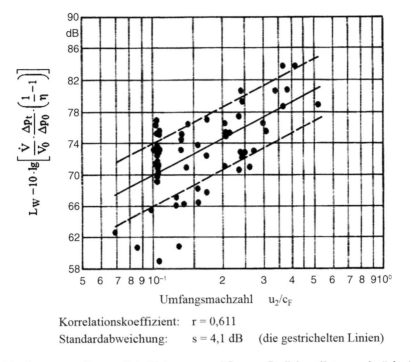

Korrelationskoeffizient: r = 0,611

Standardabweichung: s = 4,1 dB (die gestrichelten Linien)

Abb. 3.20 Gemessener linearer Schallleistungspegel L_W von Radialventilatoren mit rückwärts gekrümmten Schaufeln in Abhängigkeit von der Umfangsmachzahl u_2/c_F [19]

Die linke Seite von (3.95) lässt sich durch Messung des Gesamtschallleistungspegels L_W und den Betriebsdaten bestimmen. Trägt man die so ermittelten normierten Pegel in Abhängigkeit der Umfangsmachzahl u_2/c_F ein, kann man bei genügend Messwerten mit Hilfe der Regressionsrechnung die unbekannten Größen $L_{W,\text{spez}}$ und n empirisch bestimmen. In Abb. 3.20 sind beispielhaft die gemessenen Gesamtschallleistungspegel für Radialventilatoren mit rückwärts gekrümmten Schaufeln nach [19] angegeben.

Die Messwerte wurden bei verschiedenen Ventilatoren und Leistungsbereichen ermittelt. Die durch Regressionsrechnung ermittelte Funktion, die mittlere Gerade, lautet:

$$L_W - 10 \cdot \lg \left[\frac{\dot{V}}{V_0} \cdot \frac{\Delta p_t}{\Delta p_0} \cdot \left(\frac{1}{\eta} - 1 \right) \right] = 85{,}2 + 15{,}3 \cdot \lg \left(\frac{u_2}{c_F} \right) \quad \text{dB} \qquad (3.96)$$

Hieraus folgt:

$$L_{W,\text{spez}} = 85{,}2\,\text{dB} \quad \text{und} \quad n = 1{,}53$$

Das Oktavspektrum des nach (3.95) ermittelten Schallleistungspegels von Radialventilatoren mit rückwärts gekrümmten Schaufeln lässt sich näherungsweise für Hochdruckven-

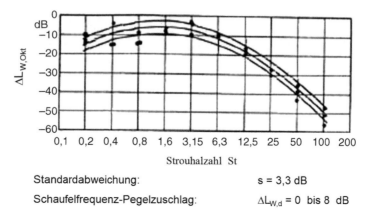

Standardabweichung: s = 3,3 dB

Schaufelfrequenz-Pegelzuschlag: $\Delta L_{W,d}$ = 0 bis 8 dB

Abb. 3.21 Normiertes Oktavspektrum von Radialventilatoren mit rückwärts gekrümmten Schaufeln für Hochdruckventilatoren [19]

tilatoren wie folgt bestimmen [19]:

$$\Delta L_{W,\text{Okt}}(\text{St}) = -\left[6 + 12 \cdot (\lg(\text{St}) - 0,13)^2\right] \quad \text{dB} \tag{3.97}$$

$$\text{St} = \frac{f_{\text{Okt}} \cdot D_2}{u_2} \qquad \text{Strouhal-Zahl} \tag{3.98}$$

f_{Okt} Oktavmittenfrequenz in Hz

In Abb. 3.21 ist das relative Oktavspektrum von Radialventilatoren mit rückwärts gekrümmten Schaufeln für Hochdruckventilatoren, nach VDI 3731, B. 2, dargestellt.

Bei Hochdruckventilatoren soll die sog. „Schnelllaufzahl σ" innerhalb einer bestimmten Grenze liegen: $0,07 < \sigma < 0,20$.

Die Schnelllaufzahl σ ist wie folgt definiert:

$$\sigma = \phi^{1/2} \cdot \psi^{-3/4} \qquad \text{Schnelllaufzahl} \tag{3.99}$$

$$\phi = \frac{\dot{V}}{(\pi \cdot D_2^2/4) \cdot u_2} \qquad \text{Lieferzahl} \tag{3.100}$$

$$\psi = \frac{\Delta p_t}{\rho_F \cdot u_2^2/2} \qquad \text{Druckzahl} \tag{3.101}$$

Der Pegelzuschlag „$\Delta L_{W,d}$" gilt für die Oktaven, in denen sich die Schaufelfrequenz (Drehklang) befindet!

Ermittlung des inneren Schallleistungspegels des Ventilators

Volumenstrom $\dot{V}$ $5750\,\text{m}^3/\text{h} = 1,597\,\text{m}^3/\text{s}$

Gesamtdruckerhöhung Δp_t 80 mbar $= 8000\,\text{N/m}^2$

Austritttemperatur t 25 °C; $T = 298\,\text{K}$

Eingangsdruck p 978 mbar $= 97800\,\text{N/m}^2$

Wirkungsgrad η 0,89

Laufraddurchmesser D_2 0,850 m

Schaufelzahl z 9

Drehzahl n 3000 1/min

Gaskonstante R 287 N m/kg K

Adibatenexponent κ 1,4

Die Dichte an der Druckseite und die Schallgeschwindigkeit lassen sich wie folgt bestimmen, s. (3.53) und (3.54):

$$\rho_F = \frac{p_{sta}}{R \cdot T} = \frac{97800 + 8000}{287 \cdot 298} = 1{,}237\,\text{kg/m}^3$$

$$c_F = \sqrt{\kappa \cdot R \cdot T} = \sqrt{1{,}4 \cdot 287 \cdot 298} = 346\,\text{m/s}$$

Der Drehklang des Ventilators ist, s. (3.43):

$$f_0 = \frac{n \cdot z}{60} = \frac{3000 \cdot 9}{60} = 450\,\text{Hz}$$

Der Drehklang liegt im Bereich der Oktave mit der Mittenfrequenz $f_m = 500\,\text{Hz}$, s. Tab. 2.2.

Die Umfangsgeschwindigkeit und die Umfangsmachzahl des Laufrads betragen:

$$u_2 = \frac{D_2}{2} \cdot \omega = \frac{D_2}{2} \cdot 2\pi \cdot \frac{n}{60} = \frac{D_2 \cdot \pi \cdot n}{60} = 133{,}5\,\text{m/s}$$
$$\text{Ma} = 133{,}5/346 = 0{,}386$$

Die Schnelllaufzahl σ des Ventilators lässt mit Hilfe von (3.99) bis (3.101) bestimmen:

$$\phi = 0{,}021$$

$$\psi = 0{,}726$$

$$\sigma = 0{,}185 \quad \Rightarrow \text{Hochdruckventilator } (0{,}07 < \sigma < 0{,}20)$$

Den Gesamtschallleistungspegel des Ventilators erhält man dann nach (3.95):

$$L_{W,\text{ges}} = 10 \cdot \lg\left[\frac{\dot{V}}{V_0} \cdot \frac{\Delta p_t}{\Delta p_0} \cdot \left(\frac{1}{\eta} - 1\right)\right] + 85{,}2 + 15{,}3 \cdot \lg\left(\frac{u_2}{c}\right)$$
$$= 10 \cdot \lg\left[\frac{1{,}597}{1} \cdot \frac{8000}{1} \cdot \left(\frac{1}{0{,}89} - 1\right)\right] + 85{,}2 + 15{,}3 \cdot \lg(0{,}386) = 110{,}9\,\text{db}$$

Tab. 3.2 Innere Schallleistungspegel des Ventilators

Frequenz in Hz	63	125	250	500	1000	2000	4000	8000	Summe	Dim.
St. nach Gl. (3.98)	0,4	0,8	1,6	3,2	6,4	12,7	25,5	50,9	-	-
$\Delta L_{W,Okt}$ nach Gl. (3.97)	-9,3	-6,6	-6,1	-7,7	-11,4	-17,4	-25,5	-35,8	-	dB
$L_{W,Okt}$, ohne Pegelzuschlag	101,5	104,2	104,8	103,2	99,4	93,5	85,3	75,0	109,6	dB
$L_{W,Okt}$, mit Pegelzuschlag	101,5	104,2	104,8	111,2	99,4	93,5	85,3	75,0	113,1	dB
$\Delta L_{,Okt}$ nach Tab. 2.2.	-26,2	-16,1	-8,6	-3,2	0,0	1,2	1,0	-1,1	-	dB
$L_{WA,Okt,Ventilator}$	**75,3**	**88,1**	**96,2**	**108,0**	**99,4**	**94,7**	**86,3**	**73,9**	**109,0**	dB(A)

Der innere A-bewertete Gesamt- und Oktavschallleistungspegel des Radialventilators mit rückwärts gekrümmten Schaufeln lässt sich dann wie folgt bestimmen: $L_{WA,Okt} = L_{W,ges} + \Delta L_{W,Okt} + \Delta L_{Okt}$ dB(A).

In Tab. 3.2 sind die Berechnungsergebnisse für das Oktavspektrum zusammengestellt. Bei der Oktavmittenfrequenz $f_m = 500\,\mathrm{Hz}$ wurde einen Pegelzuschlag von $\Delta L_{W,d} = 8\,\mathrm{dB}$ berücksichtigt.

Die so ermittelten inneren A-Oktavschallleistungspegel gelten für die Anregung der Rohrleitung als externe Quelle. Diese Werte lassen sich auch durch Messungen bestimmen und sollten von den Herstellern zur Verfügung gestellt werden.

3.1.8.2 Innerer Gesamtschallleistungspegel durch die Rohrströmung

Bei der Rohrleitung handelt sich um ein Stahlrohr mit folgenden Daten:

$$d_i = 0,28\,\mathrm{m}\,\varnothing;\quad S = 0,062\,\mathrm{m}^2$$

$$l = 50\,\mathrm{m}$$

$$h = 3\,\mathrm{mm}\quad (\text{Wanddicke})$$

$$E_W = 2,1 \cdot 10^{11}\,\mathrm{N/m}^2$$

$$\rho_W = 7850\,\mathrm{kg/m}^3$$

$$c_{De} = 5421,9\,\mathrm{m/s}$$

$$f_R = \frac{c_{De}}{\pi \cdot d_i} = 6183,8\,\mathrm{Hz}$$

Der Volumenstrom, der statische Druck, die Temperatur, die Schallgeschwindigkeit und die Mediumskennwerte entsprechen den Werten an der Druckseite des Ventilators:

$$\dot{V} = S \cdot u_\mathrm{m} = 1{,}597\,\mathrm{m}^3/\mathrm{s}$$

$$u_\mathrm{m} = \frac{\dot{V}}{S} = \frac{1{,}597 \cdot 4}{\pi \cdot 0{,}28^2} = 25{,}9\,\mathrm{m/s}$$

$$p_\mathrm{sta} = 105800\,\mathrm{N/m}^2$$

$$\rho_\mathrm{F} = 1{,}237\,\mathrm{kg/m}^3$$

$$c_\mathrm{F} = 346\,\mathrm{m/s}$$

$$R = 287\,\mathrm{N\,m/kg\,K}$$

$$\kappa = 1{,}4$$

Der innere Gesamtschallleistungspegel L_{W_i} der reinen Strömungsgeräusche lässt sich nach (3.68) bestimmen:

$$L_{W_\mathrm{i}} = K + 60\lg\frac{u_\mathrm{m}}{u_0} + 10\lg\frac{S}{S_0} + 10\lg\frac{p_\mathrm{sta}}{p_{\mathrm{sta}0}} - 25\lg\left(\frac{R \cdot T}{R_0 \cdot T_0}\right) - 15\lg\left(\frac{\kappa}{\kappa_0}\right)$$

$$= 76{,}0\,\mathrm{dB}$$

$$K = 3{,}8\,\mathrm{dB}$$

In den Tab. 3.3 bis 3.5 sind die Berechnungsergebnisse, Geräuschentwicklung einer geraden Rohrleitung, zusammengestellt:

Hieraus folgt, dass man die reinen Strömungsgeräusche im Vergleich zur Geräuschentwicklung der externen Quelle im vorliegenden Beispiel vernachlässigen kann.

Berücksichtigt man, dass eine Reduzierung des inneren Schallleistungspegels in der Rohrleitung unterhalb der Strömungsgeräusche physikalisch nicht möglich ist, zeigen die Strömungsgeräusche das Potential der Lärmminderung in der Rohrleitung an.

Tab. 3.3   Innere Schallleistungspegel der reinen Strömungsgeräusche

Frequenz	63	125	250	500	1000	2000	4000	8000	Summe	
f_m/u	2,4	4,8	9,6	19,3	38,6	77,1	154,2	308,4	-	1/m
ΔL_W	-5,0	-5,0	-5,0	-7,9	-12,6	-17,2	-21,9	-26,6	-	dB
$\Delta_{L,\mathrm{Okt}}$	-26,2	-16,1	-8,6	-3,2	0,0	1,2	1,0	-1,1	-	dB
$L_{\mathrm{wiA,Strömung}}$	**44,8**	**54,9**	**62,4**	**64,9**	**63,4**	**60,0**	**55,1**	**48,3**	**69,4**	dB(A)

Tab. 3.4   Innere Gesamtschallleistungspegel, als Summe der externen Quelle (Radialventilator) und Strömungsgeräusche

$L_{\mathrm{WA,Okt,Ventilator}}$	75,3	88,1	96,2	108,0	99,4	94,7	86,3	73,9	109,0	dB(A)
$L_{\mathrm{wiA,Strömung}}$	44,8	54,9	62,4	64,9	63,4	60,0	55,1	48,3	69,4	dB(A)
$L_{\mathrm{WiA,ges.}}$	**75,3**	**88,1**	**96,2**	**108,0**	**99,4**	**94,7**	**86,3**	**73,9**	109,0	dB(A)

Tab. 3.5 Äußere Schallleistungspegel der Rohrleitung

f_m in Hz	63	125	250	500	1000	2000	4000	8000	Summe	Hz
$L_{WiA, Okt} = L_{WiA, ges.}$	75,3	88,1	96,2	108,0	99,4	94,7	86,3	73,9	109,0	dB(a)
K_f	39,8	33,9	27,8	21,8	15,8	9,8	3,8	3,4	-	dB
R_{Okt}	80,1	74,1	68,1	62,1	56,1	50,1	44,0	43,7	-	dB
$L_{WaA, Okt}$	**23,8**	**42,5**	**56,6**	**74,4**	**71,9**	**73,1**	**70,8**	**58,8**	**78,9**	dB(A)

Mit Hilfe des inneren Gesamtschallleistungspegels erhält man dann den äußeren Schallleistungspegel der Rohrleitung nach (3.83). In der Tab. 3.5 sind die Berechnungsergebnisse für das Oktavspektrum zusammengestellt. Hierbei wurde angenommen, dass $K = 10\,\mathrm{dB}$ und $K_{\alpha f} \approx 0\,\mathrm{dB}$ ist, s. Abb. 3.18. Mit $R_\mathrm{m} = 30,3$ nach (3.88) ergibt sich dann:

Zu den so ermittelten äußeren A-Oktav- und A-Gesamtschallleistungspegel der Rohrleitung muss man auch die äußeren Schallleistungspegel der externen Quelle, bei diesem Beispiel des Ventilators, addieren. Darüber hinaus wurde angenommen, dass von der externen Quelle keine Körperschallschwingungen auf die Rohrleitung übertragen werden.

Aufgrund der großen schallabstrahlenden Oberfläche sind die Rohrleitungen nicht selten die Hauptgeräuschquellen strömungstechnischer Anlagen.

3.2 Schallentstehung durch mechanische Schwingungen, Körperschall

Die indirekte Schallabstrahlung von Maschinenstrukturen, die durch **Wechselkräfte** zu mechanischen Schwingungen („Körperschallschwingungen") angeregt werden, wird als sekundärer bzw. indirekter Luftschall (Körperschall!) bezeichnet. Dabei werden die Luftteilchen durch Strukturschwingungen, z. B. Maschinengehäuse, indirekt zu Schwingungen angeregt.

Wechselkräfte treten z. B. in Getrieben durch Stöße, Abroll- und Reibvorgänge, Unwuchten rotierender Bauteile, Druckpulsationen, Ablöseerscheinungen bei Strömungsvorgängen an Umlenkungen und Querschnittsveränderungen auf.

Die abgestrahlte Schallleistung einer schwingenden Struktur (z. B. Maschinengehäuse), nachfolgend korrekt „Körperschallabstrahlung" genannt, lässt sich entsprechend (2.45) wie folgt darstellen [18]:

$$P_\mathrm{K}(f) = \sum_{j=1}^{M} P_{\mathrm{K},j}(f) = \sum_{j=1}^{M} \rho \cdot c \cdot v_j^2(f) \cdot \sigma_j(f) \cdot S_j \quad \mathrm{W} \qquad (3.102)$$

P_K Abgestrahlte Gesamtkörperschallleistung

$P_{\mathrm{K},j}$ Teilkörperschallleistung eines Bauteils bzw. der j-ten Teilfläche in W

$\rho \cdot c$ Impedanz der umgebenden Luft in $\mathrm{N/s/m^3}$

v_j^2 Mittleres Schnellequadrat auf der j-ten Teilfläche $\mathrm{m^2/s^2}$

M Gesamtzahl der Teilflächen

σ_j Abstrahlgrad der j-ten Teilfläche

S_j j-te Teilfläche der Struktur in $\mathrm{m^2}$

(f) bedeutet, dass die angegebenen Größen frequenzabhängig sind

Um auch hier ähnlich wie bei den Strömungsvorgängen die maßgebenden Einflussparameter zu bestimmen, wird (3.102) umgeformt. Dabei ist vor allem die Entstehung der Schwinggeschwindigkeit der Struktur „v" von Bedeutung.

Die Maschinenstrukturen werden durch mechanische Wechselkräfte zu Schwingungen angeregt. Die Teilflächen können in der Regel durch mehrere Wechselkräfte, die auch an unterschiedlichen Stellen der Maschine eingeleitet werden, zu Schwingungen angeregt werden. In Abb. 3.22 sind schematisch die Schwingungsanregungen der Teilfläche „j" eines Modellgehäuses dargestellt [2, 20–22].

Für die Schwingungsanregung der j-ten Teilfläche S_j durch die k-te Wechselkraft F_k ist vor allem die Einleitungsstelle, die durch die mechanische Eingangsimpedanz $Z_{\mathrm{e},k}$ nach (2.26) gekennzeichnet ist, von Bedeutung. Die an der Einleitungsstelle k verursachte Schwinggeschwindigkeit $v_{\mathrm{e},k}$ ist dann wie folgt definiert:

$$v_{\mathrm{e},k} = \frac{F_k}{Z_{\mathrm{e},k}} \quad \mathrm{m/s} \tag{3.103}$$

$v_{\mathrm{e},k}$ Schwinggeschwindigkeit (Schnelle) an der Einleitungsstelle k

$Z_{\mathrm{c},k}$ mechanische Eingangsimpedanz der k-ten Einleitungsstelle in $\mathrm{kg/s}$

F_k Wechselkraft an der k-ten Einleitungsstelle in N

Die in die Struktur eingeleiteten Schwingungen sind wiederum für die Schwingungsanregung der gesamten Struktur verantwortlich. Die Schwinggeschwindigkeit der j-ten Teilfläche lässt sich nun wie folgt bestimmen:

$$v_{k,j} = v_{\mathrm{e},k} \cdot h_{\mathrm{ü}k,j} = F_k \cdot \frac{1}{Z_{\mathrm{e},k}} \cdot h_{\mathrm{ü}k,j} \quad \mathrm{m/s} \tag{3.104}$$

$v_{k,j}$ Mittlere Schnelle der j-ten Teilfläche, verursacht durch die k-te Wechselkraft

$h_{\mathrm{ü}k,j}$ Übertragungsfunktion zwischen der k-ten Einleitungsstelle und der j-ten Teilfläche bzw. des j-ten Bauteils

Mit (3.103) und (3.104) folgt für das mittlere Schnellequadrat auf der j-ten Teilfläche als Summe über alle Wechselkräfte:

$$v_j^2(f) = \sum_{k=1}^{K} F_k^2(f) \cdot \frac{1}{Z_{\mathrm{e},k}^2(f)} \cdot h_{\mathrm{ü}k,j}^2(f) \quad (\mathrm{m/s})^2 \tag{3.105}$$

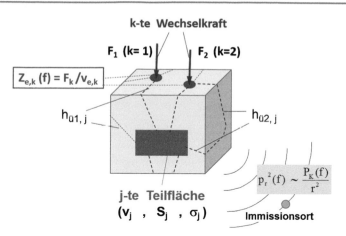

Abb. 3.22 Schematische Darstellung der Schallentstehung durch Wechselkräfte an einem Modell-gehäuse

Mit (3.105) lässt sich die Gesamtkörperschallleistung einer Maschine in Abhängigkeit verschiedener Einflussparameter angeben:

$$P_{\mathrm{K}}(f) = \underbrace{(\rho \cdot c) \cdot \sum_{j=1}^{N} S_j \cdot \sigma_j(f)}_{\text{Abstrahlung}} \cdot \underbrace{\sum_{k=1}^{K} F_k^2(f) \cdot \frac{1}{Z_{e,k}^2(f)} \cdot h_{\ddot{u}k,j}^2(f)}_{\text{Entstehung und Übertragung}} \quad \mathrm{W} \qquad (3.106)$$

Hieraus folgt, dass sich die Gesamtkörperschallleistung aus der Summe aller einwirken-den Wechselkräfte (Summation über k) und der Summe aller Bauteile, die zu Schwingun-gen angeregt wurden (Summation über j), zusammensetzt. Die Gesamtkörperschalllleis-tung ist für die Abstrahlung des sekundären Luftschalls, des Schalldrucks in Entfernung r von der Maschine, verantwortlich, s. Abb. 3.22. Den Gesamtkörperschallleistungspegel einer Maschine erhält man dann:

$$L_{W\mathrm{K}}(f) = 10 \cdot \lg \sum_{j=1}^{N} \frac{P_{\mathrm{K},j}(f)}{P_0} = 10 \cdot \lg \sum 10^{\frac{L_{W\mathrm{K},j}}{10}} \quad \mathrm{dB} \qquad (3.107)$$

Mit

$$L_{W\mathrm{K},j}(f) = 10 \cdot \lg \frac{P_{\mathrm{K},j}(f)}{P_0} = -K_0 + L_{vj}(f) + L_{Sj} + \sigma_j'$$

$$\approx L_{vj}(f) + L_{Sj} + \sigma' \quad \mathrm{dB} \qquad (3.108)$$

Berücksichtigt man, dass die Körperschallabstrahlung der Maschinen in der Regel im Freien stattfindet und die Impedanz der Luft $Z_{\mathrm{Luft}} = (\rho \cdot c)_{\mathrm{Luft}}$ annähernd gleich der Be-zugsimpedanz $\rho_0 \cdot c_0 = 400\,\mathrm{N\,s/m^3}$ ist, dann kann man den Einfluss der Lufttemperatur und des Luftdrucks bei der Körperschallabstrahlung vernachlässigen, d. h.:

$$K_0 = -10 \cdot \lg \frac{\rho \cdot c}{\rho_0 \cdot c_0} \approx 0 \quad \text{dB}$$

Mit (3.108) folgt aus (3.107):

$$L_{WK}(f) = 10 \cdot \lg \sum 10^{\frac{L_{vj}(f) + L_{Sj} + \sigma'_j}{10}} \quad \text{dB} \qquad (3.109)$$

Bei der Herleitung von (3.106) wurde Linearität vorausgesetzt, d. h. dass die Zunahme von Wechselkräften auch eine proportionale Zunahme der Schwingungen zur Folge hat. Eine Nichtlinearität liegt z. B. vor, wenn in den Übertragungswegen Spiel oder eine große Dämpfung vorliegt.

Grundsätzlich unterscheidet man bei der Schwingungsanregung zwei Fälle:

a) Freie Schwingungen
Freie Schwingungen liegen vor, wenn ein schwingungsfähiges System zu Schwingungen, z. B. durch einen Stoß, angeregt und anschließend sich selbst überlassen wird. Hierbei schwingt das schwingungsfähige System stets mit seinen **Eigenfrequenzen**.

b) Erzwungene Schwingungen
Erzwungene Schwingungen liegen vor, wenn einem schwingungsfähigen System permanent bzw. erzwungen Energie, z. B. eine periodische Erregerkraft, zugeführt wird. In diesem Fall schwingt das schwingungsfähige System immer mit den **Erregerfrequenzen**.

Besonders kritisch ist hierbei, wenn die Erregerfrequenzen mit den Eigenfrequenzen des schwingungsfähigen Systems übereinstimmen. Je nach Dämpfung kann die Amplitude des schwingungsfähigen Systems durch Resonanzanregung sehr große Werte annehmen.

Der Einfluss von **Resonanzerscheinungen**, die in vielen Fällen die Ursache für überhöhte Geräuschentwicklung durch Körperschallabstrahlung sind, steckt in den Größen $Z_{e,k}(f)$ und $h_{\ddot{u}_{j,k}}(f)$.

Die Resonanzerscheinungen können dazu führen, dass relativ kleine Kräfte die Gesamtschallabstrahlung maßgebend beeinflussen, und zwar nicht durch ihre Stärke, sondern durch ihre Frequenzlage.

Die Eigenfrequenzen entsprechen den Amplitudenerhöhungen bei der Übertragungsfunktion $h\ddot{u}_{j,k}$ oder den Amplitudeneinbrüchen bei der mechanischen Eingangsimpedanz $Z_{e,k}$. Sie lassen sich am besten durch Messung, z. B. durch Anschlagversuche im Stillstand der Maschine, bestimmen.

Mit Hilfe von (3.105) bis (3.108) besteht jetzt die Möglichkeit, die konstruktiven Einflussparameter für die Schallentstehung durch mechanische Schwingungen zu erkennen. Grundsätzliche lassen sich folgende Aussagen ableiten:

1. Für die Körperschallanregung ist grundsätzlich die Summe aller Kräfte verantwortlich. Bei unveränderter Konstruktion sind bedingt durch die quadratische bzw. energetische Addition (Summation über „k") nur die größten Kräfte maßgebend.
2. Für die Körperschallanregung einer Konstruktion sind neben Wechselkräften vor allem die mechanische Eingangsimpedanz (Schwingungswiderstand an der Einleitungsstelle) maßgebend.
3. Für die Körperschallabstrahlung sind grundsätzlich sämtliche Abstrahlflächen verantwortlich, wobei in der Summe über „j" nur die Teilflächen maßgebend sind, bei denen das Produkt $(v_j^2 \cdot S_j \cdot \sigma_j)$" bzw. die Summe $(L_{v,j} + L_{S,j} + \sigma_j)$ am größten ist.
4. Bei der abgestrahlten Körperschallleistung sind nur die Frequenzen von Bedeutung, die pegelbestimmend sind. Hierbei sind resonanzerregte Bauteile besonders kritisch.

Die von den Strukturschwingungen angeregten Luftschwingungen, soweit ihre Frequenzen im Hörbereich liegen, bezeichnet man als Körperschall bzw. sekundären Luftschall.

Diese Schwingungen werden an bestimmten, meist örtlich begrenzten Bereichen angeregt und sowohl an der Erregerstelle als auch an weiter entfernt liegenden Stellen der Struktur abgestrahlt.

Die Weiterleitung in die Struktur erfolgt durch Längs-, Schub-, Torsions- und Biegewellen und kann vor allem durch die Längswellen größere Wege überwinden.

Während bei der Einleitung der Störung in die Struktur die Eingangsimpedanz Z_e eine wichtige Rolle spielt, hängt die Weiterleitung vor allem von der Körperschalldämmung und -dämpfung der Struktur ab.

Schließlich wird an geeigneten Abschnitten der Strukturoberfläche Körperschall als sekundärer Luftschall abgestrahlt. Maßgebend für die Stärke der abgestrahlten Schallleistung sind vor allem

- die Größe der abstrahlenden Flächen,
- die Körperschallschnelle,
- der Abstrahlgrad

der schwingenden Strukturen.

Die Körperschallabstrahlung kann besonders effizient sein, wenn plattenartige elastische Strukturen zu **Biegeschwingungen** angeregt werden.

Die Biegeschwingungen lassen sich besonders gut durch Querkräfte anfachen. Solche Schwingungen können aber auch primär durch Längswellen eingeleitet werden. Treffen nämlich solche Längswellen auf Ecken und Kanten, die in einer Struktur immer vorhanden sind, so erfolgt dort eine Umsetzung der Längswellen in Biegewellen mit entsprechend stärkerer Abstrahlung.

Körperschallschwingungen werden grundsätzlich in zwei Formen erzeugt [7]:

Abb. 3.23 Schematische
Darstellung der Kraft- und
Geschwindigkeitsanregung
eines Verbrennungsmotors

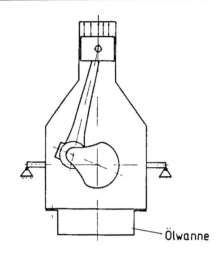

Ölwanne

a) Krafterregung

Strahlt eine Struktur, z. B. eine Maschine, Körperschall bzw. sekundären Luftschall ab, dann sind an ihr bestimmte Wechselkräfte als Anteile der Betriebskräfte wirksam. Zusammen mit den Reaktionskräften bauen sie einen geschlossenen Kraftfluss auf. Alle in diesem Kraftfluss befindlichen elastischen Elemente werden dann unmittelbar zu Schwingungen angeregt. Eine solche Anregung der Struktur bezeichnet man als „Krafterregung". In Abb. 3.23 erkennt man einen Kraftfluss der Gaskräfte und einen über die Aufhängung laufenden Kraftfluss der Massenkräfte. Hierbei wird z. B. der im Kraftfluss befindliche Motorblock krafterregt.

b) Federfußpunkt- bzw. Geschwindigkeitserregung

Es können auch mittelbar angekoppelte, nicht im direkten Kraftfluss liegende Strukturbereiche zu Schwingungen angeregt werden. In diesem Fall handelt es sich um eine „Geschwindigkeitserregung". In der Mechanik nennt man sie auch eine Federfußpunkterregung. In dem in Abb. 3.23 dargestellten Beispiel ist die am Gehäuseboden angekoppelte Ölwanne geschwindigkeitserregt, da sie sich nicht im Kraftfluss befindet.

Grundsätzlich sind geschwindigkeitserregte Bauteile für die Übertragung der Betriebskräfte nicht verantwortlich und werden als **nichttragende Bauteile** bezeichnet.

Die Unterscheidung der Anregungsart ist vor allem für die Erarbeitung von primären Lärmminderungsmaßnahmen maßgebend, s. Kap. 4.

3.2.1   Körperschallanregung, Erreger- bzw. Wechselkraft

Bei der Kraftanregung einer Struktur durch Wechselkräfte lassen sich drei Anregungsmechanismen unterscheiden:

- periodische Anregung, z. B. Unwuchtkräfte
- Impulsanregung, z. B. kurzzeitige Stoßkräfte und
- stochastische Anregung, z. B. Reibungskräfte oder turbulente Grenzschichtströmungen

Diese Wechselkräfte können sowohl einzeln als auch in beliebiger Kombination auftreten.

3.2.1.1 Periodische Anregung

Diese Art Körperschallanregung ist relativ leicht erfassbar. Der Zeitverlauf der Kräfte ist periodisch, das zugehörige Amplitudenspektrum ist ein Linienspektrum. Bei rein periodischer Anregung handelt es sich in erster Linie um Geräusche infolge der Wirkung von Trägheitskräften. Diese Art der Anregung tritt bei allen rotierenden Maschinenteilen, z. B. Pumpen, Turbinen, Elektromotoren usw. auf. Die Stärke der Kraftanregung wird dabei von der Größe der Unwucht und von der Drehzahl n der Läufersysteme bestimmt. Bei reiner Unwucht tritt im Spektrum nur die Unwucht-Frequenz f_U auf:

$$f_U = \frac{n}{60} \quad \text{Hz} \qquad n \text{ in } 1/\text{min} \tag{3.110}$$

Treten im Spektrum auch die Vielfache der Unwucht-Frequenz, die Harmonischen, auf, dann ist dies ein Hinweis darauf, dass die Unwuchtkräfte – z. B. durch Spiel – auch Stöße verursachen oder die rotierenden Bauteile („Rotoren") im Umfang unterschiedliche Steifigkeiten aufweisen.

Periodische Körperschallanregung kann auch durch oszillierende Massen erfolgen, z. B. an ungleichförmig übersetzenden Getrieben, oder durch Massenkräfte infolge Kolbenbewegungen eines Verbrennungsmotors. Eine moderne hochtourige Industrienähmaschine ist hierfür ein typisches Beispiel. Hierbei treten im Erregerspektrum neben der Oszillationsfrequenz f_{Os} auch die Harmonischen der Oszillationsfrequenz $f_{Os,k}$ auf.

$$f_{Os,k} = (1 + k) \cdot f_{Os} \quad \text{Hz} \qquad k = 1, 2, 3\dots \tag{3.111}$$

Die Oszillationsfrequenz f_{Os} entspricht der Anzahl der Hin-und-Her-Bewegungen in der Sekunde. Die Stärke der Wechselkraftanregung wird durch die Größe der oszillierenden Massen und die Oszillationsfrequenz bestimmt.

Eine Sondergruppe der periodischen Anregung stellen die sog. magnetostriktiven Kräfte dar. Die Erregung ist proportional zum Quadrat der Stromstärke, so dass bei einer Induktionsfrequenz von 50 Hz die Anregung mit der Grundfrequenz 100 Hz erfolgt.

Diese Art der Körperschallanregung spielt vor allem bei Elektromotoren, Generatoren und Transformatoren eine Rolle. Bedingt durch die Konstanz der Induktionsfrequenz sind auch die Frequenzen der magnetostriktiven Kräfte ebenfalls konstant und treten exakt bei 100 Hz und den Vielfachen von 100 Hz auf.

3.2.1.2 Impuls- bzw. Stoßanregung

Hierbei handelt es sich um eine kurzzeitige Einwirkung von Kräften an einem örtlich sehr begrenzten Strukturbereich und einer Einwirkdauer von Bruchteilen einer Sekunde. Die

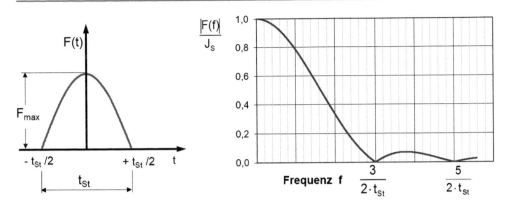

Abb. 3.24 Zeit- und mit J_S normiertes Frequenzdiagramm eines Halbkosinus-Impulses

Einwirkung kann einmalig sein oder sich erst nach längeren Zeitabständen wiederholen. Es kann sich aber auch um einen pulsierenden, intermittierenden Stoßvorgang handeln. Im ersten Fall ist der Einzelvorgang allein entscheidend. Als Beispiel sind in Abb. 3.24 der Zeitverlauf und das dazu gehörende normierte Frequenzspektrum $|F(f)|/J_S$ eines Halbkosinus-Impulses dargestellt. Hierbei ist $|F(f)|$ der Betrag der Spektralfunktion und J_S die Impulsstärke [7, 23–25]:

$$J_S = \int_{-t_{St}/2}^{+t_{St}/2} F(t) \cdot dt = \frac{2}{\pi} \cdot F_{max} \cdot t_{St} \quad \text{N s} \tag{3.112}$$

$$|F(f)| = \left| \int_{-\frac{t_{St}}{2}}^{+\frac{t_{St}}{2}} F_{max} \cdot e^{-j2\pi f t} \, dt \right| = J_S \cdot \left| \frac{\cos(\pi \cdot f \cdot t_{St})}{1 - 4 \cdot f^2 \cdot t_{St}^2} \right| \quad \text{N s} \tag{3.113}$$

Hieraus folgt, dass je kürzer bei einem Schlag oder Stoß die Einwirkungszeit t_{St} ist, umso breitbandiger ist die spektrale Verteilung der Anregung. Setzt man gleiche Impulsstärke J_S voraus, dann wird auch die Amplitude der Kraftanregung umso stärker sein, je kürzer die Einwirkungszeit t_{St} ist.

Intermittierende Impulsvorgänge mit periodischer Folge
Falls die impulsartigen Schwankungen sich in kürzeren Zeitintervallen T wiederholen, handelt es sich um intermittierende Vorgänge. In Abb. 3.25 ist der zeitliche und der spektrale Verlauf von intermittierenden Halbkosinusimpulsen dargestellt. Die Frequenzspektren von periodischen Impulsvorgängen sind grundsätzlich Linienspektren, der Abstand der einzelnen Amplituden hat die konstante Größe $\Delta f = 1/T$.

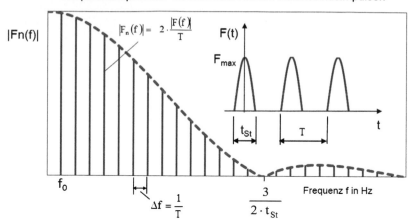

Abb. 3.25 Zeitlicher und spektraler Verlauf intermittierender Halbkosinusimpulse

Das Spektrum $|G(f)|$ des Einzelimpulses, s. Abb. 3.24, bestimmt die Hüllkurve des Linienspektrums, die Teilamplituden $F_n(f_k)$ lassen sich wie folgt bestimmen [7, 25]:

$$|F_n(f_k)| = \frac{2 \cdot |F(f_k)|}{T} = \frac{J_S}{T} \cdot \left| \frac{\cos(\pi \cdot f_k \cdot t_{St})}{1 - 4 \cdot f_k^2 \cdot t_{St}^2} \right|$$

$$= \frac{4}{\pi} \cdot F_{max} \cdot \frac{t_{St}}{T} \cdot \left| \frac{\cos(\pi \cdot f_k \cdot t_{St})}{1 - 4 \cdot f_k^2 \cdot t_{St}^2} \right| \quad N \qquad (3.114)$$

Mit

$$f_k = \frac{k+1}{T} \quad Hz \qquad k = 0, 1, 2, 3, \ldots \qquad (3.115)$$

Man erkennt auch hier, dass sich mit kleinerer Stoßdauer t_{St} des Einzelstoßes der Frequenzbereich nach rechts zu höheren Frequenzen ausweitet (Abb. 3.25). Die Höhe der Teilamplituden wird durch die Impulsstärke J_S und die Zeitdauer der Impulsfolge T bestimmt.

Beispiele hierfür sind Impulskräfte, die z. B. durch Schmieden, Stanzen, Nieten, Hämmern, durch Klappern bei freiem Spiel in Führungen, bei Schreibmaschinen oder auch durch Wälzlagerstützkräfte oder durch Zahnflankenkräfte entstehen. Es kann aber auch Körperschall infolge intermittierender Druckkräfte hydraulischen und gasdynamischen Ursprungs angeregt bzw. erzeugt werden, s. auch Abschn. 3.1.2.2.

3.2.1.3 Stochastische Anregung

Diese Art der Anregung ist wohl die häufigste. Sie ist regellos mit den Merkmalen für stochastische Zeitabläufe, s. Abb. 2.23. Insbesondere ist das Frequenzspektrum der Amplitudendichte breitbandig. Stochastische Körperschallanregung tritt auf beim Abwälzen

(Abrollen) und beim Gleiten zweier Grenzflächen relativ gegeneinander, die durch äußere Kräfte zusammengedrückt werden. Bedingt durch die Rauigkeit ihrer Oberfläche ergeben sich dabei in den Grenzflächen stark wechselnde örtliche Kraftspitzen mit stochastischem Charakter und führen zu einer ebenso stochastischen Körperschallanregung der angekoppelten Struktur. Derartige Anregungen finden z. B. an den Kugeln, Rollen, Nadeln der Wälzlager statt oder auch an den Zahnflanken zweier im Eingriff stehender Zahnräder, ferner auch an rollenden Rädern, wie z. B. Rollgeräusche von Straßen- und Schienenfahrzeugen. Alle Anregungen nehmen dabei sehr stark mit der Erhöhung der Roll- und Gleitgeschwindigkeit zu, ebenso mit größerer Rauigkeit.

Ähnlicher Art ist der Mechanismus der Anregung, wie er bei der zerspanenden Materialbearbeitung, z. B. beim Fräsen, Drehen, Bohren, Schleifen, Sägen oder Hobeln auftritt. Hierbei sind die lokalen, stochastisch wirkenden Kraftspitzen noch intensiver. Anregungsspektrum und Geräusche selbst sind breitbandig. Die Anregung nimmt ebenfalls stark mit der Erhöhung der Bearbeitungsgeschwindigkeit zu, was meist gleichbedeutend mit einer Zunahme der Anregung durch Drehzahlerhöhung ist.

Die stochastische Körperschallanregung einer Struktur kann auch dadurch erfolgen, dass diese von einem Medium angeströmt, umströmt oder durchströmt wird. Dabei ist es gleichgültig, ob die Struktur, die das Hindernis bildet, stillsteht und das Medium strömt, oder ob umgekehrt sich das Hindernis in einem ruhenden Medium bewegt. Bekanntlich bildet sich auf der Rückseite der Hindernisse durch Ablöseeffekte ein System von Wirbeln. Diese wirken mit wechselnden Kräften auf das Hindernis zurück. Bei den üblicherweise vorhandenen größeren Reynolds-Zahlen überlagern sich jedoch diesen Wirbeln turbulente Geschwindigkeitsschwankungen, die zu einem raschen Zerfall der Wirbel führen. Es kommt zu regellosen Geschwindigkeitsschwankungen und demzufolge auch zu stochastischen Wechselkräften am Hindernis mit einer ebensolchen Körperschallanregung. Die Anregung von Körperschall durch Wirbelablösung nimmt mit größer werdender Anströmgeschwindigkeit sehr stark zu. Die Körperschallanregung der Karosserie eines Kraftfahrzeugs durch den Fahrtwind ist hierfür ein treffendes Beispiel.

Es liegt natürlich auf der Hand, dass die drei behandelten Körperschallanregungen, die periodische Anregung, die Schlag- und Stoßanregung und die stochastische Anregung nicht nur separat, d. h. jede für sich, sondern auch in Überlagerungen zusammenwirken können. Zum Beispiel können bei der Materialbearbeitung im breitbandigen Grundspektrum auch schmalbandige Anteile infolge von Unwucht-Einflüssen im Antrieb auftreten. Beim Abrollen eines Rades auf Schienen, die sich auf Schwellen abstützen, ist dem breitbandigen Geräusch des Abrollvorganges ein intermittierendes Stoßgeräusch überlagert. Bei einem Ventilator ist es dementsprechend die Überlagerung von breitbandigen Strömungsgeräuschen und schmalbandigen Frequenzen des Drehklangs und ihrer Harmonischen.

Anmerkung

Zum Abschluss wird noch eine weniger leicht durchschaubare Art der Anregung vorgestellt. Sie basiert auf den Mechanismen der **Selbsterregung**, wie sie beispielsweise beim

Quietschen von Bremsen, Kreischen von Rädern bei Durchrollen enger Kurven, kurz bei allen unter einem schrillen Geräusch ablaufenden Gleitvorgängen auftreten.

Diese Anregung, die durch Rückkopplungseffekte einer schwingungsfähigen Struktur mit einem statischen Energiespeicher zustande kommt, ist breitbandig mit Bevorzugung der höheren Frequenzbereiche. Im Gegensatz zur übliche Anregungen, bei denen die Strukturen nur mit Erregerfrequenzen schwingen – **erzwungene Schwingungen**[3] –, schwingen die Strukturen bei der Selbsterregung oft mit ihren Eigenfrequenzen.

Ähnliches gilt auch für **Ratterschwingungen**, wie sie z. B. an metall- und holzverarbeitenden Maschinen auftreten können. Diese Art der Schwingungen wird auch durch Rückkopplungseffekte verursacht, bei denen mehrere schwingungsfähige Systeme angeregt werden können [26].

---

[3] Bei erzwungen Schwingungen, wie sie in der Regel bei stationären Betrieb einer Maschine vorkommen, schwingen die Strukturen *nur* mit der Frequenz der Erregung, z. B. Pulsationsfrequenz eines Kompressors. Im Gegensatz dazu schwingen die Strukturen *nur* mit ihren Eigenfrequenzen, wenn sie durch freie Schwingungen angeregt werden. Freie Schwingungen liegen vor, wenn die Strukturen, z. B. durch einen Stoß, einmalig angeregt und anschließend sich selbst überlassen werden.

Literatur

1. Sinambari, Gh.R.: Systematische Vorgehensweise bei der Geräuschminderung, Technische Lärmminderung bei Maschinen und Geräten – OTTI-Fachforum Regensburg, 2012
2. Sinambari, Gh.R., Kunz, F.: Primäre Lärmminderung durch akustische Schwachstellenanalyse. VDI- Bericht Nr. 1491 (1999)
3. Thorn, U., Wachsmuth, J.: Konstruktionsakustische Schwachstellenanalyse eines Straddle Carriers Typ Konecranes 54 DE und Erarbeiten von prinzipiellen Lärmminderungsmaßnahmen. VDI-Berichte 2118 (2010)
4. Strutt, J.W., Lord Rayleigh: The Theory of Sound. Nachdruck. New York (1945)
5. Heckl, M.: Strömungsgeräusche. Fortschr. Ber. VDI-Z. Reihe 7, Nr. 20. VDI Verlag (1969)
6. Sinambari, Gh.R.: Ausströmgeräusche von Düsen und Ringdüsen in angeschlossenen Rohrleitungen, ihre Entstehung, Fortpflanzung und Abstrahlung. Dissertation, Universität Kaiserslautern (1981)
7. Sinambari, Gh.R., Sentpali, S.: Ingenieurakustik, 5. Aufl. Springer Vieweg, Wiesbaden (2014)
8. Heckl, M., Müller, H.A.: Taschenbuch der Technischen Akustik, 2. Aufl. Springer, Berlin (1994)
9. Dubbel: 21. Aufl. Springer (2005)
10. Morse, P.M., Ingard, K.U.: Theoretical Acoustics. Princeton Univ. Press, Princeton (1986)
11. Sinambari, Gh.R., Thorn, U.: Strömungsinduzierte Schallentstehung in Rohrbündel-Wärmetauschern. Zeitschrift für Lärmbekämpfung 47(1), (2000)
12. VDI 3733: Geräusche bei Rohrleitungen (1996)
13. Henn, H., Rosenberg, H., Sinambari, Gh.R.: Akustische und gasdynamische Schwingungen in Gasdruck-Regelgeräten, ihre Entstehung und Fortpflanzung. gwf-gas/erdgas **6**, (1979)
14. Rosenberg, H., Henn, H., Sinambari, Gh.R., Fallen, M., Mischler, W.: Akustische und schwingungstechnische Vorgänge bei der Gasentspannung. DVGW-Schriftenreihe, Gas Nr. 32. ZfGW-Verlag, Frankfurt (1982)
15. Stadtmüller, M.: Abschätzung der strömungsbedingten Geräuschentwicklung von Ansaugöffnungen. Bachelorarbeit, FH Kaiserslautern (2014)
16. Sinambari, Gh.R., Heß, H., Stadtmüller, M.: Strömungsbedingte Geräuschentwicklung von Ansaugöffnungen. VDI-Berichte Nr. 2229 (2014)
17. Fritz, K.R., Stübner, B.: Schalldämmung und Abstrahlgrad von gasgefüllten Stahlrohren. Fortschritte der Akustik. VDE Verlag, Berlin (1980)
18. Cremer, L., Heckl, M.: Körperschall, 2. Aufl. Springer, Berlin (1996)
19. VDI 3731 Blatt 2: Emissionskennwerte technischer Schallquellen, Ventilatoren, 11/1990
20. Sinambari, Gh.R.: Einflussparameter bei körperschallbedingter Geräuschentwicklung einer Maschine, 37. Jahrestagung, DAGA 2011
21. Sinambari, Gh.R., Felk, G., Thorn, U.: Konstruktionsakustische Schwachstellenanalyse an einer Verpackungsmaschine. VDI-Berichte Nr. 2052 (2008)
22. Sinambari, Gh.R., Thorn, U., Tschöp, E.: „Konstruktionsakustik", Seminarveranstaltung. IBS-Seminar, St. Martin/Pfalz, 2016
23. Kraak, W., Weißing, H.: Schallpegelmesstechnik, VEB Verlag, Berlin (1970)
24. Reichard, W.: Grundlagen der Technischen Akustik. Akademische Verlagsgesellschaft, Leipzig (1968)
25. Randall, R.B.: Frequency Analysis. Application of B & K Equipment (1979)
26. Sinambari, Gh.R., Walter, A., Thorn, U.: Entstehung und Vermeidung von Ratterschwingungen an einer Honmaschine. VDI-Berichte 2118 (2010)
27. Perez, P.C.: Untersuchung von Koronageräuschen an Hochspannungsfreileitungen. Diplomarbeit, FH Bingen (2006)

Messtechnik

4

Wie bereits erwähnt, besteht die wesentliche Aufgabe der Konstruktionsakustik darin, die Geräuschentwicklung von Maschinen, die für störende Schallereignisse verantwortlich sind, durch geeignete Maßnahmen, vorzugsweise konstruktive, zu vermeiden bzw. zu verringern. Die notwendigen akustischen Kennwerte hierzu lassen sich am besten durch Messungen an bestehenden Maschinen oder Prototypen bestimmen [1].

In diesem Kapitel werden die wesentlichen Möglichkeiten für die experimentelle Bestimmung von schall- und schwingungstechnischen Kenngrößen, die für die Ermittlung bzw. Beschreibung von primären und sekundären Lärmminderungsmaßnahmen notwendig sind, angegeben.

Die Grundlagen der Schall- und Schwingungsmesstechnik sind national und international genormt. Dadurch soll u. a. erreicht werden, dass Messungen, die an verschieden Orten von unterschiedlichen Personen vorgenommen werden miteinander vergleichbar sind. Nachfolgend werden die zurzeit gültigen aktuellen Normen, die bei der Schall- und Schwingungsmesstechnik bzw. akustischen Schwachstellenanalyse angewendet werden, aufgeführt. Da die Normen aufgrund neuerer Erkenntnisse laufend aktualisiert werden, ist es wichtig, die Aktualität bzw. Gültigkeit der Normen bei der Anwendung zu überprüfen.

4.1 Nationale und internationale Normung

Die Grundlagen, Messsysteme und Messmethoden für Immission- und Emissionsmesstechnik sind in zahlreichen Normen und Vorschriften geregelt. Nachfolgend sind verschiedene Normungsarten und Bezeichnungen zusammengestellt [2].

Nationale Normung

DIN   Deutsches Institut für Normung e. V.

VDE   Verband Deutscher Elektrotechniker

© Springer Fachmedien Wiesbaden GmbH 2017

G.R. Sinambari, *Konstruktionsakustik*, DOI 10.1007/978-3-658-16990-9_4

VDI   Verein **D**eutscher **I**ngenieure
VDMA   **V**erband **D**eutscher **M**aschinen- und **A**nlagenbau e. V.
DKE   **D**eutsche **K**ommission **E**lektrotechnik
              Elektronik **I**nformationstechnik

Europäische Normung
CEN   **C**omité **E**uropéen de **N**ormalisation
                (dt.: Europäisches Komitee für Normung)
CENELEC **C**omité **E**uropéen de **N**ormalisation **E**lectrotechnique
                (dt.: Europäisches Komitee für Elektrotechnische Normung)

Internationale Normung
ISO   **I**nternational **S**tandardization **O**rganization
IEC   **I**nternational **E**lectrotechnical **C**ommitee

4.1.1 Emissions-Schalldruckpegel am Arbeitsplatz

Hier wird die Geräuschbelastung der betroffenen Menschen an einem Arbeitsplatz ermittelt, die ausschließlich durch eine Maschine (ohne den Einfluss der Raumreflexionen und der evtl. vorhandenen Störpegel) verursacht wird. Die dazugehörigen Normen sind:

DIN EN ISO 11201 (2010-10)
Geräuschabstrahlung von Maschinen und Geräten – Bestimmung von Emissions-Schalldruckpegeln am Arbeitsplatz und an anderen festgelegten Orten in einem im Wesentlichen freien Schallfeld über einer reflektierenden Ebene mit vernachlässigbaren Umgebungskorrekturen.

DIN EN ISO 11202 (2010-10)
Geräuschabstrahlung von Maschinen und Geräten – Bestimmung von Emissions-Schalldruckpegeln am Arbeitsplatz und an anderen festgelegten Orten unter Anwendung angenäherter Umgebungskorrekturen.

DIN EN ISO 11203 (2010-01)
Geräuschabstrahlung von Maschinen und Geräten – Bestimmung von Emissions-Schalldruckpegeln am Arbeitsplatz und an anderen festgelegten Orten aus dem Schallleistungspegel.

DIN EN ISO 11204 (2010-10)
Geräuschabstrahlung von Maschinen und Geräten – Bestimmung von Emissions-Schall-druckpegeln am Arbeitsplatz und an anderen festgelegten Orten unter Anwendung exakter Umgebungskorrekturen.

DIN EN ISO 11205 (2009-12)
Geräuschabstrahlung von Maschinen und Geräten – Verfahren der Genauigkeitsklasse 2 zur Bestimmung von Emissions-Schalldruckpegeln am Arbeitsplatz und an anderen fest-gelegten Orten unter Einsatzbedingungen aus Schallintensitätsmessungen.

4.1.2   Schallleistungspegel durch Messung des Schalldruckpegels

In der Konstruktionsakustik ist der Schallleistungspegel – als A-Gesamt- und A-Teil-schallleistungspegel bzw. dessen spektrale Verteilung – eine wesentliche akustische Kenn-größe, sowohl bei der Beschreibung des IST-Zustandes als auch beim Nachweis der er-reichten Lärm- und Geräuschminderung.

Die konstruktionsakustische Schwachstellenanalyse, ein maßgebliches Hilfsmittel in der Konstruktionsakustik, lässt sich nur durch Ermittlung der Teil- und Gesamtschallleis-tungspegel realisieren.

Hierzu existieren auch zahlreiche Normen und Vorschriften. Nachfolgend sind nur die wesentlichen Hauptnormen, die in der Konstruktionsakustik zur Anwendung kommen, angegeben. Auf die vielen maschinenspezifischen Normen, die als Folgeblätter erschienen sind, wird hier nicht näher eingegangen. Es wird aber empfohlen, je nach Anwendungsfall die entsprechenden speziellen Normen und Vorschriften zu berücksichtigen.

4.1.2.1   Grundnormen

DIN 45635 (1984-04)
Geräuschmessung an Maschinen; Luftschallemission, Hüllflächenverfahren; Rahmenver-fahren für 3 Genauigkeitsklassen.

DIN EN ISO 3740 (2001-03)
Bestimmung des Schallleistungspegels von Geräuschquellen – Leitlinien zur Anwendung der Grundnormen.

4.1.2.2   Hüllflächenverfahren

DIN EN ISO 3744 (2011-02)
Bestimmung der Schallleistungs- und Schallenergiepegel von Geräuschquellen aus Schalldruckmessungen – Hüllflächenverfahren der Genauigkeitsklasse 2 für ein im We-sentlichen freies Schallfeld über einer reflektierenden Ebene.

DIN EN ISO 3745 (2012-07)
Bestimmung der Schallleistungs- und Schallenergiepegel von Geräuschquellen aus Schalldruckmessungen – Verfahren der Genauigkeitsklasse 1 für reflexionsarme Räume und Halbräume

DIN EN ISO 3746 (2011-03)
Bestimmung der Schallleistungs- und Schallenergiepegel von Geräuschquellen aus Schalldruckmessungen – Hüllflächenverfahren der Genauigkeitsklasse 3 über einer reflektierenden Ebene.

In Abb. 4.1 sind die wesentlichen Anforderungen gemäß den oben angegebenen Normen für die Bestimmung des Schallleistungspegels nach dem Hüllflächenverfahren zusammengestellt [2].

	Genauigkeitsklasse 1 Präzisionsmethode DIN EN ISO 3745	Genauigkeitsklasse 2 Betriebsmessung DIN EN ISO 3744	Genauigkeitsklasse 3 Übersichtsmethode DIN EN ISO 3746
Messumgebung	reflexionsarmer Raum	im Freien oder in Räumen	
Abmessungen der Maschine	Vol. $\leq 0{,}5\%$ des Raumes	keine Beschränkung	
Geräuschart	beliebig (breit-, schmalbandig, stationär, instationär, impulshaltig, tonal)		
Messumgebung	$K_2 \leq 0{,}5$ dB	$K_2 \leq 4$ dB	$K_2 \leq 7$ dB
Fremdgeräusche	$\Delta L \geq 10$ dB $K_1 \leq 0{,}4$ dB	$\Delta L \geq 6$ dB $K_1 \leq 1{,}3$ dB	$\Delta L \geq 3$ dB $K_1 \leq 3$ dB
Messfläche	Kugel / Halbkugel	Halbkugel / Quader	Halbkugel / Quader
Anzahl der Messpunkte	≥ 10	≥ 9	≥ 4
Messgeräte	Klasse 1	Klasse 1	Klasse 2
Genauigkeit, Standardabweichung σ_R	$\sigma_R \leq 1$ dB	$\sigma_R \leq 1{,}5$ dB	$K_2 < 5$ dB: $\sigma_R \leq 3$ dB 5 dB$\leq K_2 \leq 7$ dB: $\sigma_R \leq 4$ dB

Abb. 4.1 Anforderungen für die Bestimmung des Schallleistungspegels nach dem Hüllflächenverfahren

4.1.2.3   Hallraum-Verfahren

DIN EN ISO 3741 (2011-01)

Bestimmung der Schallleistungs- und Schallenergiepegel von Geräuschquellen aus Schalldruckmessungen – Hallraumverfahren der Genauigkeitsklasse 1.

DIN EN ISO 3743-1 (2011-01)

Bestimmung der Schallleistungs- und Schallenergiepegel von Geräuschquellen aus Schalldruckmessungen – Verfahren der Genauigkeitsklasse 2 für kleine, transportable Quellen in Hallfeldern – Teil 1: Vergleichsverfahren in einem Prüfraum mit schallharten Wänden.

DIN EN ISO 3743-2 (2009-11)

Bestimmung der Schallleistungspegel von Geräuschquellen aus Schalldruckmessungen – Verfahren der Genauigkeitsklasse 2 für kleine, transportable Quellen in Hallfeldern – Teil 2: Verfahren für Sonder-Hallräume.

DIN EN ISO 3747 (2011-03)

Bestimmung der Schallleistungs- und Schallenergiepegel von Geräuschquellen aus Schalldruckmessungen – Verfahren der Genauigkeitsklassen 2 und 3 zur Anwendung in situ in einer halligen Umgebung.

4.1.3   Schallleistungspegel durch Messung des Schallintensitätspegels

DIN EN ISO 9614-1 (2009-11)

Bestimmung der Schallleistungspegel von Geräuschquellen aus Schallintensitätsmessungen – Teil 1: Messungen an diskreten Punkten.

DIN EN ISO 9614-2 (1996-12)

Bestimmung der Schallleistungspegel von Geräuschquellen aus Schallintensitätsmessungen – Teil 2: Messung mit kontinuierlicher Abtastung.

DIN EN ISO 9614-3 (2009-11)

Bestimmung der Schallleistungspegel von Geräuschquellen aus Schallintensitätsmessungen – Teil 3: Scanning-Verfahren der Genauigkeitsklasse 1.

4.1.4   Schallleistungspegel durch Messung des Körperschallpegels

DIN 45635-8 (1985-06)

Geräuschmessung an Maschinen; Luftschallemission, Körperschallmessung; Rahmenverfahren

ISO/TS 7849-1 (2009-03); Vornorm
Bestimmung der Schallleistungspegel von Maschinen aus Schwingungsmessungen –
Teil 1: Verfahren der Genauigkeitsklasse 3 unter Verwendung eines fest vorgegebenen
Abstrahlgrades.

ISO/TS 7849-2 (2009-03); Vornorm
Bestimmung der Schallleistungspegel von Maschinen aus Schwingungsmessungen –
Teil 2: Verfahren der Genauigkeitsklasse 2, welches die Bestimmung des zutreffenden
Abstrahlgrades einschließt.

4.2 Schall- und Schwingungsmesstechniken

Zur Ermittlung der Geräuschemission kommen verschiedene Messmethoden, z. B. Schall-
druck-, Schallintensitäts- oder Körperschallmessungen in Frage. Nachfolgend werden die
grundlegenden Messtechniken zur Ermittlung des Schalldruckpegels, des Schallintensi-
tätspegels sowie des Körperschallpegels, wie sie in [5]angegeben sind, gekürzt wiedergegeben.

4.2.1 Schalldruckmessung

In der akustischen Messtechnik wird der Schalldruckpegel in der Regel mit Hilfe der sog.
Kondensatormikrofone gemessen. In Abb. 4.2 ist ein typisches Standard-Messmikrofon
einschließlich der dazugehörigen Schutzkappe dargestellt. Die Membran ist nur wenige
μm dick und daher mechanisch sehr empfindlich. Das Schutzkappe sollte nach Möglichkeit nicht abgenommen werden. Muss dies für besondere Messaufgaben dennoch ge-
schehen, z. B. um einen Nasenkonus oder einen Sondenvorsatz aufzuschrauben, ist beim
Umbau äußerste Vorsicht geboten!

Abb. 4.2 Standard-
Messmikrofon $\frac{1}{2}''$ Kondensatormikrofon [3]

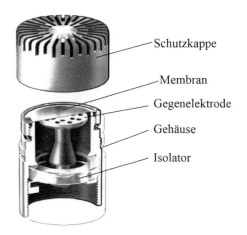

Schutzkappe

Membran

Gegenelektrode

Gehäuse

Isolator

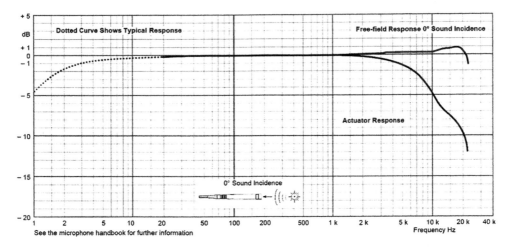

Abb. 4.3 Kalibrierzeugnis eines $\frac{1}{2}''$-Kondensatormikrofons; Hersteller: Brüel & Kjaer

Kondensatormikrofone sind sehr empfindlich und haben typischerweise bis zu hohen Frequenzen hin Kugelcharakteristik. Der nutzbare Frequenzbereich wird nach unten hin durch eine elektrische und eine mechanische Hochpassfilterung begrenzt (elektrisch durch den Vorwiderstand, mechanisch durch Kapillarbohrungen im Gehäuse, die den statischen Luftdruck vor und hinter der Membran ausgleichen sollen). Nach oben hin wird der nutzbare Frequenzbereich durch die Eigenfrequenz der Membran begrenzt. Jedes Mikrofon hat einen individuellen Frequenzgang, der von den Herstellern in Form eines Kalibrierzeugnisses mitgeliefert wird und aus dem der nutzbare Frequenzbereich des Mikrofons zu erkennen ist. In Abb. 4.3 ist das Kalibrierzeugnis eines $\frac{1}{2}''$-Kondensatormikrofons dargestellt.

Auf die Polarisationsspannung kann verzichtet werden, wenn man zwischen Membran und Gegenelektrode ein Dielektrikum mit permanenter Polarisation, eine so genannte Elektretfolie, einbringt. Auf diese Weise erhält man ein dauerpolarisiertes Messmikrofon (Elektretmikrofon). Elektretmikrofone lassen sich preiswert herstellen. In dieser Bauart können auch Miniaturmikrofone mit Abmessungen von wenigen Millimetern hergestellt werden. Allerdings müssen hier dann Kompromisse hinsichtlich Empfindlichkeit und Genauigkeit eingegangen werden.

Die durch Schalldruckschwankungen erzeugten Signalspannungen der Mikrofonkapsel werden von einem Vorverstärker verstärkt und zur Weiterverarbeitung einem Schallpegelmesser oder Analysator zugeführt, der den „Summenpegel" ermittelt und anzeigt oder eine frequenzabhängige Analyse durchführt und ein „Spektrum" ausgibt. In Abb. 4.4 ist die Funktionsweise eines Schallpegelmessers schematisch dargestellt.

Das vorverstärkte, dem Schalldruck proportionale Spannungssignal des Mikrofons wird im Schallpegelmesser zunächst frequenzbewertet. Je nach Art der Schallmessung wird zwischen A-, B- oder C-Bewertung gewählt. Ist keine Frequenzbewertung

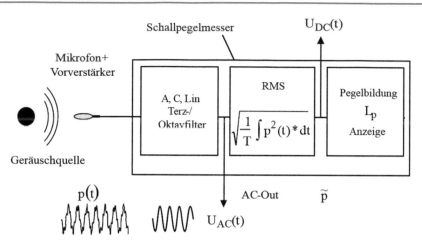

Abb. 4.4 Funktionsschema eines Schallpegelmessers

erforderlich, wird als Frequenzbewertung LINEAR, FLAT oder Z eingestellt[1]. Die frequenzbewerteten bzw. gefilterten Signale stehen am AC-Output des Schallpegelmessers als elektrische Wechselspannung $U_{AC}(t)$ zur Weiterverarbeitung und/oder Aufzeichnung zur Verfügung. Ältere Schallpegelmesser können mittels externer Bandpassfilter, typischerweise Terz- oder Oktavbandfilter, den Schalldruckpegel seriell in bestimmten Frequenzbändern ermitteln. Falls das Schallereignis allerdings nicht stationär ist, müssen die Bandpassfilter parallel und gleichzeitig, also in Echtzeit arbeiten. Moderne Schallpegelmesser haben heute interne, parallele Digital-Bandpassfilter, die sie zu sog. Echtzeit-Frequenzanalysatoren machen. Aus dem frequenz-bewerteten und/oder gefilterten Mikrofonsignal werden in einem nächsten Schritt im Schallpegelmesser Effektivwerte, s. (2.21), gebildet (im englischen Sprachgebrauch auch RMS-Werte genannt). Je nach Art der Schallmessung wird die Zeitkonstante für die Effektivwertbildung entsprechend der internationalen Normung mit 125 ms (**FAST**) oder 1 s (**SLOW**) gewählt. Bei älteren Schallpegelmessern kann am DC-Output ein dem Effektivwert proportionales Gleichspannungssignal $U_{DC}(t)$, z. B. zur Speisung eines Pegelschreibers, abgegriffen werden. Mit den gewonnenen Effektivwerten werden schließlich in einem weiteren Schritt die entsprechenden Schalldruckpegel gebildet und zur Anzeige gebracht. Darüber hinaus werden hier die entsprechenden Mittelwerte wie der „äquivalente Dauerschalldruckpegel" L_{eq}und der „Taktmaximal-Mittelungspegel" L_{Teq}, Maximal- und Spitzenpegel L_{max} bzw. L_{peak} sowie Pegelperzentile, z. B. der L_{95}, gebildet und angezeigt. Je nach den vorgenommenen Einstellungen am Schallpegelmesser muss auf eine exakte Bezeichnung in Form von Indizes am Schalldruckpegel, z. B. L_{AF}, L_{Aeq}, L_{Cpeak}, L_{AFmax}, geachtet werden. Abb. 4.5 zeigt zwei handelsübliche Präzisions-Handschallpegelmesser.

---

[1] Je nach Hersteller des Schallpegelmessers sind hier unterschiedliche Bezeichnungen geläufig.

Abb. 4.5 Präzisions-
Handschallpegelmesser;
a Hersteller: Norsonic-
Tippkemper, Type 140;
b Hersteller: Brüel & Kjaer,
Type 2250

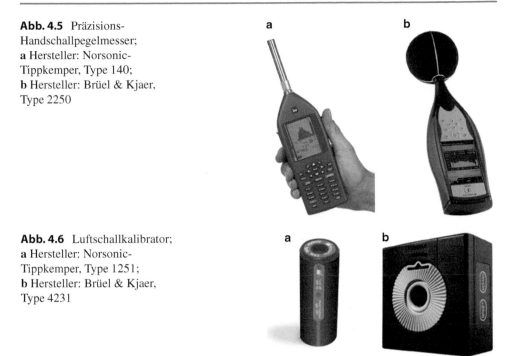

Abb. 4.6 Luftschallkalibrator;
a Hersteller: Norsonic-
Tippkemper, Type 1251;
b Hersteller: Brüel & Kjaer,
Type 4231

Für normgerechte Schalldruckpegelmessungen (Messung absoluter Schalldruckpegel)
müssen Schallpegelmesser zusammen mit dem zugehörigen Messmikrofon regelmäßig,
z. B. durch Eichämter, geeicht werden. Hierbei werden u. a. auch die Übertragungseigen-
schaften im gesamten Frequenzbereich überprüft. Um bei Messungen vor Ort die korrekte
Funktionsweise der gesamten Messkette zu überprüfen, wird vor und nach der Messung
die Messkette mit Hilfe eines Luftschallkalibrators (Abb. 4.6) bei einer vorgegebenen Frequenz (meistens 1000 Hz) mit einem definierten Pegel, z. B. 94 dB oder 114 dB, überprüft
(Kalibrierung).

4.2.2   Schallintensitätsmessung

Wie in Abschn. 2.2.2 beschrieben, ist die Schallintensität das zeitlich gemittelte Produkt
von Schalldruck und Schallschnelle:

$$\boldsymbol{I}(r) = p(r) \cdot \boldsymbol{v}(r) \tag{4.1}$$

Der Schalldruck kann relativ einfach mit einem Kondensatormikrofon gemessen werden.
Üblicherweise wird in der Praxis die Schallschnelle mit Hilfe einer sog. Schallintensitätssonde, bei der zwei Kondensatormikrofone A und B in einem bestimmten Abstand Δr (in
der Praxis meist 12 mm oder 50 mm) zueinander angeordnet sind, gemessen [4].

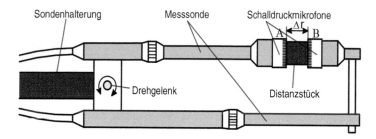

Abb. 4.7 Schallintensitätssonde [4]

Theoretisch lässt sich die Schallschnelle aus dem Schalldruck wie folgt bestimmen [5]:

$$\frac{\partial v}{\partial t} = -\frac{1}{\rho}\frac{\partial p}{\partial r} \tag{4.2}$$

bzw.

$$\boldsymbol{v}(r) = -\frac{1}{\rho}\cdot \int \frac{\mathrm{d}p(r)}{\mathrm{d}r}\cdot \mathrm{d}t \tag{4.3}$$

Ordnet man die zwei Mikrofone der Schallintensitätssonde (Abb. 4.7) dicht nebeneinander an, kann man in 1. Näherung den Druckgradienten $\frac{\mathrm{d}p(r)}{\mathrm{d}r}$ durch $\Delta p/\Delta r$ ersetzen.
Mit

$$\Delta p = p_{\mathrm{B}} - p_{\mathrm{A}}$$

folgt aus (4.3):

$$\boldsymbol{v}(r) = -\frac{1}{\rho}\int \frac{\mathrm{d}p(r)}{\mathrm{d}r}\cdot \mathrm{d}t \approx -\frac{1}{\rho\cdot\Delta r}\int (p_{\mathrm{B}}-p_{\mathrm{A}})\cdot \mathrm{d}t \tag{4.4}$$

Der Schalldruck in (4.1) lässt sich aus dem Mittelwert der beiden Schalldrücke der Mikrofone A und B bestimmen:

$$p(r) = \frac{p_{\mathrm{A}}+p_{\mathrm{B}}}{2} \tag{4.5}$$

Mit Hilfe von (4.4) und (4.5) lässt sich die Schallintensität nach (4.1) wie folgt bestimmen:

$$\boldsymbol{I} = -\frac{p_{\mathrm{A}}+p_{\mathrm{B}}}{2\cdot\rho\cdot\Delta r}\int (p_{\mathrm{B}}-p_{\mathrm{A}})\cdot \mathrm{d}t \tag{4.6}$$

Gleichung (4.6) bildet die Grundlage der Schallintensitätsmesstechnik durch Schalldruck-messungen nach dem sog. „Zweimikrofonverfahren". Der berechnete Wert der Schallintensität gilt für das akustische Zentrum der Schallintensitätssonde, d. h. die Mitte zwischen

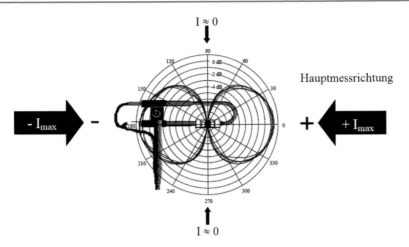

Abb. 4.8 Typische Richtcharakteristik einer Intensitätssonde [4]

den beiden Mikrofonen. Der mittlere Schalldruck, der aus den Schalldrücken der beiden Mikrofone berechnet wird, bezieht sich ebenfalls auf diesen Punkt.

In der Praxis werden die Mikrofonabstände durch entsprechende Distanzstücke realisiert. Für die Bestimmung der Schallintensität werden die Schalldrücke der beiden Mikrofone gemessen und zur Weiterverarbeitung einem Schallintensitätsanalysator zugeführt. Der Schallintensitätsanalysator muss über zwei Eingangskanäle verfügen, damit er beide Mikrofonsignale zeitgleich und phasengetreu messen und verarbeiten kann. Die Berechnung der Schallintensität aus den beiden Mikrofonsignalen erfolgt nach (4.6).

Die Schallintensität ist eine vektorielle Größe und dadurch bedingt richtungsabhängig. Die Schallintensitätssonden haben eine ausgeprägte Richtcharakteristik, s. Abb. 4.8.

Wie aus Abb. 4.8 ersichtlich, erhält man bei einem Schalleinfall aus der Hauptmessrichtung (von vorne) eine positive Anzeige und beim Schalleinfall von hinten eine negative Anzeige. Fällt der Schall senkrecht zur Hauptmessrichtung ein, ist die Schallintensität annähernd Null. Dadurch besteht die Möglichkeit, neben dem Betrag der Schallintensität $|\boldsymbol{I}|$ auch die Richtung des Schalleinfalls festzustellen. Für die Ermittlung der Schallschnelle bzw. der Schallintensität müssen die Mikrofonsignale der beiden Mikrofone $p_A(t)$ und $p_B(t)$ zeitgleich gemessen und phasengetreu ausgewertet werden. Die Qualität und Genauigkeit der Schallintensitätsmessung hängt u. a. wesentlich von der phasengenauen Messung der beiden Schalldrücke ab. Daher kommen bei Schallintensitätsmessungen immer nur spezielle Mikrofonpaare zum Einsatz, die bezüglich ihrer Phasenlage sehr genau aufeinander abgestimmt sind. Dieselben hohen Anforderungen bezüglich der sog. Phasenfehlanpassung werden auch an den nachgeschalteten Analysator gestellt. Die Phasendifferenz $\Delta\varphi$ der beiden Schalldrucksignale lässt sich wie folgt bestimmen [5]:

$$\Delta\phi = 360° \cdot \frac{\Delta r}{\lambda} = 360° \cdot \frac{\Delta r \cdot f}{c} \qquad (4.7)$$

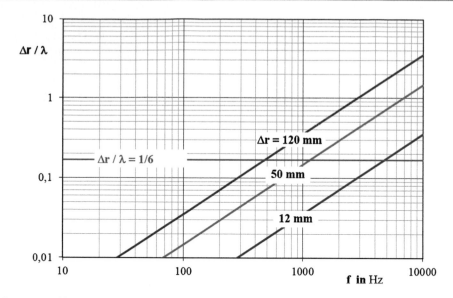

Abb. 4.9 $\Delta r/\lambda$ als Funktion der Frequenz für verschiedene Mikrofonabstände

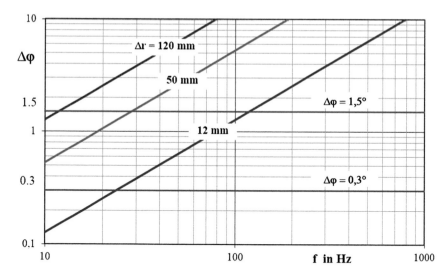

Abb. 4.10 $\Delta\varphi$ als Funktion der Frequenz für verschiedene Mikrofonabstände

In Abb. 4.9 sind für die Schallausbreitung in der Luft ($c = 340\,\mathrm{m/s}$) $\Delta r/\lambda$ als Funktion der Frequenz für drei in der Praxis übliche Mikrofonabstände 12, 50 und 120 mm, nach (4.7) graphisch dargestellt.

In Abb. 4.10 sind für die Schallausbreitung in der Luft ($c = 340\,\mathrm{m/s}$) $\Delta\varphi$ nach (4.7) als Funktion der Frequenz für drei in der Praxis übliche Mikrofonabstände 12, 50 und 120 mm graphisch dargestellt.

Bedingt durch das Analysesystem tritt bei der Messung eine geringe Verzögerung zwischen den beiden Mikrofonkanälen A und B auf, die eine kleine Phasenänderung bewirkt, die sog. Phasenfehlanpassung. Je nach verwendetem Mikrofonabstand Δr lässt sich für das Schallintensitäts-Messsystems eine untere und eine obere Frequenzgrenze, innerhalb derer Schallintensitätsmessungen möglich sind, festlegen.

Obere Frequenzgrenze: Fehler durch lineare Druckgradientennäherung
Bei höheren Frequenzen entsteht systembedingt ein Fehler, da der Druckgradient $\partial p / \partial r$ nur näherungsweise durch den Differenzenquotienten $\Delta p / \Delta r$ aus Druckdifferenz und Abstand der beiden Mikrofone der Intensitätssonde beschrieben wird. Abb. 4.11 veranschaulicht das Problem.

Ist die Wellenlänge λ im Vergleich zum Mikrofonabstand Δr klein, wird der Druckgradient nur sehr ungenau angenähert. Für eine zulässige Abweichung von ≤ 1 dB muss die Wellenlänge λ mindestens Faktor 6 größer sein als der Mikrofonabstand Δr, d. h.: $\Delta r / \lambda \leq 1/6$. Aus der Abb. 4.9 lassen sich somit für die berechneten Mikrofonabstände folgende obere Frequenzgrenzen ermitteln:

$$\Delta r = 120\,\text{mm} \qquad f_\text{o} \approx 470\,\text{Hz} \qquad f_\text{o,Tz}: \quad \text{bis } 500\,\text{Hz}$$
$$\Delta r = 50\,\text{mm} \qquad f_\text{o} \approx 1135\,\text{Hz} \qquad f_\text{o,Tz}: \quad \text{bis } 1{,}25\,\text{kHz}$$
$$\Delta r = 12\,\text{mm} \qquad f_\text{o} \approx 4720\,\text{Hz} \qquad f_\text{o,Tz}: \quad \text{bis } 5\,\text{kHz}$$

Ist die Wellenlänge λ im Vergleich zum Mikrofonabstand Δr groß, wird durch die lineare Näherung die Steigung der Schalldruckkurve mit guter Genauigkeit erfasst und der Druckgradient gut angenähert. Bei tiefen Frequenzen ist daher $\partial p / \partial r \approx \Delta p / \Delta r$ erfüllt.

Für die Messung hoher Frequenzen wird daher ein kleines Distanzstück benötigt.

Abb. 4.11 Fehler durch lineare Druckgradientennäherung [6]

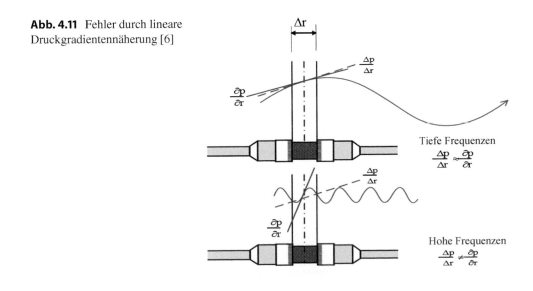

Untere Frequenzgrenze: Fehler durch Phasenfehlanpassung

Ist die zu messende Phasendifferenz $\Delta\varphi$ größer als die Gesamt-Phasenfehlanpassung (Sonde und Analysator) des Schallintensitäts-Messsystems, lässt sich die Intensität sinnvoll berechnen. Bei in der Praxis verwendeten Schallintensitätsanalysatoren beträgt die Gesamt-Phasenfehlanpassung in etwa $\leq \pm 0{,}3°$. Aus Abb. 4.10 geht hervor, dass die untere Frequenzgrenze eines Schallintensitäts-Messsystems durch den kleinsten Mikrofonabstand bestimmt wird. Dies bedeutet, dass man bei einem Mikrofonabstand von $\Delta r = 12\,mm$ und einer Gesamt-Phasenfehlanpassung von $0{,}3°$ erst oberhalb von $f = 24\,Hz$ ein Nutzsignal erhält, das größer als das Rauschen der Messkette ist. Um einen ausreichenden Signal-Rausch-Abstand zu berücksichtigen und damit den Messfehler kleiner als $1\,dB$ zu halten, sollte die zu messende Phasendifferenz $\Delta\varphi$ mindestens Faktor 5 größer sein als die Gesamt-Phasenfehlanpassung, d. h.: $\Delta\varphi \geq 1{,}5°$. Aus der Abb. 4.10 lassen sich somit für die berechneten Mikrofonabstände folgende *unter Freifeldbedingungen gültige* untere Frequenzgrenzen ablesen:

$\Delta r = 120\,mm$	$f_u \approx 12\,Hz$	$f_{u,Tz}$: ab $25\,Hz$
$\Delta r = 50\,mm$	$f_u \approx 29\,Hz$	$f_{u,Tz}$: ab $31{,}5\,Hz$
$\Delta r = 12\,mm$	$f_u \approx 120\,Hz$	$f_{u,Tz}$: ab $125\,Hz$

Für die Messung tiefer Frequenzen wird daher ein großes Distanzstück benötigt.

Trifft der Schall in einem Winkel θ auf die Sonde, reduziert sich die zu messende Phasendifferenz $\Delta\varphi$, da nicht der volle Mikrofonabstand Δr, sondern nur dessen Projektion $\Delta r \cdot \cos(\theta)$ wirksam wird (siehe Abb. 4.12). Daher wird eine um den Faktor $\cos(\theta)$ geringere Schallintensität gemessen. Da der Schalldruck im Gegensatz zur Schallschnelle eine skalare Größe ist, entsteht in Abhängigkeit des Einfallwinkels eine Differenz zwischen Schalldruck- und Intensitätspegel.

Bei schrägem Schalleinfall oder in einem reaktiven (Nahfeld) oder diffusen Schallfeld reduziert sich daher die zu messende Phasendifferenz $\Delta\varphi$. Infolgedessen fällt die Phasenfehlanpassung dort stärker ins Gewicht. Wenn sich der Schall nicht in einem Freifeld entlang der Sondenachse ausbreitet, hat dies Einfluss auf die untere Frequenzgrenze. Der messbare Frequenzbereich wird reduziert, da die untere Frequenzgrenze sich zu höheren Frequenzen hin verschiebt.

In einem reaktiven oder diffusen Schallfeld bezeichnet man in diesem Zusammenhang die Differenz zwischen dem Schalldruck- und dem Schallintensitätspegel $L_p - L_I$ als sog. „Druck-Intensitätsindex" F_{pl}. Der Druck-Intensitätsindex kennzeichnet die „Reaktivität" eines Schallfeldes und ist sehr wichtig zur Beurteilung der Genauigkeit einer Schallintensitätsmessung. Er beschreibt die von der Reaktivität des Schallfeldes hervorgerufene Phasenänderung zwischen den beiden Mikrofonsignalen. Der Druck-Intensitätsindex gestattet somit Rückschlüsse auf die Phasendifferenz zwischen den Mikrofonsignalen und ermöglicht damit eine Beurteilung, ob die Phasenfehlanpassung in Bezug auf die ermittelte Phasendifferenz eine ungenaue Messung bewirkt.

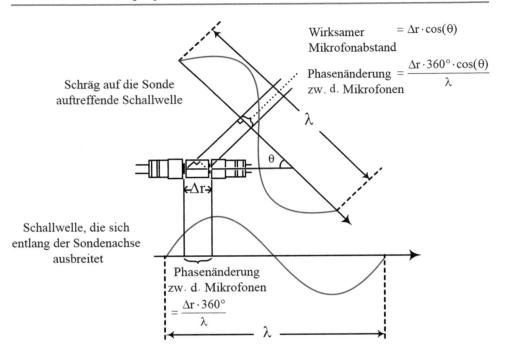

Abb. 4.12 Phasendifferenz bei schrägem Schalleinfall [6]

Auch die Phasenfehlanpassung des gesamten Schallintensitäts-Messsystems ist quantifizierbar. Sie wird durch die sog. „Querfeldunterdrückung" δ_{plo}, in der aktuellen Normung auch als „Druck-Restintensitäts-Abstand" bezeichnet, beschrieben [7]. Trifft auf beide Mikrofone senkrecht zur Sondenachse dasselbe Schallsignal, sollte im Idealfall keine Schallintensität messbar sein. Die unvermeidbare Phasenfehlanpassung bewirkt jedoch eine „Scheinintensität", die mit einem Eigenrauschen des Messsystems vergleichbar ist. Die Differenz zwischen dem hierbei festgestellten Schalldruck- und dem (Schein)-Intensitätspegel ist definiert als Querfeldunterdrückung δ_{plo}.

Wie bereits beschrieben, sollte die zu messende Phasendifferenz $\Delta\varphi$ mindestens um den Faktor 5 größer als die Gesamt-Phasenfehlanpassung sein, wenn man den Schallintensitätspegel mit einer Genauigkeit von 1 dB ermitteln will. Dies entspricht der Forderung, dass der Druck-Intensitätsindex F_{pl} mindestens 7 dB über der Querfelduntcrdrückung δ_{plo} liegen muss. Zieht man 7 dB von der Querfeldunterdrückung ab, erhält man die nutzbare Geräte-Dynamik für diese Genauigkeit. In der aktuellen Normung wird die Geräte-Dynamik als Arbeitsbereich L_d bezeichnet [7]:

$$L_d = \delta_{plo} - K \quad \text{dB} \tag{4.8}$$

Abb. 4.13 Schallintensitätska-
libratoren, **a** Hersteller: Brüel
& Kjaer, Type 4297; **b** Hersteller: Brüel & Kjaer, Type
3516

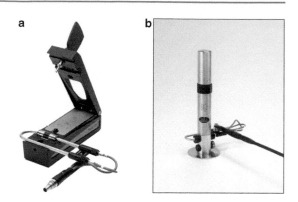

K beschreibt hierbei das systematische Fehlermaß und wird je nach angestrebter Genauigkeit mit

$K = 7\,\text{dB},\quad$ Genauigkeit: $\pm 1{,}0\,\text{dB}$
$K = 10\,\text{dB},$ Genauigkeit: $\pm 0{,}5\,\text{dB}$

in Ansatz gebracht.

Die Querfeldunterdrückung δ_{plo} wird mit einem speziellen Kuppler mit Hilfe eines
Schallintensitätskalibrators ermittelt (siehe Abb. 4.13).

Ist die Querfeldunterdrückung δ_{plo} bekannt, kann für jedes Distanzstück der Arbeitsbereich des Schallintensitäts-Messsystems bzw. die Geräte-Dynamik in Abhängigkeit von
der Frequenz angegeben werden. In Abb. 4.14 ist der nutzbare Frequenzbereich bei einer geforderten Messgenauigkeit von 1 dB ($K = 7\,\text{dB}$) in Abhängigkeit von Druck-
Intensitätsindex F_{pl}, Mikrofonabstand Δr und Gesamt-Phasenfehlanpassung dargestellt.

In der Regel wird bei vielen praktischen Anwendungen mit dem Distanzstück $\Delta r =
12\,\text{mm}$ gemessen. Bei einer Gesamt-Phasenfehlanpassung des Schallintensitäts-Messsys-
tems von $\leq 0{,}3$ kann je nach Druck-Intensitätsindex F_{pl} (Reaktivität des Schallfeldes) bei
einer angestrebten Genauigkeit von $\pm 1{,}0\,\text{dB}$ hiermit ein nutzbarer Frequenzbereich von:

$F_{\text{pl}} = 0\,\text{dB}$ (Freifeldbedingungen) $125\,\text{Hz} \leq f_{\text{Tz}} < 5\,\text{kHz}$

$F_{\text{pl}} = 3\,\text{dB}$ (reaktives Schallfeld) $250\,\text{Hz} \leq f_{\text{Tz}} < 5\,\text{kHz}$

$F_{\text{pl}} = 10\,\text{dB}$ (reaktives Schallfeld) $1{,}25\,\text{kHz} \leq f_{\text{Tz}} < 5\,\text{kHz}$

erreicht werden. In reaktiven Schallfeldern muss für die Messung tiefer Frequenzen daher
ein größeres Distanzstück verwendet werden!

Ähnlich wie bei Schalldruckmessungen müssen die Mikrofone der Schallintensitätssonde ebenfalls vor jeder Messung kalibriert werden. Darüber hinaus muss in
regelmäßigen Abständen die Querfeldunterdrückung überprüft werden. Mit Hilfe eines Luftschallkalibrators können beide Mikrofone zwar nacheinander oder mit Hilfe
eines entsprechenden Kupplers auch simultan auf Einhaltung eines entsprechenden

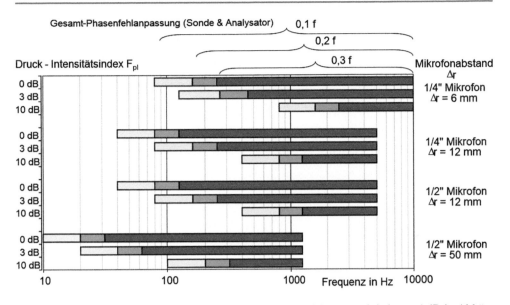

Abb. 4.14 Nutzbarer Frequenzbereich bei einer geforderten Messgenauigkeit von 1 dB in Abhängigkeit von Druck-Intensitätsindex, Mikrofonabstand und Phasenfehlanpassung (geändert nach [6])

Schalldruck-Kalibrierpegels bei einer vorgegebenen Frequenz überprüft werden, die für Schallintensitätsmessungen jedoch wesentliche Phasenlage beider Mikrofonsignale kann nur mit entsprechenden Schallintensitäts-Kalibratoren überprüft werden.

Noch kritischer als bei Schalldruckmessungen wirken sich strömungsinduzierte Druckschwankungen, z. B. in Folge von Wind oder Kühlluftströmen, an den Sondenmikrofonen bei der Schallintensitätsmessung aus. Wenn Strömungen in der Messfläche vorkommen, muss ein entsprechender Sonden-Windschirm benutzt werden.

Da das Frequenzspektrum der Schallquelle (z. B. eines Ventilators), das durch Wind bzw. Strömungsrauschen hervorgerufen wird, mit steigender Frequenz stark abfällt, werden die niederfrequenten Intensitätsmessungen (üblicherweise unterhalb 200 Hz) allgemein hiervon am meisten beeinträchtigt.

4.2.3 Körperschallmessung

Bei der Körperschallmessung werden vorrangig die Schwingbeschleunigungen der Strukturen gemessen. Dies erfolgt üblichwerweise durch sog. piezoelektrische Beschleunigungsaufnehmer. Sie erzeugen eine elektrische Ladung, die der Schwingbeschleunigung a des Objektes, auf dem sie montiert sind, direkt proportional ist. Als vorteilhafte Eigenschaften bieten sie eine relativ geringe Größe, einen weiten Frequenz- sowie Dynamikbereich sowie eine lange, wartungsfreie Lebensdauer. Außerdem lassen sich aus ihrem beschleunigungsproportionalen Ausgangssignal auf relativ einfache Weise durch

Abb. 4.15 Wirkprinzip eines piezoelektrischen Beschleunigungsaufnehmers

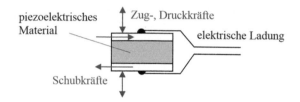

piezoelektrisches Material — Zug-, Druckkräfte — elektrische Ladung — Schubkräfte

elektrische Integration zur Geschwindigkeit v und zum Weg s proportionale Signale ableiten:

$$v = \int a(t) \cdot \mathrm{d}t \rightarrow v = \frac{a}{\omega} = \frac{a}{2\pi f} \tag{4.9}$$

$$s = \int v(t) \cdot \mathrm{d}t \rightarrow s = \frac{a}{\omega^2} = \frac{a}{(2\pi f)^2} \tag{4.10}$$

Das Wirkprinzip eines piezoelektrischen Beschleunigungsaufnehmers basiert auf der Eigenschaft eines piezoelektrischen Materials, das bei der Beanspruchung durch äußere Kräfte eine zu den einwirkenden Kräften proportionale Ladung erzeugt (siehe Abb. 4.15).

Je nach Bauart unterscheidet man bei piezoelektrischen Beschleunigungsaufnehmern zwischen einem Kompressions- und einem Scherungstyp (siehe Abb. 4.16) [8].

Werden die Aufnehmer so konstruiert, dass sie im Wesentlichen in ihrer Hauptmessrichtung auf Zug- und Druckkräfte reagieren, bezeichnet man sie als Kompressionstyp. Die bei dieser Bauart durch Schubkräfte erzeugten Ladungen, die z. B. durch horizontal wirkende Beschleunigungen verursacht werden können, fallen im Vergleich zu den erzeugten Ladungen in Hauptmessrichtung, hier senkrecht zur Strukturoberfläche, sehr viel niedriger aus. Beim Scherungstyp bewirkt die schwingende Masse in Hauptmessrichtung eine Scherkraft auf das piezoelektrische Element. Bei diesem Typ sind entsprechend die durch Zug- und Druckkräfte erzeugten Ladungen, die z. B. durch horizontal wirkende Be-

Abb. 4.16 Schnitt durch zwei Beschleunigungsaufnehmer-Typen (B&K)

a   Kompressionstyp

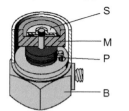

S
M
P
B

b   Delta Shear®

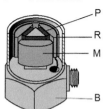

P
R
M
B

P   Piezoelektrisches Element
S   Feder
R   Klemmring
B   Basis
M   Seismische Masse

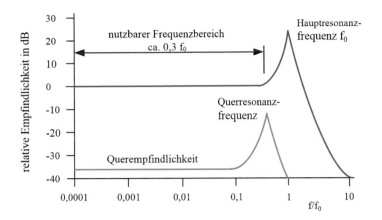

Abb. 4.17 Typischer Frequenzgang eines piezoelektrischen Beschleunigungsaufnehmers

schleunigungen verursacht werden können, im Vergleich zu den erzeugten Ladungen in Hauptmessrichtung vernachlässigbar.

In Abb. 4.17 ist ein typischer Frequenzgang eines piezoelektrischen Beschleunigungs-aufnehmers in Abhängigkeit des Frequenzverhältnisses (Schwingungsfrequenz zu Eigen-frequenz) des Aufnehmers dargestellt. Hierbei wird zwischen der Hauptempfindlichkeit in Richtung der Befestigungsachse (Hauptmessrichtung) sowie der Empfindlichkeit quer zur Hauptmessrichtung, der sog. Querempfindlichkeit, unterschieden. Hieraus ist zu er-kennen, dass die Empfindlichkeit in der Hauptmessrichtung deutlich höher als in der Querrichtung ist. Das Übertragungsverhalten wird deutlich von der Resonanzfrequenz des Feder-Masse-Systems des Beschleunigungsaufnehmers beeinflusst. Messungen im Frequenzbereich der Aufnehmer-Eigenfrequenz liefern kein wahrheitsgetreues Bild der tatsächlichen Schwingungen an der Messstelle, sondern verfälschen das Messergebnis. Bei Schwingungsmessungen muss daher bedacht werden, dass der nutzbare Frequenzbe-reich eines Beschleunigungsaufnehmers bei ca. 1/3 der Resonanz- bzw. Eigenfrequenz des Aufnehmers endet. Wird die obere Frequenzgrenze gleich 1/3 der Resonanzfrequenz des Aufnehmers gesetzt, kann davon ausgegangen werden, dass die am Rande der Fre-quenzgrenze gemessenen Schwingungskomponenten mit einem Messfehler von weniger als ca. +12 % (Genauigkeit < 1 dB) erfasst wurden [8]. Angaben zur Resonanzfrequenz der Aufnehmer können i. d. R. den Kalibrierzeugnissen der Hersteller entnommen werden.

Das vom Beschleunigungsaufnehmer erzeugte Ladungssignal wird über ein speziell rauscharmes Ladungskabel einem sog. Ladungsverstärker zugeführt, der eine zur elektri-schen Ladung am Eingang proportionale Spannung abgibt und verstärkt. In Abb. 4.18 ist ein Beschleunigungsaufnehmer sowie ein integrierender Ladungsverstärker dargestellt.

Soll das beschleunigungsproportionale Signal in ein schnelleproportionales Signal ge-wandelt werden, muss das Beschleunigungssignal integriert werden. Die Integration er-folgt entweder analog direkt im Ladungsverstärker oder kann anschließend rechnerisch

Abb. 4.18 Piezoelektrischer Beschleunigungaufnehmer, rauscharmes Ladungskabel und integrierender Ladungs-verstärker [9]

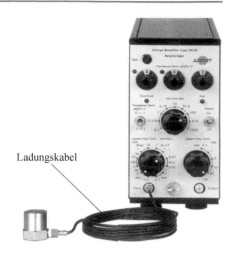

Ladungskabel

im Rechner bzw. Analysator vorgenommen werden. Um ein wegproportionales Signal zu erhalten, muss das Beschleunigungssignal entsprechend doppelt integriert werden.

Um störende Signalanteile von der nachgeschalteten Analyseeinheit fernzuhalten, z. B. um den Dynamikbereich der Analyseeinheit oder des Aufzeichnungsgerätes bestmöglich ausnutzen zu können oder störende Signalanteile ausserhalb des linearen Aufnehmerfrequenzbereichs auszublenden, kann das Schwingungssignal hoch- und tiefpassgefiltert werden. In der Analyseeinheit wird das Signal z. B. über Terz- oder Oktavbandfilter bandpassgefiltert oder aber als Breitbandsignal der Detektionseinheit zugeleitet. Entsprechend der Messaufgabe werden dort der Effektivwert, der Spitzenwert oder der Spitze-Spitzewert gebildet bzw. ermittelt und zur Anzeige gebracht.

Da bei diesem Aufnehmersystem pro Beschleunigungsaufnehmer ein Ladungsverstärker benötigt wird, werden insbesondere Vielkanalmessungen zu einem oft aufwändigen und unübersichtlichen Messaufbau. Daher sind neben den konventionellen Ladungstypen, vor allem in der Kfz- und Prüfstands-Akustik, auch Beschleunigungsaufnehmer mit integriertem Ladungsverstärker gebräuchlich, die mittels eines konstanten Gleichstroms über die Signalleitung gespeist werden. Je nach Hersteller werden sie z. B. als ICP®- oder DeltaTron®-Aufnehmer bezeichnet. Diese Aufnehmer können über relativ lange (bis zu mehreren 100 m) Kabel direkt an Aufzeichnungs- oder Analyseeinheiten mit einer entsprechend eingebauten Speisung angeschlossen werden. Nachteilig ist allerdings, dass diese Aufnehmer nur bis zu einem Temperaturbereich von ca. 125 °C eingesetzt werden können, da ihre Einsatztemperatur von der integrierten Elektronik begrenzt wird. Bei konventionellen Ladungstypen liegt der Anwendungsbereich üblicherweise bei ca. 250 °C [9].

Zur Erfassung der Strukturschwingungen müssen die Beschleunigungsaufnehmer möglichst kraftschlüssig mit der Struktur verbunden bzw. befestigt werden. Die ideale Kopplungsart ist die Verwendung eines Gewindebolzens bei einer ebenen und glatten Auflage, auf die eine dünne Fettschicht aufgetragen wird. Da die Ankopplung über einen Gewindestift das Einbringen einer Gewindebohrung in das Messobjekt erfordert, ist die-

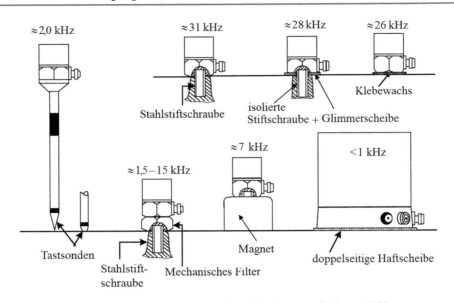

Abb. 4.19 Verschiedene Befestigungsarten von Beschleunigungsaufnehmern [10]

se Befestigungsart in der Praxis jedoch oft nicht möglich. Es gibt allerdings mehrere alternative Ankopplungsmöglichkeiten, die in Abhängigkeit des interessierenden Frequenzbereichs angewendet werden. Hierbei ist zu beachten, dass die Ankopplung des Beschleunigungsaufnehmers ein weiteres Feder-Masse-System darstellt, das die Eigenfrequenz der Gesamtanordnung zu tieferen Frequenzen hin verschiebt. Die Eigenfrequenz dieses Systems ist sehr stark von der Steifigkeit der Ankopplung abhängig und ist umso niedriger, je weicher die Ankopplung ist.

In Abb. 4.19 sind einige Befestigungsarten, die am häufigsten in der Praxis verwendet werden, zusammengestellt. Die darin angegebenen Eigenfrequenzen sollen nur zur Orientierung dienen. Sie stellen die relative Verschiebung der Eigenfrequenz der Gesamtanordnung im Vergleich zur Eigenfrequenz eines unter Eichbedingungen „ideal" glatt und eben montierten Universal-Beschleunigungsaufnehmers (Eigenfrequenz: ca. 32 kHz) dar. Der seismische Aufnehmer in der rechten unteren Ecke der Grafik hat unter idealen Ankopplungsbedingungen allerdings nur eine Eigenfrequenz von 4,5 kHz. Man erkennt, dass bei einer Befestigung mit Klebewachs, z. B. Bienenwachs, die Eigenfrequenz nur geringfügig niedriger als der optimale Wert ausfällt. Allerdings ist diese Methode auf eine Temperatur von ca. 40 °C beschränkt. Bei einer Befestigung mittels Permanentmagnet reduziert sich die Eigenfrequenz bereits deutlich. Die niedrigste Eigenfrequenz wird bei Verwendung einer Tastsonde erreicht.

Es wird daran erinnert, dass der obere Nutzfrequenzbereich auch hier wiederum bereits bei ca. 1/3 der verminderten Eigenfrequenz endet. Die Befestigungsmethode muss daher der Messaufgabe entsprechend ausgewählt werden.

Wo Messungen auf tiefe Frequenzen bis etwa 1 kHz beschränkt bleiben sollen, aber gleichzeitig sehr große hochfrequente Beschleunigungen vorliegen, lassen sich die Einflüsse hochfrequenter Schwingungen mit Hilfe eines mechanischen Filters beseitigen. Anwendungsgebiete sind z. B. Messungen zur Fahrwerksabstimmung oder an Radsatzlagern von Schienenfahrzeugen. Die Filter bestehen aus einem elastischen Material, meistens Gummi, das zwischen zwei Scheiben geklebt ist. Als Schraubsockel werden sie zwischen Struktur und Aufnehmer eingebracht. Sie haben die Aufgabe, den Durchgang störender hochfrequenter Schwingungen zu reduzieren, um eine Übersteuerung des Aufnehmers und der nachfolgenden Elektronik zu vermeiden [9].

Auf dem Markt wird eine Vielzahl von Beschleunigungsaufnehmern unterschiedlicher Empfindlichkeit für sehr unterschiedliche Anwendungen mit unterschiedlichen Massen angeboten. Die Palette reicht von Miniaturaufnehmern mit Gewichten < 1 g bis hin zu seismischen Aufnehmern von ca. 500 g. Grundsätzlich fällt die Resonanzfrequenz des Aufnehmers mit seiner Masse ab. Je leichter ein Aufnehmer ist, desto höher liegt seine Resonanzfrequenz. Will man also hohe Frequenzen messen, müssen eher kleine Aufnehmer eingesetzt werden. Auf der anderen Seite haben kleinere Aufnehmer aber eine geringere Empfindlichkeit, da eine hohe Empfindlichkeit gewöhnlich ein entsprechend großes piezoelektrisches System, also einen großen, schweren Aufnehmer erfordert. Dies führt dazu, dass man die Aufnehmer stets anwendungsorientiert einsetzen muss. Man muss also je nach Frequenzspektrum und Schwingungsamplitude und der Art der Struktur, auf der die Schwingungen gemessen werden sollen, den geeigneten Beschleunigungsaufnehmer auswählen.

Je nach Bauart reagieren Beschleunigungsaufnehmer unterschiedlich auf Umwelteinflüsse, wie z. B. Temperatur, Feuchtigkeit, radioaktive Strahlung, magnetische Felder etc. Moderne Beschleunigungsaufnehmer und Aufnehmerkabel sind so konstruiert, dass sie relativ unempfindlich auf die o. a. Umwelteinflüsse reagieren. Für spezielle Anwendungen, z. B. Schwingungsmessungen bei hohen Temperaturen, existieren spezielle Aufnehmer mit und ohne Fremdkühlung. Soll der Beschleunigungsaufnehmer z. B. auf einer Fläche mit Temperaturen >250 °C montiert werden, können zwischen Aufnehmerbasis und Struktur ein Kühlblech und eine Glimmerscheibe gelegt werden. Dadurch lässt sich die Temperatur der Aufnehmerbasis für Oberflächentemperaturen von 350 bis 400 °C auf 250 °C halten. Durch Zufuhr von Kühlluft kann die Wärmeableitung noch unterstützt werden (siehe Abb. 4.20).

Eine weitere Methode mit wassergekühlter Aufnehmerbasis (Fremdkühlung) ist in Abb. 4.21 dargestellt. Hiermit können Schwingungsmessungen bei Oberflächentemperaturen von bis zu 600 °C durchgeführt werden.

Ein häufiges Störsignal bei Schwingungsmessungen stellen sog. Erdschleifen dar. Erdschleifen entstehen, wenn der Beschleunigungsaufnehmer und die Messinstrumente einzeln geerdet sind. Ist eine Messkette durch den Kontakt des Beschleunigungsaufnehmers mit der zu untersuchenden Maschine und z. B. den Betrieb des Analysators am Wechselstromnetz an mehr als einer Stelle geerdet, können Erdschleifenströme über den Ab-

Abb. 4.20 Luftkühlung eines Beschleunigungsaufnehmers [10]

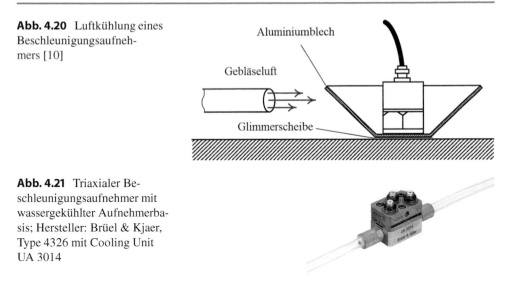

Abb. 4.21 Triaxialer Beschleunigungsaufnehmer mit wassergekühlter Aufnehmerbasis; Hersteller: Brüel & Kjaer, Type 4326 mit Cooling Unit UA 3014

schirmmantel des Aufnehmerkabels abfließen. In Abb. 4.22 ist schematisch die Bildung von Erdschleifen dargestellt.

Wenn bei einer Schwingungsmessung Erdschleifen auftreten, werden die Messsignale durch Überlagerung eines Störsignals mit der Frequenz der elektrischen Netzfrequenz verfälscht (in Europa z. B. 50 Hz, in den USA 60 Hz, DB-Bahnstrom: $16\frac{2}{3}$ Hz). Zur Vermeidung von Erdschleifen muss stets darauf geachtet werden, dass bei den Schwingungsmessungen die Messkette nur an einer Stelle geerdet ist. Hierzu können die Beschleunigungsaufnehmer z. B. mit Hilfe eines Isolier-Gewindestiftes und einer Glimmerscheibe von der Struktur elektrisch isoliert oder die verwendeten Messgeräte komplett batteriebetrieben werden.

Zur Bestimmung der Strukturschwingungen wird die Schwingbeschleunigung an möglichst gleichmäßig über die interessierende Fläche verteilten Rastermesspunkten gemessen (siehe Abb. 4.23). Die Anzahl der notwendigen Rastermesspunkte hängt von der gewünschten Genauigkeit des Messergebnisses für den mittleren Schnellepegel ab. Für

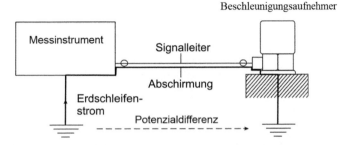

Abb. 4.22 Schematische Darstellung der Entstehung von Erdschleifen [9]

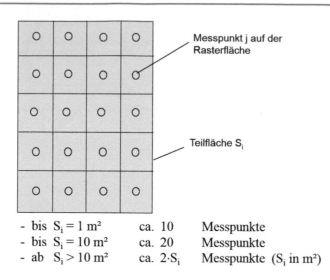

- bis $S_i = 1\,\text{m}^2$ ca. 10   Messpunkte
- bis $S_i = 10\,\text{m}^2$ ca. 20   Messpunkte
- ab $S_i > 10\,\text{m}^2$ ca. $2{\cdot}S_i$ Messpunkte (S_i in m²)

Abb. 4.23 Schematische Anordnung der Messpunkte zur Bestimmung des mittleren Schnellepegels

eine Genauigkeit von $< 1\,\text{dB}$ kann man in Abhängigkeit der Strukturfläche S von der folgenden erforderlichen Anzahl an Rastermesspunkten ausgehen:

Aus der an jedem Rastermesspunkt j gemessenen Beschleunigung lässt sich der entsprechende Schnellepegel wie folgt bestimmen:

$$L_{v,j} = L_{a,j} + 20\lg\frac{a_0}{v_0 \cdot \omega} \tag{4.11}$$

mit

$$v_0 = 5{\cdot}10^{-8}\,\text{m/s}$$
$$a_0 = \text{z.\,B.}\quad 10^{-6}\,\text{m/s}^2 \quad (\text{da „frei wählbar“})$$
$$\omega = 2\pi f$$

Durch energetische Mittelwertbildung der Schnellepegel aller Rastermesspunkte erhält man den mittleren Schnellepegel $\overline{L_{v,i}}$ der Teilfläche S_i:

$$\overline{L_{v,i}} = 10\cdot\lg\left[\frac{1}{n}\sum_{j=1}^{n}10^{0,1\cdot L_{v,j}}\right] \tag{4.12}$$

Die Messpunktanzahl ist so lange zu verdoppeln, bis der mittlere Schnellepegel $\overline{L_{v,i}}$ innerhalb einer Spanne von 1 dB konstant bleibt.

Nachfolgend werden die Fehlerquellen bei der Ermittlung von Strukturschwingungen in Folge von Aufnehmerrückwirkungen und Störschwingungen angegeben.

a) Einfluss der Masse des Beschleunigungsaufnehmers

Unter der Annahme, dass man die Impedanz des Beschleunigungsaufnehmers als kompakte Masse betrachten kann, lässt sich der Einfluss der Masse des Beschleunigungsaufnehmers m_A, bei einer in der Praxis oft vorkommenden Befestigung auf plattenartigen Strukturen duch den Korrekturpegel K_m wie folgt angeben [5]:

$$K_m \approx 20 \cdot \log \left(\sqrt{1 + \left(\frac{m_A}{m_{b,Pl}} \right)^2} \right) \quad dB \tag{4.13}$$

mit

m_A Masse des Aufnehmers in kg = dyn. Masse des Aufnehmers
$m_{b,Pl}$ dynamische Masse der Platte [5]

mit

$$m_{b,Pl} = \frac{8\sqrt{B' \cdot \rho \cdot h}}{\omega} = \frac{0{,}36 \cdot h^2 \cdot \sqrt{E \cdot \rho}}{f} \quad kg \tag{4.14}$$

Für die starre Ankopplung des Aufnehmers an plattenartige Strukturen lässt sich dann der Korrekturpegel K_m wie folgt bestimmen:

$$K_m \approx 20 \cdot \log \left(\sqrt{1 + \left(\frac{m_A}{m_{b,Pl}} \right)^2} \right) = 20 \cdot \log \left[\sqrt{1 + \left(\frac{m_A \cdot f}{0{,}36 \cdot h^2 \cdot \sqrt{E \cdot \rho}} \right)^2} \right] \quad dB$$
$$\tag{4.15}$$

E Elastizitätsmodul der Platte in N/m^2
ρ Dichte der Platte in kg/m^3
h Plattendicke in m

Für die starre Ankopplung eines Beschleunigungsaufnehmers ($m_A = 0{,}02$ kg) an eine Stahlplatte der Dicke $h = 1$ mm bzw. $h = 5$ mm ist (4.15) in Abb. 4.24 grafisch dargestellt. Hierbei ist zu erkennen, dass der Korrekturpegel K_m sehr stark von der Impedanz bzw. dynamischen Masse der Struktur abhängig ist. Für $m_A \ll m_{b,Pl}$ kann der Einfluss des Aufnehmers auf das Messsignal vernachlässigt werden. Bei Messungen an leichten oder weichen Strukturen muss die Rückwirkung der Aufnehmermasse auf die schwingende Struktur allerdings beachtet werden!

b) Einfluss von Störschwingungen/Fremdkörperschall

Ähnlich wie bei der Luftschallmessung kann man den Einfluss von Fremd- bzw. Störschwingungen berücksichtigen. Analog zu (2.101) folgt für den Korrekturpegel K_v infolge

Abb. 4.24 Korrekturpegel K_m für zwei Stahlplatten der Dicken $h = 1\,\text{mm}$ und $h = 5\,\text{mm}$ ($m_A = 0{,}02\,\text{kg}$)

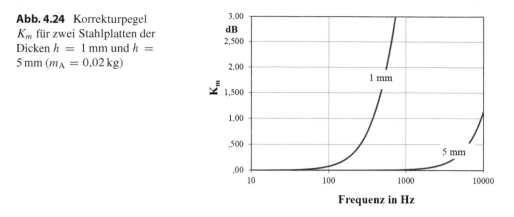

von Stör- bzw. Fremdschwingungen:

$$K_v = -10 \cdot \log\left(1 - 10^{-0{,}1 \cdot \Delta L_v}\right) \quad \text{dB} \tag{4.16}$$

mit

$$\Delta L_v = \overline{L'_v} - \overline{L''_v} \tag{4.17}$$

$\overline{L'_v}$ Gemessener mittlerer Schnellepegel in dB bei eingeschalteter Maschine mit Fremdschwingungen

$\overline{L''_v}$ Gemessener mittlerer Schnellepegel in dB bei ausgeschalteter Maschine (nur Fremdschwingungen!)

Mit Hilfe der Korrekturpegel K_m und K_v, nach (4.15) und (4.16), erhält man unter Anwendung von (4.12) den korrigierten mittleren Schnellepegel $\overline{L_{v,i}}$ der Teilfläche i:

$$\overline{L_{v,i}} = \overline{L'_{v,i}} - K_{m,i} - K_{v,i} \tag{4.18}$$

$\overline{L'_{v,i}}$ Gemessener mittlerer Schnellepegel in dB bei Vorhandensein von Störschwingungen. Der Korrekturpegel $K_{m,i}$ berücksichtigt den Einfluss der Aufnehmermasse.

Mit Hilfe der beschriebenen Messtechniken im Abschn. 4.2 besteht die Möglichkeit, die
notwendigen Emissionskennwerte für eine konstruktionsakustische Schwachstellenanalyse einer Maschine, s. Kap. 4, experimentell zu bestimmen. Wie bereits erwähnt, lassen
sich die Messungen am besten an bestehenden Maschinen oder Prototypen realisieren.

Nachfolgend werden einige Methoden für die Bestimmung der Emissionswerte wiedergegeben.

4.3   Direkte Bestimmung des A-Gesamtschallleistungspegels

Eine wesentliche Aufgabe der Konstruktionsakustik bzw. der primären Lärmminderung besteht darin, die Geräuschemission einer Maschine zu vermindern. Hierzu muss man zuerst die aktuelle Schallemission der Maschine, z. B. durch Messungen, ermitteln: Beschreibung des „IST-Zustands".

Der akustische „IST-Zustand" einer Maschine lässt sich am besten durch direkte Messung des A-Gesamtschallleistungspegels, als Frequenzspektrum, Schmalband-, Terz- oder Oktavspektrum oder deren Summe über den gesamten Frequenzbereich, beschreiben. Diese lässt sich nach verschiedenen Verfahren experimentell bestimmen [11].

4.3.1   Durch Schalldruckmessung

Mit Hilfe des Hüllflächenverfahrens kann man z. B. nach DIN 45635, Teil 1, bzw. DIN EN ISO 3744 oder 3746, durch Schalldruckmessungen die Gesamtschallleistungspegel wie folgt bestimmen, s. Abschn. 2.6:

$$
\left.
\begin{aligned}
L_{W\mathrm{A}}(f) &= \overline{L_{p\mathrm{A}}(f)} + L_S - K_1(f) - K_2(f) \quad \mathrm{dB(A)} \\[2mm]
L_{W\mathrm{A,ges}} &= 10\lg\left[\sum_{f_{\min}}^{f_{\max}} 10^{\frac{L_{W\mathrm{A}}(f)}{10}} \right] \quad \mathrm{dB(A)}
\end{aligned}
\right\} \tag{4.19}
$$

$\overline{L_{p\mathrm{A}}(f)}$ mittlerer A-Schalldruckpegel auf der Hüllfläche in dB(A). Die A-Bewertung kann auch nachträglich durch den Dämpfungspegel der A-Bewertung, nach Tab. 2.2 und 2.4, berücksichtigt werden, s. (2.84), (2.85)

L_S Hüllflächenmaß in dB

$K_1(f)$ Korrekturpegel für Störpegel in dB

$K_2(f)$ Umgebungskorrekturpegel in dB

f Mittenfrequenz eines Frequenzband, z. B. Terz oder Oktave, bzw. diskrete Frequenz bei der schmalbandigen Analyse.

In Abb. 4.25 ist exemplarisch die quaderförmige Anordnung einer Hüllfläche dargestellt. Die Hüllfläche orientiert sich an der Schallquellenform. In [15, 16] sind für verschiedene Schallquellenformen entsprechende Hüllflächen einschließlich Anzahl und Lage der Messpunkte festgelegt.

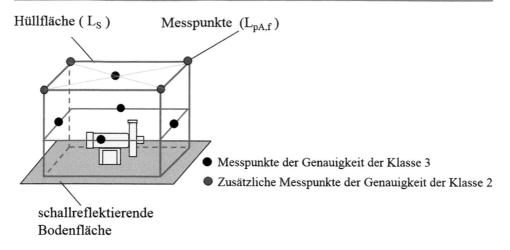

Hüllfläche (L_S)   Messpunkte $(L_{pA,f})$

● Messpunkte der Genauigkeit der Klasse 3
● Zusätzliche Messpunkte der Genauigkeit der Klasse 2

schallreflektierende
Bodenfläche

Abb. 4.25 Ermittlung des Gesamtschallleistungspegels, Hüllflächenverfahren nach DIN 45635, Teil 1, bzw. DIN EN ISO 3744 oder 3746

4.3.2 Durch Schallintensitätsmessungen

Der A-Gesamtschallleistungspegel lässt sich auch mit Hilfe der Schallintensitätsmessung nach DIN EN ISO 9614,Teil 2, durch kontinuierliche Abtastung bestimmen.

$$L_{WA,i}(f) = L_{IA,i}(f) + L_{S,i} \quad dB(A) \tag{4.20}$$

Mit

$L_{IA,i}(f)$ A-Gesamtschallintensitätspegel bei Frequenz f der Teilfläche i
$L_{S,i}$ Flächenmaß der Teilfläche i

Den A-Gesamtschallleistungspegel erhält man durch energetische Addition über alle Teilflächen

$$L_{WA} = 10 \lg \left[\sum_{i=1}^{N} 10^{\frac{L_{IA,i}}{10}} \right] \quad dB(A) \tag{4.21}$$

N Anzahl der Teilflächen

Der A-Schallintensitätspegel $L_{IA,i}$ lässt sich nach DIN EN ISO 9614, Teil 2, durch kontinuierliche Abtastung, s. Abb. 4.26, bestimmen.

Abb. 4.26 Ermittlung des Gesamtschallleistungspegels durch Schallintensitätsmessungen nach DIN EN ISO 9614,Teil 2

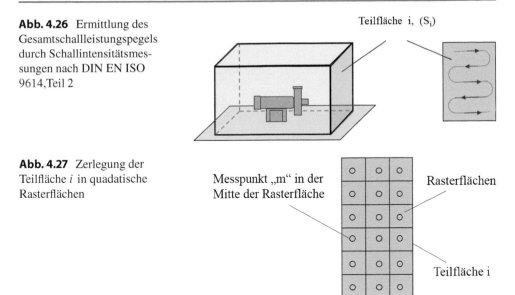

Teilfläche i, (S_i)

Abb. 4.27 Zerlegung der Teilfläche i in quadatische Rasterflächen

Messpunkt „m" in der Mitte der Rasterfläche

Rasterflächen

Teilfläche i

Durch energetische Addition über alle Frequenzen erhält man den A-Gesamtschallintensitätspegel der Teilfläche i.

$$L_{IA,i} = 10\lg\left[\sum_{f_{\min}}^{f_{\max}} 10^{\frac{L_{IA,i}(f)}{10}}\right] \quad \text{dB(A)} \qquad (4.22)$$

Der A-Schallintensitätspegel $L_{IA,i}$ lässt sich auch durch Messungen an diskreten Punkten nach DIN EN ISO 9614, Teil 1, bestimmen. Hierzu wird die Teilfläche i, s. Abb. 4.26, in kleine quadratische Rasterflächen mit ca. 3 bis 5 cm Kantenlängen zerlegt, s. Abb. 4.27. Für jede Rasterfläche – Messpunkt „m" in der Mitte der Rasterfläche – wird $L_{IA,m,i}(f)$, der A Schallintensitätpegel bei der Frequenz f gemessen.

Durch energetische Addition der Schallintensitätspegel aller Messpunkte auf der Rasterfläche erhält man den Gesamtschallintensitätspegel der Teilfläche i bei der Frequenz f:

$$L_{IA,i}(f) = 10\lg\left[\sum_{m=1}^{M} 10^{\frac{L_{IA,m,i}(f)}{10}}\right] \quad \text{dB(A)} \qquad (4.23)$$

Die durch Messungen an diskreten Punkten erfolgte Ermittlung der A-Gesamtschallleistungspegel nach DIN EN ISO 9614, Teil 1, ist natürlich wesentlich aufwändiger als die entsprechenden Messungen nach DIN EN ISO 9614, Teil 2, durch kontinuierliche Abtastung.

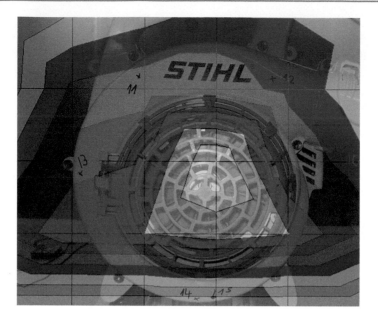

Abb. 4.28 Intensitätskartierung eines Blasgerätes [5, 12]

Die Messungen an diskreten Punkten bietet allerdings den Vorteil, dass man wesentlich detailliertere Informationen über die Geräuschentwicklung der untersuchten Teilfläche erhält. Man kann auch mit Hilfe von grafischen Darstellungen, z. B. durch Intensitätskartierung, die Schallabstrahlung der Teilfläche anschaulich darstellen (Abb. 4.28).

4.4 Indirekte Bestimmung des A-Gesamtschallleistungspegels

Die Gesamtgeräuschentwicklung einer Maschine lässt sich auch indirekt über deren Teilschallleistungspegel bestimmen. Hierzu werden, basierend auf einer Konstruktionsanalyse, zuerst die möglichen Bauteile, die für die Luft- und Körperschallabstrahlung bzw. für die Gesamtgeräuschentwicklung der Maschine infrage kommen, festgelegt.

Für die zuvor qualitativ festgelegten Bauteile werden anschließend die Teilschallleistungspegel durch experimentelle Untersuchungen quantitativ bestimmt.

Eine wesentliche Aufgabe ist hierbei die quantitative Trennung zwischen luft- und körperschallbedingter Schallabstrahlung der Maschine, s. Abschn. 4.1.1.

4.4.1 Teil-Luftschallleistungspegel

Hierzu gehören alle Öffnungsflächen, Schlitze und Undichtigkeiten, die für die Luftschallabstrahlung der Maschine verantwortlich sind. Der dazugehörige Teil-Luftschallleistungs-

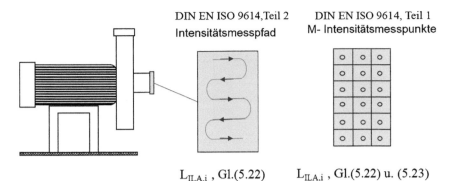

DIN EN ISO 9614,Teil 2   DIN EN ISO 9614, Teil 1
Intensitätsmesspfad   M- Intensitätsmesspunkte

$L_{ILA,i}$, Gl.(5.22) $L_{ILA,i}$, Gl.(5.22) u. (5.23)

Abb. 4.29 Ermittlung der Teil-Luftschallleistungspegel am Beispiel der Ansaugöffnung eines Ventilators

pegel lässt sich u. a. mit Hilfe der Schallintensitätsmesstechnik nach DIN EN ISO 9614, Teil 1 oder Teil 2, analog zu (4.20) bestimmen:

$$L_{WLA,i} = L_{ILA,i} + L_{SL,i} \quad dB(A) \tag{4.24}$$

L Der Index L bedeutet, dass es sich um eine Luftschallquelle handelt.

Der A-Teilschallintensitätspegel $L_{ILA,i}$ lässt sich nach DIN EN ISO 9614, Teil 1 (diskrete Messpunkte) oder Teil 2 (kontinuierliche Abtastung), bestimmen. In Abb. 4.29 sind am Beispiel der Ansaugöffnung eines Ventilators die genannten Messverfahren schematisch dargestellt.

Es wird daruf hingewiesen, dass es nicht immer möglich ist, die Teilschallleistungspegel direkt zu messen. Dies liegt z. B. daran, dass die Schallabstrahlung der benachbarten Bauteile zu hoch ist oder dass die Schallintensitätsmessungen durch strömungsbedingte Druckschwankungen nicht möglich sind.

Um die Teilschallleistungspegel trotzdem bestimmen zu können, ist es manchmal unumgänlich, die Schallabstrahlung der Maschine, die nicht zu den gesuchten Teilschallleistungspegeln gehört, akustisch auszublenden. Die Ermittlung dieser Emissionskennwerte setzt neben messtechnischen Kenntnissen auch spezielle praktische Erfahrungen voraus [13, 14].

4.4.2 Teil-Körperschallleistungspegel durch Schallintensitätsmessungen

Hierzu gehören schallabstrahlende Maschinengehäuse bzw. deren Teilbereiche. Dies beinhaltet auch alle fußpunkt- bzw. geschwindigkeitserregten Bauteile wie z. B. Fundament, Schaltschrank, Gebäude etc., die mit der Maschine verbunden sind. Der dazugehörige

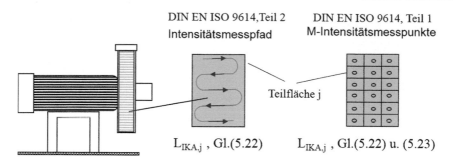

Abb. 4.30 Ermittlung der Teil-Körperschallleistungspegel durch Schallintensitätsmessungen

Teil-Körperschallleistungspegel lässt sich ebenfalls mit Hilfe der Schallintensitätsmesstechnik nach DIN EN ISO 9614, Teil 1 oder Teil 2, analog zu (4.20) bestimmen:

$$L_{W\text{KA},j} = L_{I\text{KA},j} + L_{SK,j} \quad \text{dB(A)} \tag{4.25}$$

K Der Index K bedeutet, dass es sich um eine Körperschallquelle handelt.

Der A-Teilschallintensitätspegel $L_{I\text{KA},j}$ lässt sich nach DIN EN ISO 9614, Teil 1 (diskrete Messpunkte) oder Teil 2 (kontinuierliche Abtastung) bestimmen. In Abb. 4.30 ist das Schallintensitäts-Messverfahren am Beispiel der Schallabstrahlung der Teilfläche eines Ventilators schematisch angegeben.

4.4.3 Teil-Körperschallleistungspegel durch Körperschallmessungen

Mit Hilfe der Körperschallmessungen kann man auch gezielt den Teil-Körperschallleistungspegel bestimmen. Der Vorteil hierbei besteht darin, dass die Schallabstrahlung der benachbarten Bauteile die Messungen weniger beeinflusst als bei Schallintensitätsmessungen. Der Nachteil allerdings ist, dass man den Abstrahlgrad oft grob abschätzen muss.

Der A-Teil-Körperschallleistungspegel $L_{W\text{AK},j}$, der Teilfläche „j" lässt sich nach DIN 45635, Teil 8, ISO/TS (Vornorm) 7849-1 und 2 (2009-03), wie folgt bestimmen.

$$L_{W\text{AK},j} \approx L_{vA,j} + L_{SK,j} + \sigma'_j \quad \text{dB(A)}; \qquad (\rho \cdot c \approx \rho_0 \cdot c_0) \tag{4.26}$$

$$L_{vA,j} = 20 \cdot \lg \frac{v_{A,j}}{v_0} \quad \text{dB(A)} \tag{4.27}$$

$$L_{SK,j} = 10 \cdot \lg \frac{S_{K,j}}{S_0} \quad \text{dB} \tag{4.28}$$

$$\sigma'_j = 10 \cdot \lg \sigma_j \quad \text{dB} \tag{4.29}$$

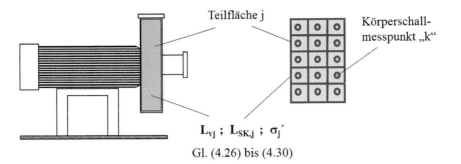

Gl. (4.26) bis (4.30)

Abb. 4.31 Ermittlung der Teil-Körperschallleistungspegel durch Körperschallmessungen

$L_{WAK,j}$ A-bewerteter Körperschallleistungspegel der Teilfläche j

$L_{vA,j}$ mittlerer A-bewerteter Schnellepegel der Teilfläche j

$L_{SK,j}$ Flächenmaß der Teilfläche j

σ'_j Abstrahlmaß der schallabstrahlenden Fläche j. Für plattenartige Struk-
                   turen lässt sich σ' nach (5.81) abschätzen

$v_{A,j}$ A-bewertete Schnelle der Teilfläche j in m/s

$S_{K,j}$ schallabstrahlende Teilfläche j in m^2

$v_0 = 5 \cdot 10^{-8}$ m/s   Bezugsschnelle

$S_0 = 1$ m^2 Bezugsfläche

In Abb. 4.31 ist das Körperschall-Messverfahren am Beispiel der Schallabstrahlung der Teilfläche eines Ventilators schematisch dargestellt.

Der mittlere A-bewertete Schnellepegel der Teilfläche j lässt sich wie folgt bestimmen:

$$L_{vA,j}(f) = 10 \cdot \lg \left(\frac{1}{n} \cdot \sum_{n=1}^{n} 10^{0,1 \cdot L_{vA,n}(f)} \right) \quad \text{dB(A)} \qquad (4.30)$$

n Anzahl der Messpunkte auf der Teilfläche j

$L_{vA,j}(f)$ mittlerer A-Schnellepegel der Teilfläche j bei der Frequenz f

$$L_{vA,j} = 10 \cdot \lg \left[\sum_{f_{\min}}^{f_{\max}} 10^{\frac{L_{vA,j}(f)}{10}} \right] \quad \text{dB(A)} \qquad (4.31)$$

Mit den experimentell ermittelten Emissionskennwerten:

- $L_{WA,\text{ges}}; L_{WA,\text{ges}}(f)$
- $L_{WAL}; L_{WAL}(f)$
- $L_{WAK}; L_{WAK}(f)$

besteht nun die Möglichkeit, wie im Abschn. 4.1.1 beschrieben, mit Hilfe einer Konstruktionsanalyse die Schallentstehung zu beschreiben und für die untersuchte Maschine
eine schalltechnische Schwachstellenanalyse durchzuführen. Hierbei kann man u. a. die
Trennung von Luft- und Körperschallabstrahlung vornehmen, um die Lärmminderung
quantitativ zu planen.

Darüber hinaus besteht die Möglichkeit an Hand eines Prioritätenplans festzulegen,

- **an welchem Bauteil,**
- **bei welcher Frequenz,**
- **in welcher Reihenfolge,**
- **und in welchem Maß**

Lärmminderung durchgeführt werden muss, damit die gewünschte Gesamtlärmminderung
erreicht wird.

Für spezielle Fragestellungen sind noch weitergehende Untersuchungen durchzuführen, wie z. B:

- Bestimmung von kritische Eigenfrequenzen und Eigenformen
- Messung von Kraft-Zeit-Verläufen
- Ermittlung der Eingangs- und Übertragungsimpedanzen.

Neben den bisher beschriebenen Messtechniken stehen heute weitere leistungsstarke
Mess- und Analysetechniken zur Verfügung, auf die hier nicht näher eingegangen wird.
Nachfolgend sind einige der speziellen Methoden, die in der Konstruksakustik angewen-
det werden, angegeben:

- **Finite-Elemente-Methode** zur theoretischen Ermittlung und Darstellung der Eigenfrequenzen und Eigenformen
- **Modalanalyse** zur experimentellen Ermittlung und Darstellung der Eigenfrequenzen
  und Eigenformen
- **CFD-Anylyse** (**C**omputational **F**luid **D**ynamics) zur Simulation und Berechnung von
  strömungstechnischen Fragestellungen
- **Laser-Scanning-Vibrometer** für berührungslose Schwingungsmessungen. Man kann
  hiermit u. a. die Betriebs- und Eigenschwingungen einer Maschine, bei Hinterlegung
  der Maschinen- bzw. Strukturbilder, anschaulich darstellen. In Verbindung mit einem
  sog. **Derotator** kann man auch Messungen an rotierenden Bauteilen vornehmen.
- **Rotationsvibrometer** zur berührungslosen Messung von Drehschwingungen
- **Akustische Kamera** zur berührungslosen Messung der Schallabstrahlung eine Maschine bzw. Anlage mit Hilfe eines Mikrofonarrays. Durch farbige Darstellung der
  Schallabstrahlung soll die Lokalisierung der Emissionsquellen erleichtert werden.

Alle beschriebenen Mess- und Analysetechniken sind nur Hilfsmttel zur Beschreibung der
Schall- und Schwingungsentstehung und dienen als Entscheidungsgrundlage für den Ent-

wicklungsingenieur im Bereich der Konstruktionsakustik. Welche Mess- und/oder Analysetechnik für die Lösung des schall- und schwingungstechnischen Problems eingesetzt wird, hängt von der Fragestellung ab und soll von Fall zu Fall aufgabenorientiert festgelegt werden.

▶ **Sicher ist, dass Messdaten alleine niemals das Problem lösen können!**

Eine genaue Problemanalyse im Vorfeld der geplanten Messungen, z. B. durch eine Konstruktionsanalyse mit Unterstützung des Konstrukteurs der Maschine, hilft oft, Aufwand und Kosten der geplanten Untersuchungen zu optimieren, so dass nur die Messungen durchgeführt werden müssen, die auch für die Problemlösung notwendig sind.

Literatur

1. Sinambari, Gh.R., Kunz, F.: Primäre Lärmminderung durch akustische Schwachstellenanalyse. VDI-Bericht Nr. 1491 (1999)
2. Thorn, U., Tschöp, E.: IBS – Aufbauseminar-Konstruktionsakustik II, Messtechnische Ermittlung der Geräuschemission einer Maschine. FH Bingen (2012)
3. Brüel & Kjaer [Hrsg.]: Microphone Handbook. Technical Documentation (1996)
4. Brüel & Kjaer [Hrsg.]: Schallintensität in der Bauakustik. Informationsbroschüre (2001)
5. Sinambari, Gh.R., Sentpali, S.: Ingenieurakustik, 5. Aufl. Springer Vieweg, Wiesbaden (2014)
6. Brüel & Kjaer [Hrsg.]: Schallintensität. Informationsbroschüre (1991)
7. DIN EN ISO 9614-2: Akustik – Bestimmung der Schallleistungspegel von Geräuschquellen durch Schallintensitätsmessungen; Teil 2: Messung mit kontinuierlicher Abtastung (1996)
8. Brüel & Kjaer [Hrsg.]: Schwingungsmessung. Informationsbroschüre, undatiert
9. Brüel & Kjaer [Hrsg.]: Schwingungsmessung und -analyse. Informationsbroschüre, undatiert
10. Brüel & Kjaer [Hrsg.]: Beschleunigungsaufnehmer. Datenblatt und Beschreibung BRÜEL & KJAER Messgeräte, Informationsbroschüre, undatiert
11. Sinambari, Gh.R., Tschöp, E.: „Konstruktionsakustik", Seminarveranstaltung. IBS-Seminar, St. Martin/Pfalz, 2016
12. Untersuchung zur Geräuschabstrahlung eines Blasgerätes. Interne Dokumentation der Fa. IBS Ingenieurbüro für Schall- und Schwingungstechnik GmbH (nicht veröffentlicht), 2003
13. Thorn, U., Wachsmuth, J.: Konstruktionsakustische Schwachstellenanalyse eines Straddle Carriers Typ Konecranes 54 DE und Erarbeiten von prinzipiellen Lärmminderungsmaßnahmen. VDI-Berichte 2118 (2010)
14. Sinambari, Gh.R., Felk, G., Thorn, U.: Konstruktionsakustische Schwachstellenanalyse an einer Verpackungsmaschine. VDI-Berichte Nr. 2052 (2008)
15. DIN 45635-1: Geräuschmessung an Maschinen; Luftschallemission, Hüllflächenverfahren; Rahmenverfahren für 3 Genauigkeitsklassen, 1984-04
16. DIN EN ISO 3744: Akustik – Bestimmung der Schallleistungs- und Schallenergiepegel von Geräuschquellen aus Schalldruckmessungen – Hüllflächenverfahren der Genauigkeitsklasse 2 für ein im Wesentlichen freies Schallfeld über einer reflektierenden Ebene, 2011-02

Lärmminderung

5

Die Lärmminderung ist stets mit der Verminderung der Geräuschbelastung von Menschen verbunden. Dies hängt damit zusammen, dass man unter dem Begriff des Lärms den unangenehmen Anteil der subjektiven Wahrnehmung von Schallereignissen durch das menschliche Ohr versteht.

Die Aufgabe der Konstruktionsakustik besteht darin, die Geräuschentwicklung von Maschinen durch geeignete Maßnahmen, vorzugsweise konstruktive Maßnahmen, zu vermeiden bzw. zu verringern [1, 2].

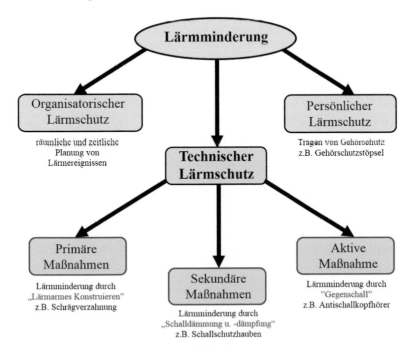

Abb. 5.1 Verschiedene Lärmminderungsmaßnahmen

© Springer Fachmedien Wiesbaden GmbH 2017
G.R. Sinambari, *Konstruktionsakustik*, DOI 10.1007/978-3-658-16990-9_5

Je nach Aufgabenstellung und Möglichkeiten können verschiedene Lärmminderungs-maßnahmen in Betracht gezogen werden (Abb. 5.1). In diesem Kapitel werden einige wesentliche Möglichkeiten der primären und sekundären Lärmminderung, wie sie heute in der technischen Akustik und beim Schallschutz angewendet werden, aufgezeigt.

Der organisatorische und persönliche Lärmschutz wird in der Praxis oft beim Lärm-schutz am Arbeitsplatz verwendet. Er ist in der Regel als kurzfristige und schnelle Maß-nahmen geeignet und ist nicht Gegenstand dieses Buches.

Aktiver Lärmschutz, Lärmminderung durch Gegen- bzw. Antischall, ist bedingt durch die räumliche Verteilung des Schallfeldes für die Geräuschreduzierung an Maschinen nicht geeignet bzw. nur mit sehr hohem Aufwand möglich und wird daher hier nicht wei-ter behandelt. Es wird allerdings darauf hingewiesen, dass für spezielle Anwendungen, z. B. ebene Schallausbreitung in Rohrleitungen und punktuelle Lärmminderung, wie bei einem Kopfhörer, auch marktreife Produkte vorhanden sind [3–5]. Es werden zurzeit u. a. auch spezielle Antischalllösungen für Haushaltsgeräte, Fahrzeuge und Düsenflugzeuge entwickelt bzw. erprobt, die evtl. in Zukunft zum Einsatz kommen.

Nachfolgend werden die technischen Möglichkeiten des Lärmschutzes, hier speziell der primären und sekundären Maßnahmen, behandelt.

5.1 Primäre Lärmminderung

Primäre Lärmminderung bedeutet, durch konstruktive Maßnahmen die **Schallentstehung** bereits an der Quelle zu vermeiden bzw. zu reduzieren. Hierzu ist es allerdings notwen-dig, die Mechanismen bei der Entstehung, Übertragung und Abstrahlung des Geräusches zu verstehen. Hierbei wird u. a. darauf hingewiesen, dass eine Geräuschreduzierung nur dann erreicht werden kann, wenn man die **lautesten bzw. pegelbestimmenden Quellen** geräuscharm gestaltet.

Lauteste Quellen können z. B. sein:

- Einzelmaschinen innerhalb einer Anlage, die den Gesamtpegel bestimmen,
- Bauteile einer Maschine mit dem größten Schallleistungspegel,
- Bestimmte Arbeitsabläufe einer Fertigung,
- Einzelne Frequenzkomponenten bzw. Frequenzbereiche, die den Gesamtpegel bestim-men.

Der **Gesamtpegel** kann je nach Aufgabenstellung sehr verschiedenartig sein, z. B:

- A-Gesamtschallleistungspegel,
- A-Gesamtschalldruckpegel, Arbeitsplatz- oder Nachbarschaftslärm,
- Beurteilungspegel,
- Garantiewerte.

Aus den oben genannten Ausführungen folgt, dass man zunächst durch geeignete Untersuchungen, z. B. mit Hilfe einer schalltechnischen Schwachstellenanalyse [6], die Schallentstehung beschreiben und die Hauptlärmquellen ermitteln muss, bevor man Lärmminderungsmaßnahmen festlegen bzw. vorsehen kann.

Weiterhin ist die quantitative Trennung zwischen luft- und körperschallbedingter Geräuschentwicklung einer Maschine bzw. einer kompletten Anlage für die Erarbeitung von geeigneten Lärmminderungsmaßnahmen notwendig.

Als Kenngröße für die objektive Quantifizierung der Schallabstrahlung ist der A-Schallleistungspegel bzw. dessen spektrale Verteilung, z. B. Terzspektren, maßgebend.

Grundsätzlich sollte man mit der Umsetzung von Lärmminderungsmaßnahmen nur dann beginnen, wenn zuerst folgende Fragen (drei **W**) geklärt sind:

- **Was** soll lärmgemindert werden? D. h. es müssen die Quellen lokalisiert werden, die für die Gesamtgeräuschentwicklung verantwortlich sind.
- **Wie** soll die Lärmminderung erfolgen? Hierzu müssen die Schallentstehungsmechanismen beschrieben und festgelegt werden, ob Luft- oder Körperschall für die Geräuschentwicklung maßgebend ist. Drüber hinaus sollen die pegelbestimmenden Frequenzkomponenten und die Schallübertragung ermittelt werden.
- **Wie viel** Lärmminderung ist notwendig? Um die Lärmminderung gezielt zu planen, müssen die Lärmminderungsmaße für Luft- und Körperschall, sowohl als Gesamtwert als auch in pegelbestimmenden Frequenzkomponenten, quantitativ festgelegt werden.

Alle diese Fragen lassen sich durch eine schalltechnische Schwachstellenanalyse beantworten.

5.1.1 Schalltechnische Schwachstellenanalyse

Eine schalltechnische Schwachstellenanalyse kann sinnvollerweise an bestehenden Maschinen/Anlagen oder an einem Prototyp durch experimentelle Untersuchungen vorgenommen werden.

Für die in der Planungsphase befindlichen Maschinen kann nach Vorlage der Funktions- und Konstruktionszeichnungen eine grobe schalltechnische Schwachstellenanalyse durchgeführt werden. Hierbei werden anhand von Zeichnungen die maßgebenden Wechselkräfte, die kritischen Einleitungsstellen und die hauptschallabstrahlenden Bauteile lokalisiert. Durch Abschätzen des zu erwartenden Schallleistungspegels auf der Grundlage von Erfahrungswerten, Messungen an ähnlichen Maschinen oder mit Hilfe von numerischen Simulationsmethoden sollen hierbei kritische Bauteile aufgespürt werden. Auf die Ergebnisse aufbauend lassen sich dann als erster Schritt zur Geräuschoptimierung primäre und sekundäre Lärmminderungsmaßnahmen einplanen.

Nach dem Bau eines Prototyps besteht dann die Möglichkeit, mit Hilfe einer genauen schalltechnischen Schwachstellenanalyse eine weitere Geräuschoptimierung bzw. -reduzierung vorzunehmen.

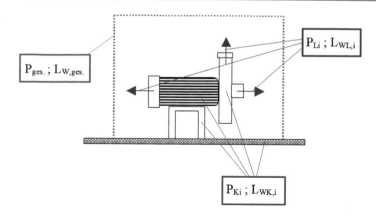

Abb. 5.2 Schematische Darstellung der Schallabstrahlung einer Maschine

Für die quantitative Trennung zwischen luft- und körperschallbedingter Geräuschentwicklung einer Maschine bzw. einer Anlage müssen im Rahmen der schalltechnischen Schwachstellenanalyse u. a. die Teilschallleistungspegel im Verhältnis zum Gesamtschallleistungspegel ermittelt werden [6, 7]. In Abb. 5.2 ist schematisch der Zusammenhang zwischen den verschiedenen Emissionswerten einer Maschine dargestellt.

Zwischen den in Abb. 5.2 angegebenen Emissionskenngrößen bestehen folgende Zusammenhänge:

$$P_{ges}(f) = \eta_A(f) \cdot P_M \quad W \tag{5.1}$$

$$P_{ges}(f) = P_L(f) + P_K(f) \quad W \tag{5.2}$$

$$P_L(f) = \sum_{i=1}^{N} P_{L,i}(f) \quad W \tag{5.3}$$

$$P_K(f) = \sum_{j=1}^{M} P_{K.j}(f) \quad W) \tag{5.4}$$

Hierin bedeuten:

f	Frequenz
η_A	akustischer Wirkungsgrad der Maschine
P_M	mechanische oder elektrische Leistung der Maschine
$P_L(f),\ P_{L,i}(f)$	Gesamtluftschallleistung bzw. Luftschallleistung der i-ten Öffnung
$P_K(f),\ P_{K.j}(f)$	Gesamtkörperschallleistung bzw. Körperschallleistung des j-ten Bauteils

Der akustische Wirkungsgrad gibt an, welcher Anteil der mechanischen Leistung einer Maschine in Schallleistung umgewandelt wird. Er ist im Wesentlichen vom Maschinentyp, z. B. Pumpe, Getriebe, Presse, Stanzautomat etc. abhängig. Er eignet sich besonders gut dazu, in Abhängigkeit der umgesetzten mechanischen Leistung verschiedene Maschinen miteinander zu vergleichen oder bei einer Maschine die Wirkung von konstruktiven Lärmminderungsmaßnahmen zu bewerten bzw. zu quantifizieren.

Der akustische Wirkungsgrad ist in der Regel eine Konstante, d. h. eine Erhöhung der mechanischen Leistung wird auch eine proportionale Erhöhung der Schallleistung bewirken. Eine besondere Erhöhung der Schallleistung bei bestimmten Leistungsstufen und Drehzahlen deutet auf ein mögliches Fehlverhalten oder eine Resonanzanregung der Maschine hin [6].

Berücksichtigt man, dass ein Schallleistungspegel von 120 dB energetisch 1 W Leistung entspricht, dann ist verständlich, dass der akustische Wirkungsgrad, der durch Messungen ermittelt werden kann, je nach Maschine sehr geringe Werte, ca. 10^{-9} bis 10^{-2}, annehmen kann.

5.1.1.1 Trennung von Luft- und Körperschall

Für die Erarbeitung von konstruktiven Lärmminderungsmaßnahmen ist es notwendig, die luft- und körperschallbedingte Abstrahlung einer Maschine oder Anlage bzw. deren Anteil an der Gesamtschallabstrahlung quantitativ zu bestimmen. Hierzu ist es sinnvoll, den Gesamtschallleistungspegel $L_{W,\text{ges}}$ einer Maschine oder auch einer kompletten Anlage sowohl direkt als auch indirekt über die Summe der Luft- und Körperschallleistungspegel (L_{WL} und L_{WK}) anzugeben. Hierfür werden (5.2) bis (5.4) in Pegelschreibweise angegeben:

$$L_{W,\text{ges}} = 10 \cdot \log\left(10^{L_{WL}/10} + 10^{L_{WK}/10}\right) \quad \text{dB} \tag{5.5}$$

$$L_{WK} = 10 \cdot \log\left(\sum_{j=1}^{M} 10^{L_{WK,j}/10}\right) \quad \text{dB} \tag{5.6}$$

$$L_{WL} = 10 \cdot \log\left(\sum_{i=1}^{N} 10^{L_{WL,i}/10}\right) \quad \text{dB} \tag{5.7}$$

$L_{WL}, L_{WL,i}$ Gesamt- und Teilluftschallleistungspegel der Öffnungsflächen $S_{L,i}$
$L_{WK}, L_{WK,j}$ Gesamt- und Teilkörperschallleistungspegel der Abstrahlflächen $S_{K,j}$
i, j Anzahl der Öffnungsflächen (i) bzw. der körperschallabstrahlenden Flächen (j)

Die Teil- und Gesamtschallleistungspegel lassen sich am besten durch Messungen bestimmen s. Kap. 4. Bei in Planung befindlichen Maschinen kann, wie bereits erwähnt, nach Vorlage der Funktions- und Konstruktionszeichnungen eine grobe schalltechnische Schwachstellenanalyse vorgenommen werden. Eine genaue Schwachstellenanalyse kann erst nach dem Bau eines Prototyps erfolgen.

Die gesamte Schallenergie bzw. Schallleistung einer Maschine ist bei konstanten Betriebsparametern wie Leistung, Drehzahl, Vorschub, Taktzahl etc. eine Konstante, d. h. bei unveränderten Betriebsbedingungen ist auch die Geräuschentwicklung der Maschine konstant. Daher ist es unbedingt notwendig, dass die gemessenen Daten für die akustische Energiebilanzierung alle bei gleichen Betriebsbedingungen gewonnen werden.

Je genauer die Daten gemessen werden und je stabiler man die Betriebsparameter bei den Messungen halten konnte, desto genauer ist auch die akustische Energiebilanz. Da in der Regel die Erfassung aller Messdaten nicht simultan erfolgen kann, sollte zur Kontrolle bei allen Messungen zeitgleich mindestens eine akustische Referenzmessstelle, Luft- und/oder Körperschall, mitgemessen werden.

Ein Kriterium für die Genauigkeit der akustischen Bilanzierung und der gemessenen Schallleistungspegel liegt darin, wie gut der direkt gemessene Gesamtschallleistungspegel und der indirekt über die Teilschallleistungspegel nach (5.5) gerechnete Gesamtschallleistungspegel übereinstimmen.

Je genauer die Messdaten ermittelt werden, desto genauer lassen sich die Lärmminderung planen und geeignete Maßnahmen festlegen. Für eine sinnvolle Lärmminderungsplanung sind folgende Genauigkeiten anzustreben [6–8]:

A-Gesamtschallleistungspegel: $\pm 1\,\mathrm{dB(A)}$
Teilschallleistungspegel in Frequenzbändern, z. B. in Terzen: $\pm 2\text{–}5\,\mathrm{dB}$

Die praktischen Erfahrungen haben gezeigt, dass man mit entsprechender Sorgfalt die angegebene Genauigkeit bei den Messdaten erreichen kann. Darüber hinaus lässt sich mit den so gewonnenen Emissionskennwerten eine Lärmminderung von >1 dB(A) planen.

Die Teil- und Gesamtschallleistungspegel sollen sinnvollerweise in Frequenzbändern, d. h. schmalbandig, in Terzen oder Oktaven ermittelt werden. Je schmalbandiger die Daten vorliegen, desto genauer lassen sich die Ursachen der Geräuschentwicklung analysieren bzw. beschreiben und somit auch gezielte konstruktive Maßnahmen erarbeiten. Allerdings ist der Mess- und Analyseaufwand wesentlich höher, je schmalbandiger die Messungen vorgenommen werden. In den meisten praktischen Anwendungen genügt es, wenn die Messungen und Analysen in Terzbandbreite durchgeführt werden.

Liegen die Messdaten mit der o. a. Genauigkeit vor, dann lassen sich für eine gewünschte Lärmminderung $\Delta L_{\mathrm{Soll}} > 1\,\mathrm{dB(A)}$ folgende Fragen beantworten:

1. Für die Gesamtgeräuschentwicklung ist der Luftschall maßgebend:

$$L_{W\mathrm{AL}} - L_{W\mathrm{AK}} < \Delta L_{\mathrm{Soll}} \qquad (5.8)$$

2. Für die Gesamtgeräuschentwicklung ist der Körperschall maßgebend :

$$L_{W\mathrm{AK}} - L_{W\mathrm{AL}} > \Delta L_{\mathrm{Soll}} \qquad (5.9)$$

3. Für die Gesamtgeräuschentwicklung sind sowohl Luftschall als auch Körperschall maßgebend :

$$|L_{W\mathrm{AK}} - L_{W\mathrm{AL}}| < \Delta L_{\mathrm{Soll}} \qquad (5.10)$$

Mit Hilfe von (5.6) und (5.7) besteht dann die Möglichkeit, die maßgebenden Frequenzkomponenten, die für den A-Gesamtschallleistungspegel verantwortlich sind, zu bestimmen.

Aufbauend auf die so gewonnenen Daten lassen sich gezielt Lärmminderungsmaße für Luft- und Körperschallquellen festlegen (ΔL_L; ΔL_K).

Hieraus lassen sich auch mit Hilfe von (5.6) und (5.7) Lärmminderungsmaße für die pegelbestimmenden Frequenzkomponenten festlegen ($\Delta L_{L,i}$ und $\Delta L_{K,j}$).

Mit den so ermittelten Lärmminderungsmaßen lässt sich auch die zu erwartende Reduzierung des A-Gesamtschallleistungspegels bestimmen:

$$L_{WA\,(\text{mit Maßnahmen})} = 10 \cdot \log \left(10^{(L_{WAL}-\Delta L_L)/10} + 10^{(L_{WAK}-\Delta L_K)/10}\right) \quad \text{dB(A)} \quad (5.11)$$

Hiermit kann man überprüfen, ob die gewünschte Lärmminderung erreicht worden ist:

$$L_{WA\,(\text{ohne Maßnahmen})} - L_{WA\,(\text{mit Maßnahmen})} = \Delta L_{Ist} \quad \text{dB(A)} \quad (5.12)$$

Die Lärmminderungsplanung kann als erfolgreich betrachtet werden, wenn:

$$\Delta L_{Ist} \geq \Delta L_{Soll} \quad (5.13)$$

Zusammenfassend folgt, dass mit Hilfe der schalltechnischen Schwachstellenanalyse folgende Fragen beantwortet werden können:

a) Wird die Gesamtschallabstrahlung durch Luft- oder Körperschallabstrahlung bestimmt?
b) Welches Bauteil ist für den Gesamt-, Luft- oder Körperschallleistungspegel maßgeblich verantwortlich?
c) Welche Frequenzkomponenten sind für die Geräuschentwicklung verantwortlich?
d) Wie groß sind die notwendige Lärmminderungsmaße?

Zusammen mit einer akustischen Konstruktionsanalyse an Hand von Zeichnungen und Betriebsdaten sowie der Beschreibung der Schallentstehungsmechanismen, s. Kap. 3, besteht dann die Möglichkeit, die **schalltechnischen Schwachstellen** einer Maschine oder auch einer kompletten Anlage zu bestimmen.

In Abb. 5.3 sind die wesentlichen Aufgaben der schalltechnischen Schwachstellenanalyse zusammengestellt.

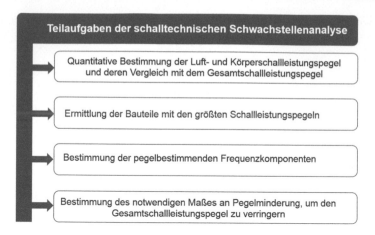

Abb. 5.3 Schalltechnische Schwachstellenanalyse

5.1.1.2 Datenakquisition für die Energiebilanz

Sämtliche Emissionskennwerte, die man für die schalltechnische Schwachstellenanalyse benötigt, lassen sich durch Messungen bestimmen, s. Kap. 4.

In Abb. 5.4 ist die normative Ermittlung der Emissionskennwerte, also die Datenakquisition für die Energiebilanz in einem Flussdiagramm dargestellt. Diese Daten bilden die Grundlage der schalltechnischen Schwachstellenanalyse, wenn sie mit der geforderten Genauigkeit ermittelt wurden.

In Abb. 5.5 ist die Vorgehensweise bei der schalltechnischen Schwachstellenanalyse sowie der Lärmminderungsplanung schematisch dargestellt [7].

Mit Hilfe der so ermittelten Lärmminderungsmaße für die akustischen Schwachstellen besteht nun die Möglichkeit, geeignete Lärmminderungsmaßnahmen zu erarbeiten. Hierbei soll grundsätzlich folgende Reihenfolge eingehalten werden:

- **Schallentstehung**
- **Schallübertragung**
- **Schallabstrahlung**

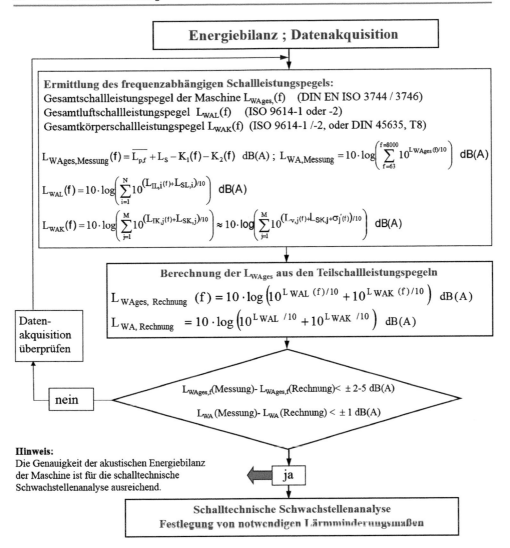

Abb. 5.4 Ermittlung der Emissionskennwerte für die schalltechnische Schwachstellenanalyse

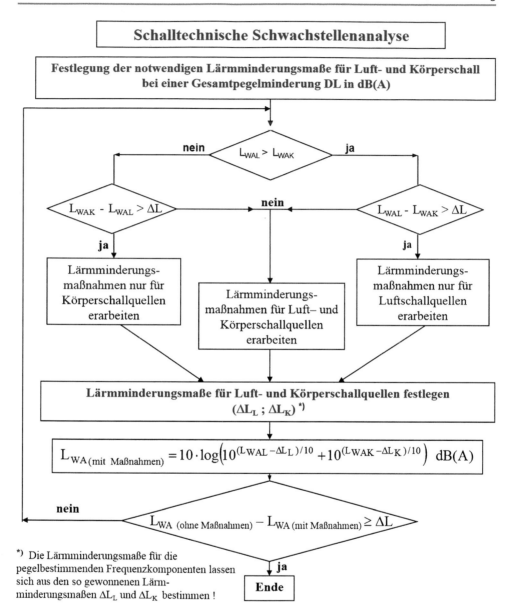

Abb. 5.5 Schalltechnische Schwachstellenanalyse, Lärmminderungsplanung

5.1.2   Prinzipielle Maßnahmen zur Geräuschreduzierung

Nachfolgend werden grundsätzliche Möglichkeiten der primären Lärmminderung erläutert.

5.1.2.1   Beeinflussung der Schallentstehung

a) Grundsätzliche Maßnahmen

Die Verringerung der beim Betrieb einer Maschine auftretenden Kräfte ist die erste Möglichkeit der primären Lärmminderungsmaßnahmen. Hierzu einige Beispiele:

- Optimale Spieleinstellung und richtige Schmierung bei Lagern, Führungen und Getrieben. Bei zu großem Spiel ergeben die durch Stöße verursachten Erregerkräfte impulsartige Geräusche.
- Verminderung der Oberflächenrauigkeit an den Berührungsflächen bewegter Teile, die u. a. durch Schmutz, Korrosion, Transportbeschädigungen etc. verursacht werden kann.
- Vermeiden von Stoßstellen, z. B. beim Aneinanderfügen von Laufflächen oder Schienen. Möglichst stoßfreie Kraftübertragung, z. B. bei Nockenwellen und Kurvengetrieben
- Vermeiden bzw. Verringern von Stößen oder Schlägen bei relativ zueinander bewegten Maschinenteilen, geringe Fallhöhen
- Verringerung von Drehzahlen, Herabsetzen der Geschwindigkeiten
- Vermeiden von Kavitation bei Hydrauliksystemen bzw. strömungstechnischen Anlagen
- Optimierung der Strömungsführung, vor allem an den Stellen mit höchster Strömungsgeschwindigkeit
- Vermeidung von Resonanz-, Hieb- und Schneid- bzw. Pfeiftönen
- Akustisches Abdichten von Öffnungen und Undichtigkeiten.

b) Änderung des Kraft-Zeit-Verlaufs

Eine andere Möglichkeit zur Beeinflussung von Kräften ist die Veränderung des Kraft-
spektrums. Sehr oft verursachen impulsartige Kräfte Körperschall in mechanischen Sys-
temen. Eine Veränderung des zeitlichen Verlaufes der Kraft kann bei gleicher Impulsstärke
eine deutliche Geräuschreduzierung erreichen. Je flacher der Kraftanstieg und/oder -abfall
ist, desto weniger werden Kräfte im mittleren und hohen Frequenzbereich erzeugt. Wie
bereits im Abschn. 3.2.1.2 erläutert, fällt das Kraftspektrum umso früher ab, je länger die
Stoßzeit t_{St} ist, s. Abb. 3.24.

In der Abb. 5.6 sind beispielhaft die Kraft-Zeit-Verläufe von zwei Halbkosinus-
Impulsen mit unterschiedlichen Einwirkungszeiten t_{St} dargestellt. Zur besseren Veran-
schaulichung sind die Zeitverläufe jeweils um $\pi/2$ verschoben.

Hierbei ist:

$$F(t) = F_{max} \cdot \cos\left(\frac{\pi}{t_{St}} \cdot t - \frac{\pi}{2}\right) \quad \text{N} \tag{5.14}$$

Die Impulsstärke, die Fläche unterhalb der Diagramme, erhält man nach (3.112):

$$J_S = \int_0^{t_{St}} F_{max} \cdot \cos\left(\frac{\pi}{t_{St}} \cdot t - \frac{\pi}{2}\right) \cdot dt = \frac{2}{\pi} \cdot F_{max} \cdot t_{St} \quad \text{N s} \tag{5.15}$$

Bei konstanter Impulsstärke lässt sich F_{max} wie folgt bestimmen:

$$F_{max} = \frac{\pi \cdot J_S}{2 \cdot t_{St}} \quad \text{N} \tag{5.16}$$

Abb. 5.6 Kraft-Zeit-Verlauf
von zwei idealisierten
Halbkosinus-Impulsen
bei gleicher Impulsstärke
($J_S = 10\,\text{N s}$) und verschiedenen Stoßzeiten t_{St}

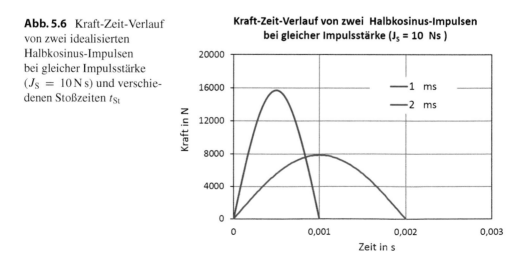

Normierte Frequenzspektren von zwei Halbkosinus-Impulsen

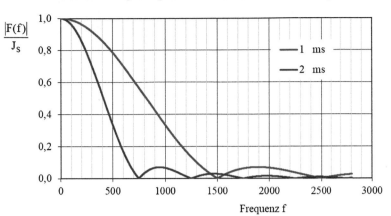

Abb. 5.7 Normierte Frequenzspektren von zwei Halbkosinus-Impulsen mit unterschiedlichen Stoß-zeiten

Mit $J_S = 10\,\text{N}\,\text{s}$ erhält man die Maximalkraft:

$$t_{St} = 10^{-3}\,\text{s} \quad (1\,\text{ms}) \quad \Rightarrow F_{max} \approx 15708\,\text{N}$$
$$t_{St} = 2 \cdot 10^{-3}\,\text{s} \quad (2\,\text{ms}) \quad \Rightarrow F_{max} \approx 7854\,\text{N}$$

Die normierten Frequenzspektren der in Abb. 5.6 angegebenen Kraft-Zeit-Verläufe lassen sich, entsprechend (3.113), wie folgt bestimmen [9, 10]:

$$\frac{|F(f)|}{J_S} = \left| \frac{\cos(\pi \cdot f \cdot t_{St})}{1 - 4 \cdot f^2 \cdot t_{St}^2} \right| \tag{5.17}$$

In Abb. 5.7 sind die normierten Frequenzspektren der o. a. Kraft-Zeit-Verläufe dargestellt. Wie hieraus deutlich zu erkennen ist, wird das Frequenzspektrum der Erregerkraft durch Dehnung des Kraft-Zeit-Verlaufs von 1 ms auf 2 ms bei gleicher Impulsstärke nach links bzw. zu tieferen Frequenzen verschoben. Dadurch steht bei höheren Frequenzen deutlich weniger Erregerkraft zur Verfügung. Folglich sollten die Kraftverläufe bei impulsartigen Anregungen möglichst gedehnt werden, d. h. sie sollten möglichst weich und stetig ablaufen.

Beispiele hierzu sind:

- Schrägverzahnung anstelle Gradverzahnung,
- allmähliche Ventilöffnung anstatt plötzlicher Öffnung,
- Putztrommel mit Gummiauflage,
- Gummi- oder Kunststoffhammer anstelle Stahlhammer,
- elastische Zwischenlage bei aufeinander stoßenden Teilen.

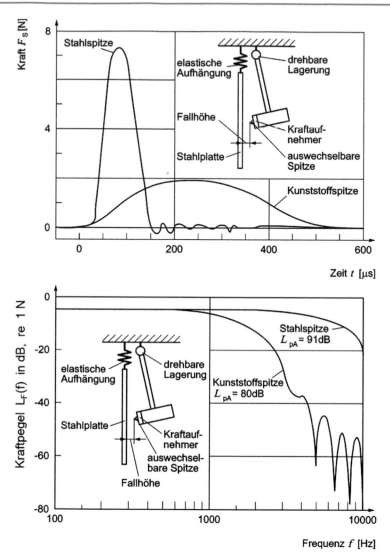

Abb. 5.8 Gemessene Zeit- und Frequenzverläufe von Hammerschlägen mit Kunststoff- und Stahl-spitze bei gleicher Impulsstärke [1, 11]

In Abb. 5.8 ist am Beispiel eines Modells die durch die Dehnung des Kraft-Zeit-Verlaufs erreichte Lärmminderung dargestellt [11]. Der Versuch bestätigt, dass durch Dehnung des Kraft-Zeit-Verlaufs bei gleicher Impulsstärke und Struktur aufgrund der fehlenden Erregerkräfte im hochfrequenten Bereich auch der Luftschallpegel deutlich reduziert wird.

5.1.2.2 Beeinflussung der Körperschallübertragung durch Dämmung

Physikalisch wird die Verbesserung bei der Körperschallübertragung mit Hilfe der Erhöhung der mechanischen Eingangsimpedanz durch Reflexion von Körperschall an der Einleitungsstelle erreicht. Das heißt an der Einleitungsstelle wird ein Teil der Körperschallenergie zurückreflektiert und an der Weiterleitung gehindert. Die Körperschallreflexion wird auch als Dämmung von Körperschall bezeichnet.

Der Begriff der Körperschalldämmung wird auch bei anderen Bauteilen, z. B. Umlenkungen, Querschnittsänderungen etc. verwendet [12]. Im Hinblick auf die konstruktive Lärmminderung sind aber im Wesentlichen zwei Möglichkeiten von Bedeutung:

- Körperschalldämmung mit Hilfe von Sperrmassen,
- Körperschalldämmung durch weiche Zwischenschichten.

Hierbei wird bei den Sperrmassen eine sehr hohe und bei den weichen Zwischenschichten eine sehr niedrige Impedanz erzeugt. In beiden Fällen wird Körperschall an der Trennfläche reflektiert bzw. gedämmt.

Dies lässt sich am besten durch den Betrag des sog. Reflexionsfaktors $|r|$, der auch als *Anpassungsgesetz* der Akustik bezeichnet wird, erklären [10, 12]:

$$|r| = \left| \frac{Z_2 - Z_1}{Z_2 + Z_1} \right| = \left| \frac{1 - \frac{Z_1}{Z_2}}{1 + \frac{Z_1}{Z_2}} \right| \tag{5.18}$$

Zum besseren Verständnis ist in Abb. 5.9 vereinfacht die Ausbreitung von Schall- oder Schwingungswellen an der Grenze von zwei unterschiedlichen Medien dargestellt.

Hierbei sind:

e	einfallende Energie, z. B. Körperschallenergie der Quelle
τ	durchgelassene bzw. transmittierte Energie, z. B. weitergeleiteter Körperschall
Z_1, Z_2	Impedanz des Mediums 1 bzw. 2
$0 \leq r \leq 1$	Reflexionsfaktor

Abb. 5.9 Schematische Darstellung der Schall- und Schwingungsausbreitung an der Grenze von zwei unterschiedlichen Medien

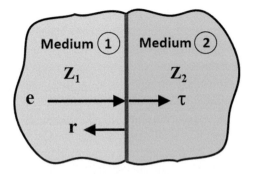

Für $Z_1 = Z_2$ ist nach (5.18) der Reflexionsfaktor gleich Null ($r = 0$), *vollkommene Anpassung*, d. h. der Schall bzw. Körperschall wird nicht reflektiert und wird unvermindert weitergeleitet.

Nach (5.18) folgt, dass unabhängig davon, ob $Z_1 \gg Z_2$ oder $Z_2 \gg Z_1$ ist, der Reflexionsfaktor am größten ($|r| \approx 1$) ist, *vollkommene Fehlanpassung*. Bei der Übertragung von Schwingungen bedeutet dies, dass eine hohe Körperschalldämmung vorliegt, wenn Impedanzen beiderseits der Trennfläche sehr unterschiedlich sind, z. B. Stahl (Z_1) und Gummi (Z_2) mit $Z_1 \gg Z_2$ oder Körperschallübertragung über eine Sperrmasse oder eine hohe Eingangsimpedanz mit $Z_2 \gg Z_1$.

Um die Lärmerzeugung von Maschinen möglichst gering zu halten, muss die Körperschallübertragung auf benachbarte Konstruktionsteile verhindert werden. Dies ist prinzipiell dadurch erreichbar, indem man an kritischen Stellen möglichst die *vollkommene Fehlanpassung* durch unterschiedlichen Impedanzen erzeugt.

Weiche Zwischenschichten und Sperrmassen vermindern in höheren Frequenzbereichen die Körperschallübertragung beträchtlich. Grundsätzlich sind bei der Fehlanpassung der Impedanzen folgende Regeln zu beachten:

- Die mechanische Eingangsimpedanz einer weichen Zwischenschicht (bzw. eines elastischen Lagerelementes) muss wesentlich kleiner sein als die mechanische Eingangsimpedanz der angeschlossenen Konstruktionselemente.
- Die mechanische Eingangsimpedanz einer Sperrmasse muss wesentlich größer sein als die mechanische Eingangsimpedanz der angeschlossenen Konstruktionselemente.

Der Effekt der Dämmung von Körperschall kann durch Körperschallbrücken und Nebenwege der Körperschallübertragung sehr schnell zunichte gemacht werden.

Wie bereits im Abschn. 2.2.4 beschrieben, ist die mechanische Eingangsimpedanz Z_e maßgebend für die Körperschallübertragung. Nach (2.26) lässt sich die durch die Wechselkraft F erregte Schwingungsgeschwindigkeit der Struktur an der Einleitungsstelle „v_e" wie folgt angeben [13]:

$$v_e = \frac{F}{Z_e} \quad \text{m/s} \tag{5.19}$$

Z_e ist eine frequenzabhängige Größe, die durch die dynamischen Eigenschaften der Struktur bestimmt wird. Ist die Eingangsimpedanz bei bestimmten Frequenzen klein, so lässt sich die Struktur bei diesen Frequenzen leicht zu Schwingungen anregen. Man spricht von Resonanzfrequenzen, die in der Regel auch mit den Eigenfrequenzen der Struktur übereinstimmen. Die Impedanzeinbrüche der mechanischen Eingangsimpedanz können je nach Erregerspektrum eine hohe Schwingungs- bzw. Körperschallanregung der Struktur verursachen und folglich auch eine hohe Geräuschentwicklung erzeugen.

Bei Antiresonanzen, d. h. große Eingangsimpedanzen, lässt sich die Struktur zu weniger Körperschallschwingungen (Schnelle v) anregen.

Die mechanische Eingangsimpedanz ist von den dynamischen Eigenschaften der Struktur, dem Elastizitätsmodul, der Massenbelegung, der Dämpfung und den Einspannbedingungen abhängig. Sie ist keine Funktion der Betriebsbedingungen. Mit anderen Worten: Geringe Eingangsimpedanzen bei bestimmten Frequenzen sind nur dann kritisch, wenn dort auch Erregerfrequenzen, die von den Betriebsdaten abhängig sind, vorliegen.

Um Resonanzanregungen zu vermeiden, muss unbedingt darauf geachtet werden, dass die aus dem Betrieb der Maschine stammenden Erregerfrequenzen nicht im Bereich der Impedanzeinbrüche, also der Struktureigenfrequenzen liegen. Für die konstruktionsakustische Gestaltung der Krafteinleitungsstellen ist daher die Kenntnis der mechanischen Eingangsimpedanz notwendig. Dies lässt sich am bestens durch Messungen der dynamischen Masse, s. (2.33), z. B. durch Anschlagversuche, bestimmen. Mit (5.19) kann man den Betrag der dynamischen Masse m_b wie folgt bestimmen:

$$m_\mathrm{b} = \frac{Z_\mathrm{e}}{\omega} = \frac{F}{v_\mathrm{e} \cdot \omega} = \frac{F}{a_\mathrm{e}} \quad \mathrm{kg} \tag{5.20}$$

Hierbei sind:

$\omega = 2 \cdot \pi \cdot f \quad 1/\mathrm{s}$ Kreisfrequenz
$a_\mathrm{e} = v_\mathrm{e} \cdot \omega \quad \mathrm{m/s^2}$ Schwingbeschleunigung an der Einleitungsstelle

Die dynamische Masse an der Krafteinleitungsstelle entspricht der auf die Kreisfrequenz bezogenen Eingangsimpedanz und gibt in kg den tatsächlich vorhandenen Widerstand der Struktur gegen Erregerkräfte an. Sie ist stark frequenzabhängig und wird, bis auf eine kompakte Masse, bei allen anderen Strukturen mit zunehmender Frequenz immer kleiner. Dies ist u. a. auch ein Grund dafür, dass sich bei hohen Frequenzen viele Strukturen relativ leicht zu Körperschallschwingungen anregen lassen.

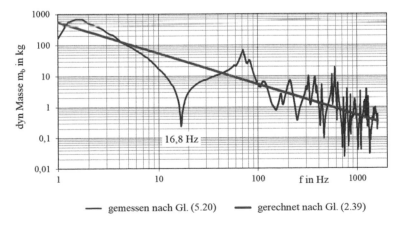

— gemessen nach Gl. (5.20)   — gerechnet nach Gl. (2.39)

Abb. 5.10 Gemessene dynamische Masse einer 6 mm-Stahlplatte

In Abb. 5.10 ist die an einem Modell gemessene dynamische Masse einer ebenen Stahlplatte (1000 × 500 × 6 mm), freiaufliegend an der Kurzseite, dargestellt. Als Vergleich ist
auch der idealisierte Verlauf nach (2.39) als Mittelwert der mechanischen Eingangsimpedanz mit angegeben.

Hieraus erkennt man einerseits die Lage der Eigenfrequenzen, andererseits erhält man
die tatsächliche Impedanz bzw. dynamische Masse, den Widerstand der Struktur an der
Krafteinleitungsstelle. Bei der ersten Eigenfrequenz, 16,8 Hz, beträgt, $m_\mathrm{b} \approx 0,25$ kg. Ohne die Eigenfrequenz an diese Stelle wäre der tatsächliche Widerstand wesentlich höher,
ca. 32 kg, die rote Kurve.

Wie bereits im Abschn. 2.2.4.2 beschrieben, sind hierbei die ersten Eigenfrequenzen
besonders kritisch, da wegen der niedrigen Eigenfrequenzdichte die Wahrscheinlichkeit
der Resonanzanregung hoch ist.

Die Verminderung der Schwingungsübertragung kann durch verschiedene Maßnahmen
erreicht werden:

1. Vermeidung der Resonanzen, die durch die Übereinstimmung der Erregerfrequenz mit
   den Eigenfrequenzen verursacht werden, durch Änderung der Eigenfrequenzen. Dies
   kann durch Verstimmung der Struktur an der Krafteinleitungsstelle, z. B. durch Ver-
   steifung erreicht werden. Hierbei muss darauf geachtet werden, dass im Bereich der
   geänderten Eigenfrequenzen keine Erregerfrequenzen vorliegen. Ein Abstand der betreffenden Eigenfrequenz von ca. ±10 % ist im Hinblick auf die Resonanzanregung
   unkritisch. Die 10 % beziehen sich auf die üblichen Systemdämpfungen, die in der
   Praxis vorkommen, d. h. ein Verlustfaktor von $\eta \approx 0,03 \ldots 0,06$.

2. Änderung der Erregerfrequenzen durch Veränderung der Betriebsparameter, z. B.
   Drehzahl, Zähnezahl, Flügelzahl etc. Auch hier muss darauf geachtet werden, dass die
   neuen Erregerfrequenzen genügend Abstand zu den Eigenfrequenzen haben.

3. Erhöhung der Systemdämpfung im Vergleich zu der vorhandenen Dämpfung. Dadurch
   erreicht man in erster Linie eine Erhöhung der dynamischen Massen im Bereich der
   Eigenfrequenzen und folglich auch eine Reduzierung der Schwinggeschwindigkeit.

4. Erhöhung der dynamischen Masse an der Einleitungsstelle, z. B. durch kraftschlüssige
   Ankopplung einer kompakten Masse an der Einleitungsstelle. Hierbei müssen folgende
   Voraussetzungen erfüllt werden:
   a) Die Erhöhung der dynamischen Masse muss im Vergleich zu der vorhandenen dy-
      namischen Masse an der Ankopplungsstelle um mindestens Faktor zwei höher sein.
   b) Die Einleitungsstellen sollen klein sein (punktförmige Ankopplung) im Verhält-
      nis zur maßgebenden Wellenlänge. Eine punktförmige Ankopplung liegt vor, wenn
      die Abmessungen der Koppelstelle $< \lambda/6$ ist. In der Regel sind die maßgebenden
      Wellenlängen die Biegewellen λ_B, s. (2.36). Eine linien- und/oder flächenhafte An-
      kopplung ist hierfür nicht geeignet.

Durch die Erhöhung der dynamischen Masse m_b durch die Zusatzmasse m_z an der Einleitungsstelle erhöht sich auch die Eingangsimpedanz Z_e:

$$Z_{e,z} = (m_b + m_z) \cdot \omega = (m_b + m_z) \cdot 2\pi \cdot f \quad \text{kg/s} \qquad (5.21)$$

Nach (5.19) erhält man die durch die Zusatzmasse geänderte Schwinggeschwindigkeit $v_{e,z}$ mit der Zusatzmasse:

$$v_{e,z} = \frac{F}{(m_b + m_z) \cdot \omega} \quad \text{m/s} \qquad (5.22)$$

Die Schwinggeschwindigkeit ohne Zusatzmasse erhält man dann:

$$v_e = \frac{F}{m_b \cdot \omega} \quad \text{m/s} \qquad (5.23)$$

Die durch die Zusatzmasse erreichte Reduzierung des Schwinggeschwindigkeitspegels lässt sich dann wie folgt bestimmen:

$$\Delta L_v = 20 \cdot \lg \left(\frac{v_e}{v_{e,z}} \right) = 20 \cdot \lg \left(\frac{m_b + m_z}{m_b} \right) \quad \text{dB} \qquad (5.24)$$

Hieraus folgt, dass die Erhöhung der dynamischen Masse an der Einleitungsstelle nur dann zu einer Reduzierung der Schwinggeschwindigkeit bzw. deren Pegel führt, wenn die Zusatzmasse deutlich höher ist, mindestens um Faktor 2, als die vorhandene dynamische Masse an der Einleitungsstelle. Dies setzt natürlich voraus, dass man zuvor die dynamische Masse an der Krafteinleitungsstelle, z. B. durch Messungen, ermittelt. Im Kap. 6 (Anwendungsbeispiele) werden u. a. auch verschiedene Möglichkeiten zur Erhöhung der Eingangsimpedanz vorgestellt.

5.1.2.3 Beeinflussung der Körperschallübertragung durch Dämpfung

Ist Körperschall erst einmal entstanden, so muss die Schwingungsenergie dem Bauteil entzogen, d. h. meistens in Wärmeenergie umgewandelt werden. Dieser Vorgang heißt Dämpfung. Dämpfung wird erreicht durch Verwendung verlustbehafteter Materialien mit einer gewissen inneren Dämpfung, durch Reibungsverluste an Kontaktflächen oder durch Beschichten von schwach dämpfenden Materialien (Metalle) mit stark dämpfenden Stoffen (Hochpolymere, Sand).

Die Mechanismen der Dämpfung lassen sich am besten durch das Schwingungsverhalten eines gedämpften Ein-Massen-Schwingers (EMS) erläutern. Nach (2.27) lautet die Bewegungsgleichung:

$$m \cdot \ddot{x} + x \cdot k_F + d \cdot \dot{x} = F \quad \text{N} \qquad (5.25)$$

Hierbei ist F die periodische Erregerkraft mit der Kreisfrequenz $\omega = 2\pi\,f$:

$$F = \hat{F} \cdot e^{j\,\omega\,t} \quad \text{N}$$

Die Lösung der DGL (5.25) ist von der Art der Schwingungen – freie oder erzwungene Schwingungen – abhängig.

Freie Schwingungen

Die Kenngrößen bei der Dämpfung lassen sich am besten durch die Freie Schwingungen erklären. Die Lösung von (5.25) bei Stoßanregung, für $F = 0$, lautet [14–17]:

$$x = x_0 \cdot e^{-\delta \cdot t} \cdot \sin(\omega_\mathrm{d} \cdot t) \quad \text{m} \tag{5.26}$$

Mit

$$\delta = \vartheta \cdot \omega_0 = \frac{d}{2 \cdot m} \quad \frac{1}{\text{s}} \qquad \text{Abklingkonstante} \tag{5.27}$$

$$\vartheta = \frac{d}{2 \cdot m \cdot \omega_0} \qquad \text{Dämpfungsgrad} \tag{5.28}$$

$$d = 2 \cdot \vartheta \cdot \omega_0 \cdot m \quad \frac{\text{kg}}{\text{s}} \qquad \text{Dämpfungskoeffizient} \tag{5.29}$$

$$\omega_0 = \sqrt{\frac{k_\mathrm{F}}{m}} = 2 \cdot \pi \cdot f_0 \quad \frac{1}{\text{s}} \qquad \text{Eigenkreisfrequenz der ungedämpften Schwingung}$$
$$\tag{5.30}$$

$$f_0 = \frac{1}{T_0} \quad \text{Hz} \qquad \text{Eigenfrequenz der ungedämpften Schwingung}$$

$$\omega_\mathrm{d} = \sqrt{\omega_0^2 - \delta^2} = 2\pi \cdot f_\mathrm{d} \quad \frac{1}{\text{s}} \quad \text{Eigenkreisfrequenz der gedämpften Schwingung}$$
$$\tag{5.31}$$

$$f_\mathrm{d} = \frac{1}{T_\mathrm{d}} \quad \text{Hz} \qquad \text{Eigenfrequenz der gedämpften Schwingung}$$

$$T_0, T_\mathrm{d} \qquad \text{Schwingungsdauer in s}$$

$$\eta = \frac{2 \cdot \delta}{\omega_0} = \frac{W_\mathrm{v}}{2\pi \cdot W_\mathrm{r}} \qquad \text{Verlustfaktor} \tag{5.32}$$

W_v pro Schwingung verloren gegangene bzw. in Wärme umgewandelte Energie
W_r pro Schwingung wieder gewonnene Energie

Der Verlustfaktor „η" nach (5.32) ist eine geeignete Größe zur quantitativen Erfassung der Körperschalldämpfung.

Mit Hilfe der Maxima der Bewegungsgleichung (5.26) besteht die Möglichkeit, die Abklingkonstante „δ" und den Verlustfaktor „η" experimentell zu bestimmen. Die Zeiten, bei denen die positiven Maxima liegen, stimmen mit den Maxima der Sinusfunktion überein, d. h.: $\sin(\omega_\mathrm{d} \cdot t_{max}) = 1$.

$$t_{max} = t_i = \frac{2n \cdot \pi + \pi/2}{\omega_\mathrm{d}} \quad \mathrm{s} \qquad (n = 0, 1, 2, \ldots) \qquad (5.33)$$

Die Periodendauer T_d der gedämpften Schwingung nach (5.26) lässt sich wie folgt bestimmen:

$$T_\mathrm{d} = \frac{2\pi}{\omega_\mathrm{d}} \quad \mathrm{s} \qquad (5.34)$$

Die positiven Maxima lauten dann:

$$x_i = x_0 \cdot e^{-\delta \cdot t_i} \quad \mathrm{m} \qquad (5.35)$$

$$x_{i+n} = x_0 \cdot e^{-\delta \cdot t_{i+n}} \quad \mathrm{m} \qquad (5.36)$$

Mit

$$t_{i+n} = t_i + n \cdot T_\mathrm{d} \quad \mathrm{s} \qquad (5.37)$$

Für die Bestimmung der Abklingkonstante werden (5.35) und (5.36) logarithmiert:

$$\ln(x_i) = \ln(x_0) - \delta \cdot t_i$$

$$\ln(x_{i+n}) = \ln(x_0) - \delta \cdot t_{i+n} = \ln(x_0) - \delta \cdot (t_i + n \cdot T_\mathrm{d})$$

bzw.

$$\ln(x_i) - \ln(x_{i+n}) = -\delta \cdot t_i + \delta \cdot (t_i + n \cdot T_\mathrm{d}) - n \cdot \delta \cdot T_\mathrm{d}$$

Die Größe $\delta \cdot T_\mathrm{d}$ wird als sog. logarithmisches Dekrement „Λ" bezeichnet. Es lässt sich aus zwei Amplituden, die über die Zeit n-Periodendauer T_d voneinander entfernt sind, bestimmen:

$$\Lambda = \delta \cdot T_\mathrm{d} = \frac{1}{n} \cdot \ln \frac{x_i}{x_{i+n}} = \frac{2\pi \cdot \delta}{\omega_\mathrm{d}} = \frac{2\pi \cdot \delta}{\sqrt{\omega_0^2 - \delta^2}} \qquad (5.38)$$

Mit Hilfe des logarithmischen Dekrements, das sich relativ einfach messtechnisch ermitteln lässt, erhält man die Abklingkonstante:

$$\delta = \frac{\Lambda \cdot \omega_0}{\sqrt{\Lambda^2 + 4 \cdot \pi^2}} \quad 1/\mathrm{s} \qquad (5.39)$$

Der Verlustfaktor lässt sich dann mit Hilfe von (5.32) wie folgt bestimmen:

$$\eta = \frac{2 \cdot \Lambda}{\sqrt{\Lambda^2 + 4 \cdot \pi^2}} \tag{5.40}$$

Beispiel 5.1

In Abb. 5.11 ist das Amplitudenverhältnis eines gedämpften EMS für $f_0 = 60\,\text{Hz}$ und einem Verlustfaktor $\eta = 0{,}06$ über die Zeit dargestellt. Solche Schwingungsverläufe lassen sich z. B. durch Anschlagversuche oder mit Hilfe eines Schwingerregers bestimmen. Die Amplituden der 2. und 6. Maxima betragen:

$$x_i = x_2 \Rightarrow \frac{x_{2,\text{max}}}{x_0} = 0{,}79$$

$$x_{i+4} = x_6 \Rightarrow \frac{x_{6,\text{max}}}{x_0} = 0{,}37; \quad n = 4$$

Hieraus erhält man das logarithmische Dekrement:

$$\Lambda = \frac{1}{4} \cdot \ln \frac{0{,}79}{0{,}37} \approx 0{,}19$$

Der Verlustfaktor und die Abklingkonstante ergeben sich dann:

$$\eta = \frac{2 \cdot 0{,}19}{\sqrt{0{,}19^2 + 4 \cdot \pi^2}} \approx 0{,}06$$

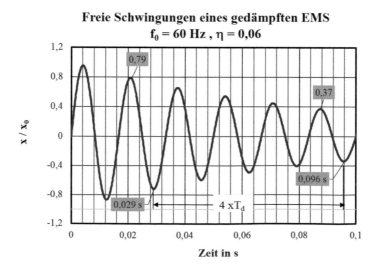

Abb. 5.11 Amplitudenverhältnis eines gedämpften Ein-Massen-Schwingers

$$\delta = \frac{\Lambda \cdot \omega_0}{\sqrt{\Lambda^2 + 4 \cdot \pi^2}} \quad 1/\mathrm{s}$$

$$4 \cdot T_\mathrm{d} = 0{,}096 - 0{,}029 = 0{,}067 \quad \mathrm{s}$$

$$T_\mathrm{d} = 0{,}01675 \quad \mathrm{s}$$

$$f_\mathrm{d} = \frac{1}{T_\mathrm{d}} = 59{,}7 \quad \mathrm{Hz}$$

$$\delta = \frac{\Lambda}{T_\mathrm{d}} = \frac{0{,}19}{0{,}01675} \approx 11{,}3 \quad \frac{1}{\mathrm{s}}$$

Mit (5.31) lässt sich die Eigenfrequenz der ungedämpften Schwingung berechnen:

$$\omega_0 = \sqrt{\omega_\mathrm{d}^2 + \delta^2} = \sqrt{(2\pi \cdot 59{,}7)^2 + 11{,}3^2} \approx 375{,}3 \quad \frac{1}{\mathrm{s}}$$

$$f_0 = \frac{375{,}3}{2\pi} \approx 59{,}73 \quad \mathrm{Hz}$$

Hieraus folgt, dass man durch Abklingversuche die wesentlichen Dämpfungswerte bestimmen kann. Die Eigenfrequenzen der gedämpften Schwingungen sind grundsätzlich geringfügig kleiner als die Eigenfrequenzen der ungedämpften Schwingungen. Bei den üblichen Dämpfungen in der Praxis sind die Unterschiede vernachlässigbar klein.

Erzwungene Schwingungen

Bei den in der Praxis vorkommenden Maschinenschwingungen (Körperschall) handelt es sich in der Regel um erzwungene Schwingungen. Hierbei schwingt die Struktur, wie bereits erwähnt, immer mit der Frequenz der Erregung. Bei harmonischer Erregung lautet die Lösung von (5.25) [10]:

$$x = \hat{x} \cdot \mathrm{e}^{j\omega t} \quad \mathrm{m} \tag{5.41}$$

Hierbei ist

$\omega = 2 \cdot \pi \cdot f$ Erregerkreisfrequenz in $1/\mathrm{s}$

$f \qquad$ Erregerfrequenz in Hz

Gleichung (5.41) besagt, dass die angeregte Struktur bei erzwungenen Schwingungen stets nur mit den Erregerfrequenzen schwingen. Kritisch hierbei sind nur die Erregerfrequenzen, die im Bereich von Struktureigenfrequenzen liegen.

Bei dem Übertragungsverhalten unterscheidet man, je nach Frequenz, zwischen Schwingungs- und Körperschallübertragung, auf die hier nicht näher eingegangen wird [18, 19].

Das Dämpfungsverhalten von Strukturen bei erzwungenen Schwingungen unterscheidet sich wesentlich von freien Schwingungen. Dämpfungen wirken grundsätzlich nur im

Bereich der Resonanzen, d. h. wenn die Struktureigenfrequenzen (die Systemkonstante) und die Erregerfrequenzen, abhängig vom Betrieb der Maschine, übereinstimmen. In Abb. 2.12 ist die prinzipielle Wirkung der Dämpfung bei erzwungenen Schwingungen dargestellt. Hieraus ist zu erkennen, dass die Dämpfung in erster Linie nur im Bereich der Eigenfrequenzen (Impedanzeinbrüche im Frequenzbereich II der Abb. 2.12) wirksam ist. Das bedeutet, dass durch die Dämpfung die Impedanz im Bereich der Eigenfrequenzen erhöht wird und damit die Amplituden bei der Resonanzanregung kleiner werden.

Damit die Dämpfungsmaßnahmen wirksam sind, müssen sie im Vergleich zu der vorhandenen Systemdämpfung deutlich – mindestens um Faktor 5 bis 10 – höher sein. Bei der Anwendung von Körperschalldämpfung sollten daher vorher folgende Fragen geklärt werden:

1. Führen die zu dämpfenden Strukturen Resonanzschwingungen aus?
2. Wie hoch ist die vorhandene Systemdämpfung?

Unter Systemdämpfung versteht man die Strukturdämpfung unter realen Einbaubedingungen. In der Regel ist die Systemdämpfung deutlich höher als die Materialdämpfung. Dies wird u. a. durch zusätzliche Reibflächen, die z. B. bei Schraubverbindungen entstehen, verursacht.

Bei breitbandiger Anregung (z. B. Rauschen) wird die Wirkung der Dämpfung im Wesentlichen als Verringerung der Lautstärke wahrgenommen. Bei impulsförmiger oder schlagartiger Anregung wird die Dämpfung als Verkürzung der Geräuschdauer empfunden.

Erfolgt die Anregung der Strukturen im Resonanzbereich mit einem Sinuston, so ergibt sich eine Pegelminderung:

$$\Delta L = 20 \cdot \lg \frac{\eta_{n}}{\eta_{v}} \quad \text{dB} \tag{5.42}$$

η_{v} Verlustfaktor vor Maßnahme
η_{n} Verlustfaktor nach Maßnahme

Liegt ein Anregungsbereich vor, der mehrere Resonanzen umfasst (Normalfall), so gilt:

$$\Delta L = 10 \cdot \lg \frac{\eta_{n}}{\eta_{v}} \quad \text{dB} \tag{5.43}$$

Eine Pegelminderung bzw. Geräuschreduzierung kann nur dann erreicht werden, wenn die Dämpfung im Vergleich zu der vorhandenen Dämpfung spürbar (ca. Faktor 10) erhöht wird.

Eine Erhöhung des Verlustfaktors und somit eine Zunahme der Dämpfung kann in der Praxis wie folgt erreicht werden:

- Verwendung von Werkstoffen mit hoher innerer Dämpfung, z. B. Kunststoff, Gummi, Keramik, Blei oder Kupfer haben eine höhere Dämpfung als Stahl.[1]
- Ausnutzen der Reibung zwischen Konstruktionselementen und Ableiten der Energie nach „außen", z. B. eine verschraubte Konstruktion hat eine höhere Dämpfung als eine verschweißte Konstruktion.
- Kombination von ungedämpften, kraftführenden Konstruktionsteilen mit stark gedämpften Materialien (z. B. Beschichtung mit Entdröhnbelägen oder Verwendung von Verbundblechkonstruktionen)

5.1.2.4 Beeinflussung der Körperschallübertragung durch elastische Entkopplung

Die Aufgabe der elastischen Entkopplung ist die Verringerung der übertragenen Wechselkräfte, folglich auch der Schwingungen, auf tragende Strukturen, z. B. Fundamente. In Abb. 5.12 ist die Krafterregung einer Struktur schematisch dargestellt [18].

Hierbei sind:

m	Wirksame Masse der Maschine auf das Federelement in kg
k	Federsteifigkeit der Isolierung in N/m
$d = 2 \cdot m_1 \cdot \omega_0 \cdot \vartheta$	Dämpfungskoeffizient der Isolierung in kg/s, [14]
ϑ	Dämpfungsgrad der Isolierung
$\omega_0 = 2 \cdot \pi \cdot f_0$	Eigenkreisfrequenz der Isolierung in 1/s

Die Wirkungsweise von elastischen Entkopplungen wird wesentlich durch die übertragende Frequenz f beeinflusst. Hierbei sind zwei Fälle zu unterscheiden:

I) Schwingungsisolierung niedriger Frequenzen, $f <$ ca. 100 Hz
II) Körperschallisolierung höherer Frequenzen, $f >$ ca. 100 Hz

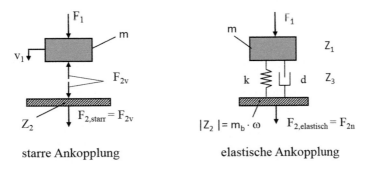

starre Ankopplung   elastische Ankopplung

Abb. 5.12 Schematische Darstellung der Krafterregung einer Struktur

---

[1] Wie bereits erwähnt, wird die Dämpfung der Strukturen in der Praxis in der Regel maßgebend durch die Systemdämpfung, Strukturdämpfung unter realen Einbaubedingungen, und weniger durch die innere Dämpfung bzw. Materialdämpfung bestimmt.

Durch die Schwingungsisolierung, auf die hier nicht näher eingegangen wird, soll primär die Übertragung von Erschütterungen auf das Fundament bzw. die angeschlossenen Strukturen verringert werden. Bezüglich der Schwingungsisolierung wird nur auf entsprechende Literatur hingewiesen [10, 14–18].

Mit Hilfe der Körperschallisolierung will man in erster Line die Lärmentwicklung der angeschlossenen Strukturen verringern. Im Gegensatz zur Schwingungsisolierung, wo im Wesentlichen die 1. und 2. Eigenfrequenz der Struktur bzw. des Fundaments berücksichtigt wird [14, 18], muss man bei höheren Frequenzen den Einfluss von zahlreichen Eigenfrequenzen in Betracht ziehen [20].

Bedingt durch den sehr geringen Schwingweg bei höheren Frequenzen (Körperschall) unterscheiden sich auch das dynamische Verhalten und der Wirkmechanismus der Federelemente von dem dynamischen Verhalten bei niedrigeren Frequenzen ($f < 100\,\mathrm{Hz}$). Bei der Körperschallübertragung wird die Isolierwirkung nicht wie bei der Schwingungsisolierung durch die Phasendifferenz zwischen Ober- und Unterkante des Federelements, sondern in erster Linie durch Elastizitäts- und Impedanzunterschiede an der Koppelstelle erreicht [21].

Der Betrag des Amplitudenfrequenzganges der Fußbodenkraft bei Krafterregung $|\alpha|$ lässt sich allgemein für die Schwingungs- und Körperschallübertragung wie folgt darstellen [10]:

$$|\alpha| = \left| \frac{F_{2,\text{elastisch}}}{F_{2,\text{starr}}} \right| = \left| \frac{F_{2n}}{F_{2v}} \right| = \left| \frac{1 + \underline{Z_1}/\underline{Z_2}}{1 + \underline{Z_1}/\underline{Z_2} + \underline{Z_1}/\underline{Z_3}} \right| = \left| \frac{Z_3}{Z_3 + \frac{Z_1}{K_Z}} \right| \qquad (5.44)$$

Die in (5.44) angegebenen Größen und Impedanzen sind für die Körperschallisolierung wie folgt definiert. Für den besseren Vergleich werden die Impedanzen als dynamische Masse $m_\mathrm{b} = |Z|/\omega$ angegeben:

$$K_Z = 1 + \frac{Z_1}{Z_2} \qquad (5.45)$$

$$Z_1 = \frac{F_1 - F_2}{v_1} = j\, m_{\mathrm{b1}} \cdot \omega \quad \mathrm{kg/s} \qquad (5.46)$$

$$|Z_1| = |j \cdot m_{\mathrm{b1}} \cdot \omega| = m_{\mathrm{b1}} \cdot \omega \quad \mathrm{kg/s}$$

$$m_{\mathrm{b1}} = \frac{|Z_1|}{\omega} \approx m \quad \mathrm{kg} \qquad (5.47)$$

$$Z_2 = \frac{F_2}{v_2} \quad \mathrm{kg/s}$$

$$m_{\mathrm{b2}} = \frac{|Z_2|}{\omega} \quad \mathrm{kg} \qquad (5.48)$$

Die Impedanz bzw. die dynamische Masse der Struktur ist grundsätzlich komplex. Für die Körperschallisolierung ist in erster Linie der Betrag der Impedanz bzw. der dynamischen Masse von Interesse. Die dynamische Masse lässt sich am besten durch Messungen unter realen Einspann- bzw. Einbaubedingungen, z. B. durch Anschlagversuche, ermitteln [7, 10]:

$$m_{b2} = \frac{|Z_2|}{\omega} = |\frac{F}{a_e}| \quad \text{kg} \tag{5.49}$$

F Erregerkraft, die mit Hilfe eines Schwingerregers oder eines Impulshammers in die Struktur eingeleitet wird

a_e Schwingbeschleunigung an der Einleitungsstelle, verursacht durch die Erregerkraft F

Im Gegensatz zur Schwingungsisolierung, bei der man die Masse der Federelemente vernachlässigt, kann man bei der Körperschallisolierung ($f > 100$ Hz) den Einfluss der Federmasse nicht vernachlässigen. Dies liegt daran, dass die dynamische Masse der Federelemente mit dem Quadrat der Frequenz abnimmt. Physikalisch gesehen kann die dynamische Masse des Federelements aber nicht Null, zumindest nicht wesentlich kleiner als die tatsächliche Masse des Federelements, werden. Unter Berücksichtigung der Federmasse m_F lässt sich die Impedanz des Federelements durch folgenden Ansatz angeben [10, 22]:

$$\left.\begin{array}{l} Z_3 = \dfrac{F_2}{v_1 - v_2} = j\,m_F \cdot \omega + d - j\dfrac{k}{\omega} \\ \text{bzw.} \\ Z_3 = 2 \cdot m \cdot \omega_0 \cdot \vartheta_1 + j \cdot \left(m_F \cdot \omega - \dfrac{m \cdot \omega_0^2}{\omega}\right) \end{array}\right\} \quad \text{kg/s} \tag{5.50}$$

Mit

$$\eta = \frac{\omega}{\omega_0} = \frac{f}{f_0} \tag{5.51}$$

und

$$k = m \cdot \omega_0^2 \quad \text{N/m} \quad \text{bzw.} \quad \omega_0^2 = k/m \quad 1/\text{s}^2$$

lässt sich die dynamische Masse des Federelements wie folgt bestimmen:

$$m_{b3} = \frac{|Z_3|}{\omega} = \frac{m}{\eta^2}\sqrt{4\vartheta^2\eta^2 + \left(1 + \frac{m_F}{m} \cdot \eta^2\right)^2} \quad \text{kg} \tag{5.52}$$

Für die Körperschallisolierung kann man in (5.44) in guter Näherung die Kenngröße K_Z durch deren Betrag $|K_Z|$ ersetzen:

$$|\alpha| = \left|\frac{Z_3}{Z_3 + \frac{Z_1}{|K_Z|}}\right| \tag{5.53}$$

Mit (5.46) und (5.50) erhält man nach einigen Umformungen den Amplitudenfrequenz-gang der Fußbodenkraft bei Krafterregung in Abhängigkeit des Frequenzverhältnisses η [10]:

$$|\alpha(f)| = \sqrt{\frac{\left(1 - \frac{m_\mathrm{F}}{m} \cdot \eta^2\right)^2 + 4\vartheta^2 \cdot \eta^2}{\left(1 - \frac{m_\mathrm{F}}{m} \cdot \eta^2 - \frac{1}{|K_Z|} \cdot \eta^2\right)^2 + 4\vartheta^2 \cdot \eta^2}} \qquad (5.54)$$

Gleichung (5.54) stellt einen erweiterten Ansatz für die Körperschallisolierung dar. Für $m_\mathrm{F} = 0$ und $K_Z = 1$, wie man üblicherweise in der Praxis bei der klassischen Schwingungsisolierung zu Grunde legt, d. h. massenloses Federelement und hohe Fundamentimpedanz ($Z_2 \approx \infty$), erhält man aus (5.54) die Beziehung für die Schwingungsisolierung [14].

$$|\alpha(f)| = \sqrt{\frac{1 + 4\vartheta^2 \cdot \eta^2}{(1 - \eta^2)^2 + 4\vartheta^2 \cdot \eta^2}} \qquad (5.55)$$

Der Betrag von $|K_Z|$ lässt sich am besten durch Messungen der dynamischen Masse m_{b2} der Struktur bzw. des Fundaments nach (5.49) bestimmen:

$$|K_Z| = \left|1 + \frac{Z_1}{Z_2}\right| \approx 1 + \frac{m}{m_{b2}} \qquad (5.56)$$

Für Bauteile wie Platten, Balken etc. lässt sich für idealisierte Randeinspannungen m_{b2} auch theoretisch bestimmen. Für plattenartige Strukturen, z. B. Decken, lässt sich m_{b2} wie folgt ermitteln [19]:

$$m_{b2} = \frac{4}{\pi} \cdot \sqrt{\frac{E \cdot \rho}{12 \cdot (1 - \mu^2)}} \cdot \frac{h^2}{f} \quad \mathrm{kg} \qquad (5.57)$$

mit

m_{b2} dynamische Masse der Struktur bzw. des Fundaments
E Elastizitätsmodul der Platte in N/m^2
ρ Dichte der Platte in kg/m^3
μ Querkontraktionszahl
h Plattendicke in m
f Frequenz in Hz

Mit Hilfe von (5.57) wäre grundsätzlich eine analytische Berechnung des Amplituden-frequenzgangs nach (5.54) möglich. Der Nachteil hierbei besteht darin, dass man die Impedanzeinbrüche bei den Eigenfrequenzen nicht berücksichtigen kann.

Kennt man die Fundamentschwingungen bei starrer Ankopplung der Maschine (v_vorher), so lassen sich mit Hilfe des Betrags des Amplitudenfrequenzgangs $|\alpha(f)|$

die zu erwartenden Fundamentschwingungen nach der Isolierung der Maschine (v_nachher) bestimmen:

$$v_\text{nachher}(f) = v_\text{vorher}(f) \cdot |\alpha(f)| \quad \text{m/s} \tag{5.58}$$

Bei der Körperschallübertragung wird üblicherweise anstelle des Betrags des Amplitudenfrequenzgangs $|\alpha(f)|$ das Einfügungsdämmmaß $D(f)$ in dB angegeben. Setzt man in (5.44) anstelle der Impedanzen ihre Kehrwerte, die so genannten Admittanzen bzw. Beweglichkeiten „h" ein, lässt sich das Einfügungsdämmmaß $D(f)$ wie folgt bestimmen [19, 23]:

$$D(f) = 20 \cdot \lg \frac{1}{|\alpha(f)|} = 10 \cdot \lg \left| \frac{h_1 + h_2 + h_3}{h_1 + h_2} \right|^2 \quad \text{dB} \tag{5.59}$$

mit

$$h_1 = \frac{1}{Z_1}; \qquad h_2 = \frac{1}{Z_2}; \qquad h_3 = \frac{1}{Z_3}$$

h_1, h_2, h_3 Admittanzen bzw. Beweglichkeiten in s/kg

Beispiel 5.2
Zur Überprüfung der Körperschallisolierung wurde in einem Modellversuch [18] eine Masse von $m = 10,36\,\text{kg}$ als Ersatzmasse für die wirksame Masse der Maschine mit Hilfe eines Federelements elastisch auf eine Stahlplatte aufgestellt.

Für die messtechnische Ermittlung des Amplitudenfrequenzganges der Fußbodenkraft bei Krafterregung wurden die Fußbodenkräfte (F_2), s. Abb. 5.13, mit und ohne Federelement bzw. vor und nach der Isolierung nach (5.60) gemessen:

$$|\alpha| = \left| \frac{F_{2,\text{elastisch}}}{F_{2,\text{starr}}} \right| = \left| \frac{F_{2n}}{F_{2v}} \right| \tag{5.60}$$

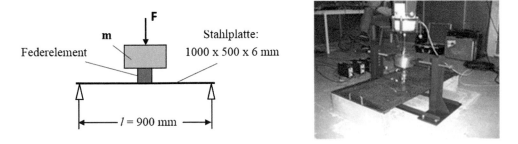

Abb. 5.13 Versuchsaufbau für die Überprüfung der Körperschallisolierung

Hierbei wurden folgende Federelemente verwendet:

Stahlfeder:

$$k_{\text{Stahlfeder}} = 25000\,\text{N/m}; \qquad \vartheta \approx 0{,}03$$

$$f_{0,\text{Stahlfeder}} = \frac{1}{2 \cdot \pi} \cdot \sqrt{\frac{k_{\text{Stahlfeder}}}{m}} \approx 7{,}5 \quad \text{Hz}$$

$$m_{\text{F}} = 0{,}098\,\text{kg}$$

Gummielement:

$$k_{\text{Gummielement}} \approx 300000\,\text{N/m}; \qquad \vartheta_1 \approx 0{,}06$$

$$f_{0,\text{Gummielement}} = \frac{1}{2 \cdot \pi} \cdot \sqrt{\frac{k_{\text{Gummielement}}}{m}} \approx 27{,}1 \quad \text{Hz}$$

$$m_{\text{F}} = 0{,}11\,\text{kg}$$

Stahlplatte:
Plattenabmessungen: $1000 \times 500 \times 6\,\text{mm}$

$$E_{\text{Stahl}} = 2{,}1 \cdot 10^{11}\,\text{N/m}^2; \qquad \mu = 0{,}3$$

$$h = 6\,\text{mm}$$

In den Abb. 5.14 und 5.15 sind die nach (5.54) und (5.60) gemessenen und gerechneten Beträge der Amplitudenfrequenzgänge $|\alpha(f)|$ der Fußbodenkraft bei geringer Anschlussimpedanz (Abb. 5.13) für die o. a. Stahlfeder und das Gummielement dargestellt. Als Vergleich sind auch die entsprechenden Werte nach (5.55) als klassische Schwingungsisolierung mit eingezeichnet.

Die für die Berechnung des Betrags $|K_Z|$ nach (5.56) erforderliche dynamische Masse m_{b2} wurde sowohl durch die Messung nach (5.49) als auch theoretisch nach (5.57) ermittelt.

Hieraus folgt, dass man die gerechneten Werte nach (5.54) als gute Näherung für die Körperschallisolierung, $f > 100\,\text{Hz}$, verwenden kann. Weiterhin ist zu erkennen, dass die Beziehungen für die klassische Schwingungsisolierung nach (5.55) für die Körperschallisolierung überhaupt nicht angewendet werden können. Im Vergleich zur klassischen Schwingungsisolierung liefert die Näherungsberechnung nach (5.54) eine wesentliche Verbesserung.

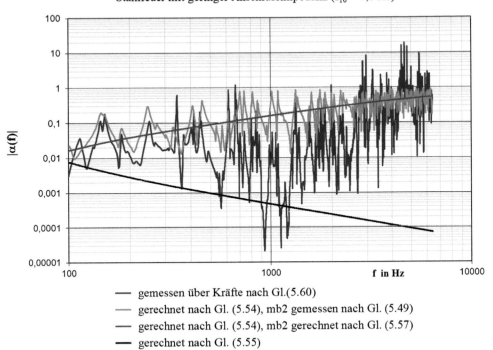

Amplitudenfrequenzgang der Fußbodenkraft (m$_1$ = 10,36 kg)
Stahlfeder mit geringer Anschlussimpedanz (f$_{10}$ = 7,8 Hz)

— gemessen über Kräfte nach Gl.(5.60)
— gerechnet nach Gl. (5.54), mb2 gemessen nach Gl. (5.49)
— gerechnet nach Gl. (5.54), mb2 gerechnet nach Gl. (5.57)
— gerechnet nach Gl. (5.55)

Abb. 5.14 Amplitudenfrequenzgänge $|\alpha(f)|$ der Fußbodenkraft der Stahlfeder bei geringer Anschlussimpedanz

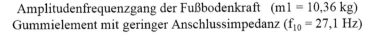

Amplitudenfrequenzgang der Fußbodenkraft   (m1 = 10,36 kg)
Gummielement mit geringer Anschlussimpedanz (f$_{10}$ = 27,1 Hz)

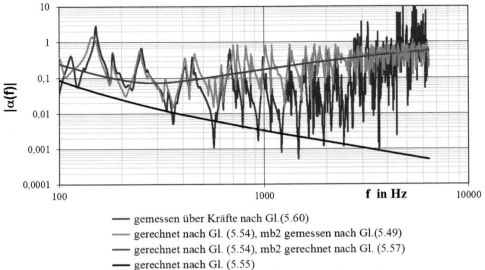

— gemessen über Kräfte nach Gl.(5.60)
— gerechnet nach Gl. (5.54), mb2 gemessen nach Gl.(5.49)
— gerechnet nach Gl. (5.54), mb2 gerechnet nach Gl. (5.57)
— gerechnet nach Gl. (5.55)

Abb. 5.15 Amplitudenfrequenzgänge $|\alpha(f)|$ der Fußbodenkraft eines Gummielements bei geringer Anschlussimpedanz

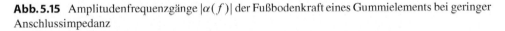

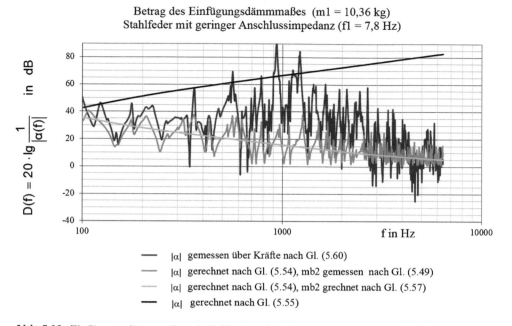

Abb. 5.16 Einfügungsdämmmaß nach (5.59) einer Stahlfeder bei geringer Anschlussimpedanz

In Abb. 5.16 sind die in Abb. 5.14 angegebenen Ergebnisse für die Stahlfeder als Einfügungsdämmmaß $D(f)$ nach (5.59) dargestellt. Als Vergleich sind auch die entsprechenden Ergebnisse der klassischen Schwingungsisolierung nach (5.55) mit angegeben [10, 19].

Die Unterschiede im hochfrequenten Bereich werden in erster Linie durch das Eigenschwingungsverhalten der Federelemente verursacht, weitere Untersuchungsergebnisse und Erläuterungen sind in [18, 19] zusammengestellt.

5.1.2.5 Beeinflussung der Körperschallabstrahlung

Wie in Abschn. 2.2.6 beschrieben, ist für die Körperschallabstrahlung der Abstrahlgrad σ, der die Umsetzung des Körperschalls in Luftschall angibt, maßgebend.

Die abgestrahlte Körperschallleistung ist wie folgt definiert, s. (2.47):

$$P_K = \rho \cdot c \cdot \overline{\tilde{v}^2} \cdot S \cdot \sigma \quad W \tag{5.61}$$

Mit

$$P_0 = \rho_0 \cdot c_0 \cdot v_0^2 \cdot S_0 = 10^{-12} \quad W$$

erhält man den abgestrahlten Körperschallleistungspegel L_{WK} der Teilfläche i, s. auch Abschn. 3.2:

$$L_{WK,i} = 10 \cdot \lg \frac{P_{K,i}}{P_0} = 10 \cdot \lg \frac{\rho \cdot c}{\rho_0 \cdot c_0} + 10 \cdot \lg \frac{\overline{\tilde{v}_i^2}}{v_0^2} + 10 \cdot \lg \frac{S_i}{S_0} + 10 \cdot \lg \sigma_i \quad dB$$

$$\tag{5.62}$$

Mit der Voraussetzung, dass bei üblicher Körperschallabstrahlung der Unterschied zwischen Dichte und Schallgeschwindigkeit der Umgebung und die entsprechenden Bezugswerte vernachlässigbar sind, d. h. $\rho \cdot c \approx \rho_0 \cdot c_0$, erhält man aus (5.62) den Körperschallleistungspegel der Teilfläche S_i:

$$\left.\begin{aligned} L_{WK,i} &\approx 10 \cdot \lg \frac{\overline{\tilde{v}_i^2}}{v_0^2} + 10 \cdot \lg \frac{S_i}{S_0} + 10 \cdot \lg_i \\ L_{WK,i} &\approx L_{v,i} + L_{S,i} + \sigma_i' \end{aligned}\right\} \quad \text{dB} \qquad (5.63)$$

$\overline{\tilde{v}_i^2}$ Effektivwert des mittleren Schnellequadrats in m^2/s^2

S_i abstrahlende Oberfläche in m^2

$\rho \cdot c$ Schallkennimpedanz der Luft in N s/m^3

P_K abgestrahlte Körperschallleistung in W

$L_{WK,i}$ abgestrahlter Teil-Körperschallleistungspegel in dB

$L_{v,i}$ mittlerer Schnellepegel in dB

$L_{S,i}$ Flächenmaß in dB

σ_i' das Abstrahlmaß der Fläche S_i in dB

Den Gesamtkörperschallleistungspegel einer Maschine erhält man durch leistungsmäßige Pegeladdition aller maßgebenden Teilschallleistungspegel:

$$L_{W_K} = 10 \lg \sum_{i=1}^{n} 10^{L_{WK,i}/10} \quad \text{dB} \qquad (5.64)$$

Mit Hilfe von (5.64) besteht u. a. die Möglichkeit, die für die Gesamtkörperschallabstrahlung maßgebenden Teilflächen und/oder Bauteile zu lokalisieren.

   Die messtechnische Ermittlung der Teil-Körperschallleistungspegel erfolgt üblicherweise durch Messung der Beschleunigungspegel L_a:

$$L_{W_{K,i}} \approx L_{a_i} + L_{S_i} + \sigma_i' + 20 \lg \frac{a_0}{v_0 \cdot \omega} \quad \text{dB} \qquad (5.65)$$

Mit

$$L_{v_i} = 10 \lg \frac{\overline{\tilde{v}_i^2}}{v_0^2} = 20 \lg \frac{\overline{\tilde{v}_i}}{v_0} = 20 \lg \frac{\overline{\tilde{a}_i} \cdot a_0}{v_0 \cdot a_0 \cdot \omega} = L_{a_i} + 20 \lg \frac{a_0}{v_0 \cdot \omega} \quad \text{dB} \qquad (5.66)$$

$$L_{a_i} = 20 \lg \frac{\overline{\tilde{a}_i}}{a_0} \quad \text{dB} \qquad \text{Beschleunigungspegel auf der Teilfläche } A_i$$

$\overline{\tilde{a}_i}$ Effektivwert der Schwingbeschleunigung als Mittelwert für die Teilfläche S_i in m/s^2

a_0 Bezugsbeschleunigung (frei wählbar), z. B.: $a_0 = 10^{-6} \, \text{m}/\text{s}^2$

$v_0 = 5 \cdot 10^{-8} \, \text{m}/\text{s}$ Bezugsschnelle

Der Abstrahlgrad σ bzw. das Abstrahlmaß σ' lässt sich theoretisch für einfache Strahlertypen berechnen [10, 12, 24, 25]. Bei bekanntem Schallleistungspegel kann man ihn auch mit Hilfe von (5.65) messtechnisch bestimmen:

$$\sigma_i' \approx L_{W_{K,i}} - L_{a_i} - L_{S_i} - 20 \lg \frac{a_0}{v_0 \cdot \omega} \quad \text{dB} \tag{5.67}$$

bzw.

$$\sigma = 10^{\frac{\sigma'}{10}}$$

Bedingt durch die Frequenzabhängigkeit der Schwingbeschleunigung ist natürlich auch der Abstrahlgrad bzw. das Abstrahlmaß stark frequenzabhängig.

Am Beispiel plattenartiger Strukturen, die in der Regel für die Körperschallabstrahlung von Maschinen (z. B. Gehäuse) oder Gebäuden (z. B. Wände) verantwortlich sind, werden nachfolgend die wesentlichen Einflussparameter ermittelt bzw. beschrieben.

Koinzidenzeffekt, Abstrahlgrad

Wie bereits erwähnt, gibt der Abstrahlgrad den Anteil von Strukturschwingungen an, die als Luftschall abgestrahlt werden („Körperschall"). Hierbei ist von besonderer Bedeutung, in welcher Beziehung die Luftschallwellenlänge λ_L und die Biegewellenlänge der Platte λ_B zueinander stehen.

Bei plattenartigen Strukturen sind es in erster Linie die Biegewellen, die für die Körperschallabstrahlung in Frage kommen. Die Biegewellengeschwindigkeit „c_B" in festen Strukturen, z. B. Maschinengehäusen, lässt sich wie folgt bestimmen [10, 12]:

$$c_B = \sqrt{2\pi} \cdot \sqrt[4]{\frac{B'}{m''}} \sqrt{f} \quad \text{m/s} \tag{5.68}$$

Mit

B' auf die Länge bezogene Steifigkeit der Struktur in N m
m'' Massenbelegung in kg/m^2

Für ebene Platten der Dicke h ist:

$$B' = \frac{E \cdot h^3}{12 \cdot (1 - \mu^2)} \quad \text{N m} \tag{5.69}$$

$$m'' = \rho_P \cdot h \quad \text{kg/m}^2 \tag{5.70}$$

ρ_P Dichte der Platte in kg/m^3
f Frequenz in Hz

Die Biegewellenlänge lässt sich dann wie folgt bestimmen:

$$\lambda_B = \frac{c_B}{f} = \sqrt{2\pi} \cdot \sqrt[4]{\frac{B'}{m''}} \frac{1}{\sqrt{f}} \quad \text{m} \tag{5.71}$$

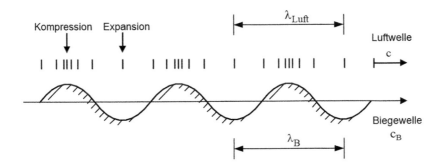

Abb. 5.17 Anregung von Luftwellen durch Biegewellen einer Platte ($\lambda_\mathrm{L} = \lambda_\mathrm{B}$)

In der Luft ist die Schallgeschwindigkeit im Wesentlichen eine Funktion der Temperatur und ist nicht frequenzabhängig:

$$c_\mathrm{L} = \sqrt{\kappa \cdot R \cdot T} \quad \mathrm{m/s} \tag{5.72}$$

R spezifische Gaskonstante, $R_\mathrm{Luft} = 287\,\mathrm{N\,m/kg\,K}$
T absolute Temperatur in K
κ Adiabatenexponent, $\kappa_\mathrm{Luft} = 1{,}4$

Die Luftschallwellenlänge λ_L erhält man dann:

$$\lambda_\mathrm{L} = \frac{c_\mathrm{L}}{f} = \frac{\sqrt{\kappa \cdot R \cdot T}}{f} \quad \mathrm{m} \tag{5.73}$$

Wie aus (5.71) und (5.73) zu erkennen ist, haben die Biege- und Luftwellenlängen eine unterschiedliche Frequenzabhängigkeit. Die Frequenz, bei der die Wellenlängen und die Ausbreitungsgeschwindigkeiten gleich sind, nennt man Koinzidenzfrequenz f_g. Die Übereinstimmung hinsichtlich der Wellenlängen sowie der Ausbreitungsgeschwindigkeiten nennt man Koinzidenz zwischen Biege- und Luftwellen [10]. Die transversale Biegewelle senkrecht zur Plattenoberfläche erzeugt in der angrenzenden Luft genau passende Druckschwankungen und indiziert so die synchron mitlaufende Luftwelle (Abb. 5.17).

Die Koinzidenzfrequenz f_g erhält man durch Gleichsetzen der Ausbreitungsgeschwindigkeiten:

$$c_\mathrm{L} = \sqrt{\kappa \cdot R \cdot T} = c_\mathrm{B} = \sqrt{2\pi} \cdot \sqrt[4]{\frac{B'}{m''}} \sqrt{f_\mathrm{g}} \quad \mathrm{m/s}$$

$$f_\mathrm{g} = \frac{1}{2\pi} c_\mathrm{L}^2 \sqrt{\frac{m''}{B'}} \quad \mathrm{Hz} \tag{5.74}$$

Tab. 5.1 Koinzidenzkonstante einiger Materialien

$f_g \cdot h$ in mm/s	Material
50000	Blei
35000	Gipsplatten
30000	Gipskarton-, Hartfaserplatten
22000	Ziegelmauerwerk
18000	Beton, Zementasbestplatten
12500	Stahl, Glas, Aluminium

Mit (5.69) und (5.70) folgt aus (5.74):

$$f_g = \frac{c_L^2}{2 \cdot \pi} \cdot \sqrt{\frac{m''}{B'}} = \frac{\sqrt{12 \cdot (1 - \mu^2)}}{2 \cdot \pi} \cdot c_L^2 \cdot \sqrt{\frac{\rho_P}{E}} \cdot \frac{1}{h} \approx 0{,}526 \frac{c_L^2}{c_{De} \cdot h} \quad \text{Hz} \qquad (5.75)$$

Hierbei ist:

$$c_{De} = \sqrt{\frac{E}{\rho_P}} \quad \text{m/s} \qquad \text{(Dehnwellengeschwindigkeit)} \qquad (5.76)$$

Wie aus (5.75) zu erkennen ist, ist das Produkt $f_g \cdot h$ eine Konstante und wird als Koinzidenzkonstante bezeichnet:

$$f_g \cdot h = \frac{\sqrt{12 \cdot (1 - \mu^2)}}{2 \cdot \pi} \cdot c_L^2 \cdot \sqrt{\frac{\rho_P}{E}} \approx 0{,}526 \frac{c_L^2}{c_{De}} \quad \text{m/s} \qquad (5.77)$$

Die Koinzidenzkonstante ($f_g \cdot h$) ist nur von den Schallgeschwindigkeiten der zwei Medien (in der Regel Luft und metallische Werkstoffe) abhängig.

Die **Koinzidenzfrequenz f_g** wird zusätzlich noch wesentlich von der Materialdicke h beeinflusst. Sie ist umso größer, je kleiner die Wanddicke h ist. In der Tab. 5.1 ist die mittlere Koinzidenzkonstante für verschiedene Materialien zusammengestellt.

In Abb. 5.18 ist die Koinzidenzfrequenz f_g als Funktion von Plattendicke h und Material dargestellt.

Die Koinzidenzfrequenz für Stahl-, Aluminium- und Glasplatten lässt sich nach folgender Zahlenwertgleichung näherungsweise bestimmen:

$$f_g \approx \frac{12000}{h} \quad \text{Hz} \qquad h \text{ in mm} \qquad (5.78)$$

Der Abstrahlgrad ist maßgeblich von dem Verhältnis der Biegewellenlängen bzw. von der Lage der Frequenz f im Vergleich zu der Koinzidenzfrequenz f_g anhängig [12].

$$\frac{c_B}{c_L} = \frac{\lambda_B}{\lambda_L} = \sqrt{\frac{f}{f_g}} \qquad (5.79)$$

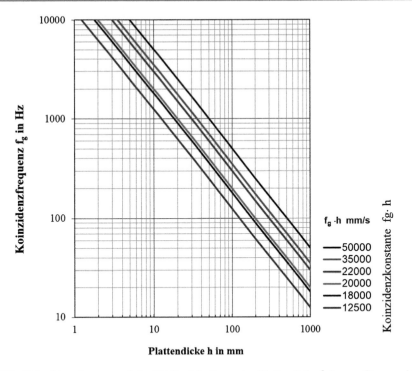

Abb. 5.18 Koinzidenzfrequenz f_g in Abhängigkeit von der Plattendicke h in mm für verschiedene Koinzidenzkonstanten ($f_g \cdot h$)

Hierbei unterscheidet man zwei Fälle:

a) $\lambda_L < \lambda_B$
Hierbei ist die Luftwellenlänge λ_L kleiner als die Wellenlänge der fortschreitenden Biegewellen. In diesem Fall baut sich vor der biegewellenangeregten Platte ein ebenes fortschreitendes Luftwellenfeld auf, d. h. Schalldruck und Schallschnelle sind in Phase. Die durch Biegewellen erzeugte Luftwelle kann daher fast vollständig abgestrahlt werden, d. h.:

$$\text{für } f > f_g \text{ ist: } \sigma \approx 1 \text{ bzw. } \sigma' \approx 0 \text{ dB} \tag{5.80}$$

b) $\lambda_L > \lambda_B$
In diesem Fall ist keine Koinzidenz mehr möglich. Die Abstrahlung ist deutlich reduziert. Für den Fall $\lambda \gg \lambda_B$ bildet sich jetzt an der Plattenoberfläche ein akustischer Kurzschluss aus, der die Abstrahlung sehr stark unterdrückt (Abb. 5.19). σ geht theoretisch gegen Null.

Ein solcher besonders wirkungsvoller akustischer Kurzschluss lässt sich auch gezielt an einem zu Biegeschwingungen angeregten Lochblech erreichen, da sich an der Perforation ein direkter Druckausgleich zwischen Vorder- und Rückseite ausbilden kann (Abb. 5.20).

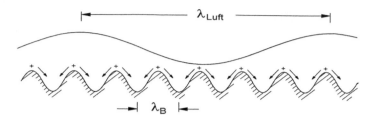

Abb. 5.19 Ausbildung des akustischen Kurzschlusses vor einer Platte ($\lambda_L \gg \lambda_B$)

Abb. 5.20 Ausbildung des akustischen Kurzschlusses an einem zu Biegewellen angeregten Lochblech

In Abb. 5.21 sind die Wellenlängen von Luft (20 °C; $R = 287\,\mathrm{N\,m/kg\,K}$) und einer Stahlplatte ($E = 2,1 \cdot 10^{11}\,\mathrm{N/m^2}$; $\rho_P = 7850\,\mathrm{kg/m^3}$; $h = 10\,\mathrm{mm}$) als Funktion der Frequenz dargestellt.

Im Frequenzbereich ($f > f_g$) wird für die praktische Anwendung der Abstrahlgrad σ mit dem Wert 1 angenommen ($\sigma \approx 1$). Für die Ermittlung des Abstrahlgrades unterhalb der Grenzfrequenz ($f < f_g$) sind u. a. die Schwingungsformen (Moden) der angeregten Körperschallschwingungen erforderlich. Das heißt neben dem mittleren Schnellequadrat auf der Platte sind noch weitere Daten, wie z. B. Phasenlage der Schwingungen an verschiedenen Stellen der Platte, notwendig [10, 12, 25–27].

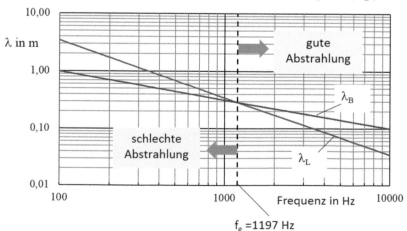

Abb. 5.21 Luft- und Biegewellenlänge als Funktion der Frequenz

Nachfolgend werden speziell für plattenförmige Strukturen mit endlichen Abmessungen einige Abschätzformeln, die u. a. empirisch ermittelt wurden, für das Abstrahlmaß wiedergegeben Die Berechnungsformeln sind orientiert an den Ergebnissen in [28, 29] umgeformt und gelten für den gesamten Frequenzbereich.

$$
\left.\begin{array}{ll}
\sigma' = 10 \cdot \lg(\sigma) \approx 0 & f \geq f_\mathrm{g} \\[2mm]
\sigma' \approx 10 \cdot \lg\left(\frac{U \cdot c_\mathrm{L}}{\pi^2 \cdot S \cdot f_\mathrm{g}} \cdot \sqrt{\frac{f}{f_\mathrm{g}}}\right) & f < \frac{f_\mathrm{g}}{2} \\[3mm]
\sigma' \approx \sigma'^{*} \cdot \left(1 - \frac{\lg(2) + \lg\left(\frac{f}{f_\mathrm{g}}\right)}{\lg(2)}\right) & \frac{f_\mathrm{g}}{2} < f < f_\mathrm{g} \\[3mm]
\text{mit } \sigma'^{*} \approx 10 \cdot \lg\left(\frac{U \cdot c_\mathrm{L}}{\pi^2 \cdot S \cdot f_\mathrm{g} \cdot \sqrt{2}}\right) &
\end{array}\right\} \quad (5.81)
$$

Hierbei bedeuten:

σ Abstrahlgrad

σ' Abstrahlmaß in dB

U Umfang der allseitig momentenfrei unterstützten Platte in m

S Plattenfläche in m^2

c_L Schallgeschwindigkeit der umgebenden Luft in m/s

f_g Koinzidenzfrequenz ($\lambda_\mathrm{B} = \lambda_\mathrm{L}$) in Hz

Hinweis

Gleichung (5.81) lässt sich nicht ohne Weiteres auf komplexe Maschinenstrukturen anwenden. Deren Abstrahlgrad muss in der Regel durch Messungen bestimmt werden [30].

Beispiel 5.3

Gesucht ist der abgestrahlte A-Körperschallleistungspegel von zwei Stahlplatten unterschiedlicher Plattendicke mit dem gleichen mittleren A-Oktavschnellepegel im Frequenzbereich zwischen 63–8000 Hz auf der Platte.

Stahlplatten:

$$
E - 2{,}1 \cdot 10^{11}\,\mathrm{N/m^2}; \quad \rho = 7850\,\mathrm{kg/m^3}; \quad \mu - 0{,}3
$$

Plattenabmessungen:

$$
L = 0{,}4\,\mathrm{m}; \quad B = 0{,}35\,\mathrm{m}; \qquad h_2 = 5\,\mathrm{mm} \qquad h_1 = 1\,\mathrm{mm}
$$
$$
U = 2 \cdot 0{,}4 + 2 \cdot 0{,}35 = 1{,}50\,\mathrm{m} \qquad S = 0{,}4 \cdot 0{,}35 = 0{,}14\,\mathrm{m^2}
$$

(5.74) $\qquad\qquad f_{\mathrm{g}2} = 2394\,\mathrm{Hz} \qquad\qquad f_{\mathrm{g}1} = 11971\,\mathrm{Hz}$

(5.81) $\qquad\qquad \sigma_2'^{*} = -9{,}6\,\mathrm{dB} \qquad\qquad \sigma_1'^{*} = -16{,}6\,\mathrm{dB}$

$$
L_S = 10 \cdot \lg(0{,}14/1{,}0) = -8{,}5 \quad \mathrm{dB}
$$

Luft:

$$
t = 20\,^\circ\mathrm{C}; \quad R = 287\,\mathrm{N\,m/kg\,K}; \quad \kappa = 1{,}4; \quad c_\mathrm{L} = 343\,\mathrm{m/s}
$$

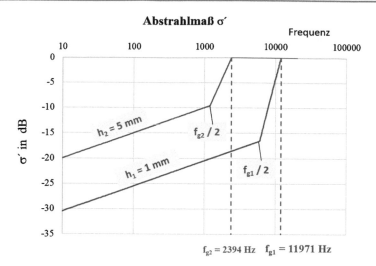

Abstrahlmaß σ′

Abb. 5.22 Abstrahlmaß σ′ von zwei Stahlplatten gemäß (5.81), Platten allseitig momentenfrei unterstützt

In Abb. 5.22 ist das Abstrahlmaß der Stahlplatten dargestellt. Hieraus folgt, dass bei sonst gleichen Bedingungen (Randeinspannungen, Anregungen usw.) dickere Platten stärker abstrahlen als dünnere. Der Grund hierfür ist die niedrigere Koinzidenzfrequenz der 5-mm-Stahlplatte im Vergleich zur 1-mm-Stahlplatte.

In Tab. 5.2 sind die Ergebnisse des Beispiels 5.3 zusammengestellt. Hieraus ist leicht zu erkennen, dass der abgestrahlte Körperschallleistungspegel der 5-mm-Stahlplatte bei sonst gleichen Bedingungen deutlich höher ist (13 dB(A)) als bei der 1-mm-Stahlplatte.

Tab. 5.2 Berechnungsergebnisse, Beispiel 5.3

f_m	63	125	250	500	1000	2000	4000	8000	Summe	Hz
$L_{v,Okt,A}$ (Messung)	94	87	95	86	84	82	86	78	98,7	dB(A)
$h_1 = 1$ mm										
σ'_1 (Gl. 5.81)	-26,5	-25,0	-23,5	-22,0	-20,5	-19,0	-17,5	-9,6	-	dB
$L_{W,Okt,A-1}$ (Gl. 5.62)	59,0	53,5	63,0	55,5	55,0	54,5	60,0	59,8	**67,7**	dB(A)
$h_2 = 5$ mm										
σ'_2 (Gl. 5.81)	-16,0	-14,5	-13,0	-11,5	-10,0	-2,5	0,0	0,0	-	dB
$L_{W,Okt,A-2}$ (Gl. 5.62)	69,5	64,0	73,5	66,0	65,5	71,0	77,5	69,5	**80,7**	dB(A)

Anmerkung

Es wird darauf hingewiesen, dass im Beispiel 5.3 lediglich der durch die Plattendicke bedingte Einfluss des Abstrahlgrades verdeutlicht werden soll. Das heißt eine Erhöhung der Wandstärke wird in der Regel zur Erhöhung der Körperschallabstrahlung führen. In dem Beispiel wurde angenommen, dass sich der Körperschallschnellepegel der Platten nicht ändert.

Eine Erhöhung der Plattendicke führt nicht nur zu einer Verschlechterung des Abstrahlgrades, sie ändert u. a. auch das Eigenschwingverhalten sowie die Massenbelegung der Platte. Dadurch ändert sich zwangsläufig auch das Schwingungsverhalten der Platte. Ein bei Erhöhung der Plattendicke unveränderter Körperschallschnellepegel, wie im Beispiel 5.3 angenommen, kommt in der Praxis daher selten vor.

Wie im Beispiel 5.3 gezeigt wurde, wird das Abstrahlverhalten von Strukturen maßgebend durch die Höhe der Koinzidenzfrequenz bestimmt. Da die Strukturen erst ab einer Koinzidenzfrequenz von f_g die Körperschallschwingungen voll abstrahlen können ($\sigma \approx 1$), ist bezüglich der geringeren Körperschallabstrahlung bei der Gestaltung von schallabstrahlenden Bauteilen eine möglichst hohe Koinzidenzfrequenz anzustreben.

Nach (5.74) ist die Koinzidenzfrequenz bei plattenartigen Strukturen proportional zur Massenbelegung m'' und umgekehrt proportional zur längenbezogenen Biegesteifigkeit B' der Platte. Mit (5.69) und (5.70) folgt aus (5.74):

$$f_g \sim \sqrt{\frac{m''}{B'}} = \sqrt{\frac{\rho_P \cdot h \cdot 12 \cdot (1 - \mu^2)}{E \cdot h^3}} \sim \frac{1}{h} \tag{5.82}$$

Gleichung (5.82) zeigt, dass die Koinzidenzfrequenz umgekehrt proportional zur Plattendicke h ist. Das heißt dünnere Platten haben eine höhere Koinzidenzfrequenz und somit auch einen schlechteren Abstrahlgrad als dickere Platten, s. hierzu auch das Beispiel 5.3. Grundsätzlich folgt hieraus, dass die versteiften Strukturen besser Körperschall abstrahlen als Strukturen mit geringeren Steifigkeiten.

5.1.3 Grundsätze der Konstruktionsakustik

Aus den Erkenntnissen und Ergebnissen in den Abschn. 5.1.1 und 5.1.2, lassen sich folgende Grundsätze für primäre bzw. konstruktive Lärmminderung angeben:

1. Grundsatz
Primäre Lärmminderung kann nur dann effektiv realisiert werden, wenn zuvor, z. B. mit Hilfe einer schalltechnischen Schwachstellenanalyse, folgende Fragen beantwortet wurden:

- **Was** soll lärmgemindert werden. Das heißt es müssen die Quellen lokalisiert werden, die für die Gesamtgeräuschentwicklung verantwortlich sind.
- **Wie** soll die Lärmminderung erfolgen. Hierzu müssen die Schallentstehungsmechanismen beschrieben und festgelegt werden, also ob Luft- oder Körperschall für die

Geräuschentwicklung maßgebend ist. Darüber hinaus sollen die pegelbestimmenden Frequenzkomponenten ermittelt und die Schallübertragung beschrieben werden.

- **Wie viel** Lärmminderung ist notwendig. Um die Lärmminderung gezielt zu planen, müssen die Lärmminderungsmaße für Luft- und Körperschall, sowohl als Gesamtwert als auch in pegelbestimmenden Frequenzkomponenten, quantitativ festgelegt werden.

2. Grundsatz

Die für die Schallentstehung maßgebenden Wechselkräfte sollten – vor allem bei impulsartiger Anregung – möglichst gedehnt werden. Die Kraft-Zeit-Verläufe sollten möglichst weich und stetig sein. Das heißt im Zeitverlauf der Kräfte müssen plötzliche Veränderungen, z. B. ein Anstieg und/oder ein Abfall, vermieden werden.

3. Grundsatz

In der Konstruktionsakustik ist nicht die Masse bzw. das Gewicht einer Maschine für die Geräuschentwicklung maßgebend, sondern vielmehr deren dynamische Masse an den Krafteinleitungsstellen.

4. Grundsatz

Bei der elastischen Entkopplung muss zwischen Schwingungs- und Körperschallisolierung unterschieden werden, da sich die Wirkmechanismen unterscheiden. Grundsätzlich ist ein elastisches Element, das für die Schwingungs- oder Körperschallisolierung vorgesehen ist, nur dann wirksam, wenn die dynamische Masse des Koppelpunktes (Anschluss- bzw. Fundamentmasse) deutlich größer ist, ca. um Faktor 5, als die Masse der zu entkoppelnden Maschine.

5. Grundsatz

Körperschallschwingungen können erst ab einer sog. Koinzidenzfrequenz voll abgestrahlt werden. Im Hinblick auf eine geringere Geräuschentwicklung sollen die schallabstrahlenden Strukturen eine möglichst hohe Koinzidenzfrequenz haben, d. h. sie sollen möglichst hohe Massenbelegung und geringe Steifigkeit haben. Bei plattenartigen Strukturen, deren Körperschallabstrahlung die Gesamtgeräuschentwicklung einer Maschine bestimmen, gilt der Grundsatz:

So dünn wie möglich und so dick wie notwendig.

Abschließend wird noch darauf hingewiesen, dass neben der objektiven Lärmminderung einer Maschine durch primäre bzw. konstruktive Maßnahmen in der Praxis auch die Beeinflussung der subjektiven Empfindungen der Geräuschentwicklung der Maschine für die Lärmminderung in Betracht gezogen wird. Hierbei ist das Ziel im Wesentlichen nicht die Reduzierung des A-Gesamtschallleistungspegels, sondern die Änderung bzw. Anpassung des Frequenzspektrums der Maschine an die subjektiven Empfindungen des Menschen.

Die subjektive Änderung des Geräusches wird als „Geräuschdesign" oder „Sound Quality" bezeichnet. Die Berücksichtigung der individuellen subjektiven Empfindungen, auf die hier nicht näher eingegangen wird, ist nicht Gegenstand der primären Lärmminderung.

5.2 Sekundäre Maßnahmen

Durch primäre Lärmminderungsmaßnahmen soll in erster Linie der Emissionspegel (Schallleistungspegel) reduziert werden. Die sekundären Lärmminderungsmaßnahmen haben das Ziel, bei unverändertem Emissionspegel die Immissionspegel (Schalldruckpegel) zu verringern. Nachfolgend werden die Wirkmechanismen von verschiedenen sekundären Maßnahmen, die am häufigsten in der Praxis angewendet werden, wiedergegeben.

5.2.1 Kapselung, Schallhaube

Durch eine Schallhaube (schalldämmende Umhüllung von Geräuschquellen) soll die Ausbreitung des Luftschalls zwischen der Geräuschquelle und dem Immissionsort verhindert oder zumindest vermindert werden.

Die Wirksamkeit einer Kapsel wird durch das sog. Einfügungsdämmmaß angegeben. Es lässt sich in einfacher Weise dadurch bestimmen, dass man den Schallleistungspegel einer Maschine sowohl ohne als auch mit Kapsel durch Messungen ermittelt. Da die Dämmwirkung einer Kapsel stark frequenzabhängig ist, wird nach [31] das frequenzbezogene Einfügungsdämmmaß ermittelt.

Die durch die Kapselung der Maschine erzielbare Lärmminderung ist u. a. durch den vorhandenen Fremdgeräuschpegel im Aufstellungsraum der Maschine begrenzt. Daher sollte die anzustrebende Pegelminderung der Kapsel darauf abgestimmt werden. In den nachfolgenden Abschnitten werden einige Anforderungen für einzelne Kapselbauteile beschrieben und durch Beispiele erläutert

5.2.1.1 Prinzipieller Aufbau einer Schallhaube

Der Widerstand, den eine Kapsel dem Luftschall entgegen setzt, hängt hauptsächlich von der Masse je Flächeneinheit der Kapselwand ab und wird als Schalldämmung bezeichnet. Wie bereits erwähnt, ist die Schalldämmung frequenzabhängig. Sie nimmt zu mit der Frequenz und der Masse je Flächeneinheit. Außerdem hat auch die Biegesteife der Kapselwand einen Einfluss auf die Dämmwirkung [7].

Die Schalldämmung einer Kapsel wird in erster Linie durch Schallreflexion an der schallharten Kapselwand erreicht. Dadurch bedingt erhöht sich im Kapselinnern der Schalldruckpegel. Die Pegelerhöhung durch Schallreflexion vermindert die Dämmwirkung einer Schallhaube erheblich. Daher muss für eine optimale Gestaltung einer Schallhaube die Innenseite der Kapsel schallschluckend sein. Schallschluckstoffe sind

Abb. 5.23 Schematische Darstellung der Wirkungsweise eines Absorptionsmaterials

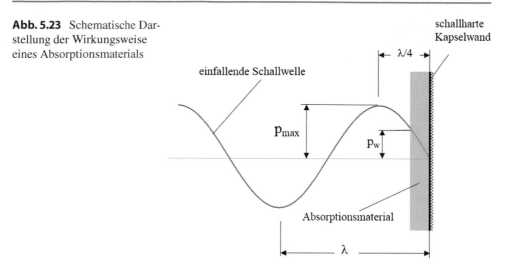

offenporige Fasergebilde oder Schäume, die die eintreffende Schallenergie in Wärme umwandeln. Die Wirksamkeit der schallabsorbierenden Auskleidung ist von deren Absorptionsgrad abhängig, der von der Dicke der Absorptionsschicht und der Frequenz des zu dämmenden Schalls bestimmt wird [27, 32].

In Abb. 5.23 ist die Wirkungsweise des Absorptionsmaterials im Inneren der Kapsel schematisch dargestellt. Für die Absorption ist vor allem die wirksame Amplitude des Schalls „p_w", die sich noch im Absorptionsmaterial befindet, maßgebend. Die höchste Wirkung erreicht man, wenn sich die größte Amplitude „p_{max}" auch im Absorptionsmaterial befindet.

Die optimale Dicke des Absorptionsmaterials ergibt sich:

$$d_{optimal} = \frac{\lambda}{4} = \frac{c}{4 \cdot f} \quad \text{m} \tag{5.83}$$

Mit $c = 340$ m/s für Luft folgt aus (5.83):

$$f = 100\,\text{Hz}; \qquad\qquad d_{optimal} = 0{,}85\,\text{m}$$
$$f = 1000\,\text{Hz}; \qquad\qquad d_{optimal} = 0{,}085\,\text{m}$$

Hieraus folgt, dass je tiefer die pegelbestimmenden Frequenzen sind, desto dicker das Absorptionsmaterial sein muss, damit der Anteil der Schallreflexion innerhalb der Kapsel reduziert wird. Die übliche Absorptionsdicke liegt in der Praxis zwischen 50 bis 100 mm. Nur in Sonderfällen, z. B. bei Kapseln für tieffrequente Geräuschquellen, sind dickere Schichten als 100 mm erforderlich. Geschlossenporige Hartschäume mit guten Wärmeisolationseigenschaften wie z. B. Styropor® sind für Schallschluckauskleidungen nicht geeignet.

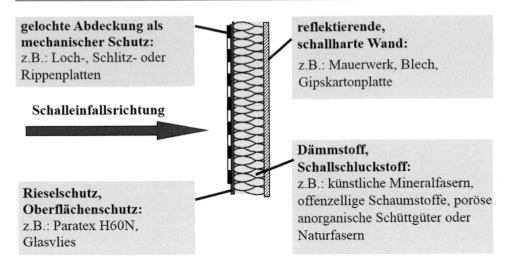

Abb. 5.24 Prinzipieller Aufbau einer schallabsorbierenden Kapselwand

Neben der Dicke muss das Absorptionsmaterial so aufgebaut sein, dass die einfallenden Schallwellen bzw. die Schallenergie in das Material eindringen können und möglichst vollkommen in Wärme umgewandelt werden. Hierzu muss das Absorptionsmaterial eine bestimmte Eingangsimpedanz, für die u. a. der sog. Strömungswiderstand maßgebend ist, besitzen [7, 32].

In Abb. 5.24 ist der prinzipielle Aufbau einer Kapselwand dargestellt.

Zum Schutz vor Verschmutzung, Verölung oder Feuchtigkeit kann das Absorptionsmaterial mit Kunststofffolie, etwa 20–0 µm dick, abgedeckt werden, wenn die Oberfläche des Materials nicht genügend verschlossen ist.

Die Umhüllung der Mineralfasermatten durch Folie oder Vlies dient auch als Rieselschutz, d. h. es soll verhindert werden, dass Fasern frei werden. Als mechanischer Schutz des Absorptionsmaterials dient in der Regel Lochblech, 1–1,5 mm dick, z. B. aus verzinktem Stahl oder Aluminium mit mindestens 30 % Lochflächenanteil. Sollten Lochbleche lackiert werden, so muss dies vor deren Anbringung erfolgen, damit die Wirksamkeit der Absorptionswerkstoffe nicht durch Auftrag von Anstrichmitteln beeinträchtigt wird.

5.2.1.2 Öffnungen, Undichtigkeiten

Bei Kapseln mit zahlreichen Öffnungen, die akustisch durch Schalldämpfer nicht genügend abgedichtet werden können, ist die Dämmung insgesamt begrenzt und umso geringer, je größer der Anteil freier Öffnungen an der Gesamtoberfläche ist.

Auch Schlitze können die Dämmwirkung der Kapsel erheblich beeinträchtigen. Dies wirkt sich für hohe Frequenzen stärker aus als für niedrige Frequenzen.

Das theoretisch maximal erreichbare mittlere Einfügungsdämmmaß kann aus dem Verhältnis der akustisch nicht abzudichtenden Öffnungsfläche $S_{\text{Ö}}$ zur Kapseloberfläche S_{K}

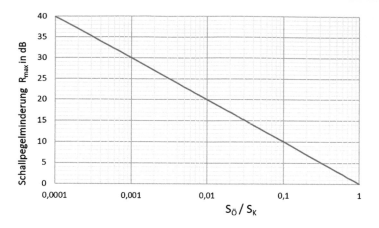

Abb. 5.25 Theoretisch maximal erreichbare mittlere Schallpegelminderung in Abhängigkeit vom Verhältnis $S_Ö/S_K$ (Öffnungsfläche zur Kapseloberfläche)

wie folgt abgeschätzt werden:

$$R_{max} = 10 \cdot \lg \frac{1}{S_Ö/S_K} \quad \text{dB} \tag{5.84}$$

In Abb. 5.25 ist (5.84) grafisch dargestellt.

In der praktischen Anwendung ist die maximal erreichbare Schallpegelminderung kleiner als die Dämmwerte nach (5.84).

Aus Abb. 5.25 ist leicht zu erkennen, dass eine Schallkapsel umso empfindlicher auf Öffnungsflächen und Undichtigkeiten reagiert, je höher ihre Dämmwerte sind. Bei einer Schallkapsel für 10 dB Pegelminderung sind Öffnungsflächen bis zu 10 % der Kapseloberfläche unkritisch. Dagegen dürfen bei einer Kapsel für 30 dB Pegelminderung die Öffnungsflächen maximal 1 ‰ der Kapseloberfläche betragen.

Fenster, Türen und Klappen – die Quellen von Undichtigkeiten – sollten daher auf die unbedingt notwendige Anzahl reduziert bzw. gut abgedichtet werden. Um Öffnungen zu vermeiden bzw. zu mindern, sollte, soweit durchführbar, eine Fernbedienung der Maschine von außen ermöglicht werden.

Einfache Fensterscheiben aus 4 mm dickem Glas weisen eine Masse je Flächeneinheit auf, die etwa der des 1,5 mm dicken Stahlbleches entspricht und damit auch eine entsprechend hohe Dämmung besitzt. Soll bei Gefahr von Beschädigung Sicherheitsglas verwendet werden, so ist Mehrschichtglas oder dergleichen dem leichteren Acrylglas vorzuziehen. Doppelfenster werden erst erforderlich, wenn die Pegelminderung der Kapsel 20 dB(A) übersteigen soll.

Für die Materialzuführung sollten in der Kapselwand Schlitze bzw. Öffnungen vorgesehen werden, die z. B. mit Schalldämpfern, die in etwa gleiche Dämmwerte haben sollten wie das Einfügungsdämmmaß der Schallhaube, akustisch abgedichtet werden. Das gleiche gilt auch für die evtl. vorhandenen Zu- und Abluftöffnungen. Auch die Abdichtung des Spaltes zwischen Kapsel und Boden ist von Bedeutung, da hier in der Regel die größte Spaltlänge auftritt. Deshalb ist beim Aufstellen der Kapseln auf den Hallenboden eine Dichtung, z. B. aus Zellkautschuk, 10 mm dick und mindestens 40 mm breit, Shore-Härte 20–30°, zweckmäßig.

Allgemein kann man mit Hilfe von (5.85) das resultierende Schalldämmmaß R_{res}. einer Wand, deren Teilflächen bzw. Bauteile – z. B. Türen oder Fenster – unterschiedliche Dämmwerte R_i besitzen, wie folgt bestimmen:

$$R_{res} = -10 \cdot \lg \left[\frac{1}{S_{ges}} \cdot \sum_i S_i \cdot 10^{\frac{-R_i}{10}} \right] \quad dB \qquad (5.85)$$

R_i Schalldämmmaß der Bauteile bzw. Teilflächen in dB
S_i Teilflächen in m²
S_{ges} Gesamtfläche der Schallhaube in m²

Beispiel 5.4
Gesucht ist das resultierende Schalldämmmaß R_{res} einer Schallhaube mit folgenden Daten:

Haubenabmessungen: $L \times B \times H = 4{,}5\,m \times 3{,}8\,m \times 3{,}0\,m$
Gesamtöffnungsfläche: $S_Ö = 0{,}4\,m^2$

$$R_{Haubenelement} = 45\,dB$$
$$S_{ges} = 2 \cdot 4{,}5 \cdot 3{,}0 + 2 \cdot 3{,}8 \cdot 3{,}0 + 4{,}5 \cdot 3{,}8 = 66{,}9\,m^2$$

Das resultierende Schalldämmmaß der Haube lässt sich nach (5.85) wie folgt bestimmen:

$$R_{res} = -10 \cdot \log \left\{ \frac{1}{66{,}9} \cdot \left[(66{,}9 - 0{,}4) \cdot 10^{-\frac{45}{10}} + 0{,}4 \cdot 10^{-0} \right] \right\} = 22{,}21 \quad dB$$

Die maximal erreichbare mittlere Schallpegelminderung dieser Schallkapsel erhält man nach (5.84) bzw. Abb. 5.25:

$$S_Ö / S_{ges} = 0{,}4/66{,}9 = 0{,}006$$
$$R_{max} = 10 \cdot \lg \frac{1}{S_Ö / S_K} = 10 \cdot \lg(0{,}006) = 22{,}23 \quad dB$$

5.2.1.3 Körperschall
Wie bereits erwähnt ist die primäre Aufgabe einer Kapsel die Verminderung der Ausbreitung des Luftschalls zwischen der Geräuschquelle und dem Immissionsort. Hierzu

Abb. 5.26 Wirkungsweise
einer Schallhaube

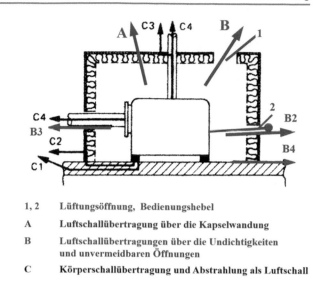

1, 2	Lüftungsöffnung, Bedienungshebel
A	Luftschallübertragung über die Kapselwandung
B	Luftschallübertragungen über die Undichtigkeiten und unvermeidbaren Öffnungen
C	Körperschallübertragung und Abstrahlung als Luftschall

muss unbedingt darauf geachtet werden, dass die Kapsel nicht durch den Körperschall der Lärmquelle, z. B. über sogenannte Körperschallbrücken, zu Körperschallschwingungen angeregt wird.

Die Gesamtdämmwirkung einer Kapsel kann durch Körperschallübertragung deutlich reduziert werden. Im Extremfall kann sogar eine Kapsel, die eine Schallpegelminderung bewirken soll, eine Pegelerhöhung verursachen.

Sämtliche Verbindungen zwischen Kapsel und Maschine dürfen nicht starr, sondern müssen elastisch sein. Das Gleiche gilt auch für die Aufstellung der Kapsel, vor allem wenn das Fundament durch Körperschallschwingungen der Geräuschquelle angeregt wird. In solchen Fällen muss die Kapsel schwingungs- und/oder körperschallisoliert aufgestellt werden.

Das Prinzip der Schallkapsel kann auch bei allen Maschinenschutzverkleidungen, die nicht für tragende Kräfte ausgelegt sind, verwendet werden. Mit anderen Worten: Man kann die Schutzverkleidung einer Maschine als Schallhaube konstruieren. Hierfür darf die Maschinenschutzverkleidung nach Möglichkeit keine Verbindung mit dem Maschinengestell aufweisen. Sofern man die Schutzverkleidung an bestimmten Stellen mit dem Maschinengestell verbinden muss, müssen sie körperschallisoliert gestaltet werden, da sie sonst nicht als Schallkapsel wirken kann.

In Abb. 5.26 sind der prinzipielle Aufbau und die Wirkungsweise einer Kapsel dargestellt [7, 27].

Eine Schallkapsel ist grundsätzlich für den Übertragungsweg A vorgesehen. Durch alle anderen Übertragungswege (1; 2; B und C) vermindert sich das Einfügungsdämmmaß der Kapsel. Besonders kritisch sind die Körperschallübertragungswege C, die sogar zu einer Pegelerhöhung führen können.

Sind Öffnungen für die Belüftung bzw. Wärmeabfuhr notwendig, müssen sie, damit die Dämmwirkung der Kapsel nicht reduziert wird, mit Hilfe von geeigneten Schalldämpfern akustisch geschlossen werden. Hierzu muss der Schalldämpfer mindestens das gleiche Einfügungsdämmmaß besitzen wie die Kapselwandelemente. Das gilt auch für evtl. Wellen- und Rohrleitungsdurchführungen. Diese müssen abgedichtet und körperschallisoliert aufgebaut sein.

5.2.2 Schalldämpfer

Schalldämpfer sind Einrichtungen, die die Schallausbreitung in Kanälen, Rohrleitungen sowie Öffnungen mindern, ohne den Mediumtransport zu unterbinden bzw. zu behindern [33].

In Abb. 5.27 sind der prinzipielle Aufbau eines Schalldämpfers und die möglichen Schallausbreitungswege dargestellt.

Die Wirkung eines Schalldämpfers ist durch Schallnebenwege begrenzt. Durch den in der Praxis üblicherweise verwendeten Absorptionsschalldämpfer sind Einfügungsdämmmaße bis zu ca. 30 dB(A) erreichbar. Durch spezielle Schalldämpfer, wie sie z. B. bei Fahrzeugen verwendet werden, sind Einfügungsdämmmaße bis zu ca. 80 dB(A) möglich. Hierbei wird das hohe Einfügungsdämmmaß (neben der Schalldämpfung durch Schallabsorption) in erster Linie durch den Einbau von Resonatoren, die auf bestimmte Frequenzen abgestimmt sind, erreicht. Nachfolgend wird der prinzipielle Aufbau einiger Schalldämpfer erläutert.

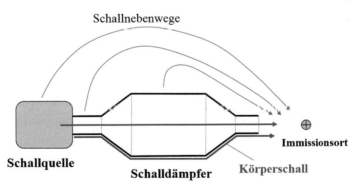

Abb. 5.27 Prinzipieller Aufbau eines Schalldämpfers und verschiedene Schallausbreitungswege

5.2.2.1 Absorptionsschalldämpfer

Die Pegelminderung eines Absorptionsschalldämpfers wird dadurch erreicht, dass man durch den Einbau von schallabsorbierenden Materialien im Strömungskanal einen Teil der Schallenergie in Wärme umwandelt. Die am häufigsten verwendeten Absorptionsschall-

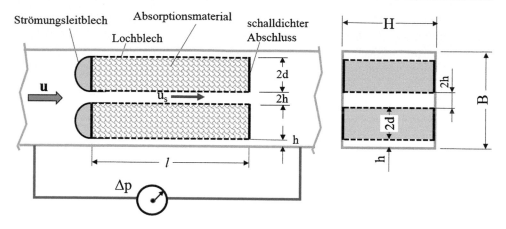

Abb. 5.28 Prinzipieller Aufbau eines Kulissenschalldämpfers

dämpfer sind die sog. Kulissenschalldämpfer. In Abb. 5.28 ist der prinzipielle Aufbau eines Kulissenschalldämpfers dargestellt [33–35].

Hierbei sind:

u Strömungsgeschwindigkeit im Kanal bzw. Rohrleitung in m/s
u_s Spaltgeschwindigkeit, Geschwindigkeit zwischen den Kulissen in m/s
$2d$ Kulissendicke in m
$2h$ Spaltbreite in m
l Schalldämpferlänge in m
B Schalldämpferbreite in m
H Schalldämpferhöhe in m
Δp Druckverlust des Schalldämpfers in N/m^2

Die Dämpfung wird dadurch erzielt, dass längs der Kulissen die Schallwellen senkrecht zur Strömungsrichtung in die Kulissen eindringen und dort die Schallenergie in Wärme umgewandelt wird. Hierzu muss die Oberfläche des Dämpfungsmaterials schalldurchlässig sein. Damit der eindringende Schall nicht durch das Absorptionsmaterial durchläuft, müssen die Kulissenenden schalldicht abgeschlossen sein.

Darüber hinaus muss das Dämpfungsmaterial einen optimalen längenbezogenen Strömungswiderstand r_s besitzen [10, 27, 36]. Der Strömungswiderstand R_S wird als Verhältnis des Druckunterschiedes Δp_S zwischen Vorder- und Rückseite des Materials und den durch die Material-Querschnittsfläche A_S hindurchtretenden Volumenstrom q_v definiert:

$$R_S = \frac{\Delta p_S \cdot A_S}{q_V} \quad \text{N\,s/m}^3 \tag{5.86}$$

Der längenbezogene Strömungswiderstand r_s ergibt sich dann:

$$r = \frac{R_S}{d} \quad \mathrm{N\,s/m^4} \tag{5.87}$$

d Dämmstoffdicke in m

Der optimale längenbezogene Strömungswiderstand [27, 36] lässt sich näherungsweise auf folgenden Bereich einschränken:

$$5000\,\mathrm{N\,s/m^4} < r_s < 50000\,\mathrm{N\,s/m^4}$$

Bauteile und Eigenschaften eines Kulissenschalldämpfers

Kulissendicke $2d$
Die Kulissendicke $2d$ ist in erster Linie von der Frequenz bzw. der Wellenlänge des zu dämpfenden Schalles abhängig. Die optimale Dicke wäre, wie bereits im Abschn. 5.2.1.1 erläutert, $\lambda/4$. Die in der Praxis üblicherweise verwendete Kulissendicke liegt zwischen 50 bis 250 mm. Bei Frequenzen unterhalb von ca. 200 Hz werden, vor allem wegen des sehr großen Schalldämpfervolumens, oft andere Schalldämpfer-Typen, z. B. Resonatoren, verwendet (s. Abschn. 5.2.2.2), besonders dann, wenn tonale Frequenzen vorliegen.

Spaltgeschwindigkeit u_s
Ein Schalldämpfer kann nur Schallereignisse vermindern, die höher liegen als die reinen Strömungsgeräusche im Kanal (s. Abschn. 3.1.7). Daher darf durch Einbau von Schalldämpferkulissen die Strömungsgeschwindigkeit im Spalt u_s nicht größer sein als die Strömungsgeschwindigkeit im Kanal, d. h.: $u_s \leq u$. Um dies zu erreichen, wird in der Regel der Querschnitt im Bereich der Kulissen erweitert s. Abb. 5.29.

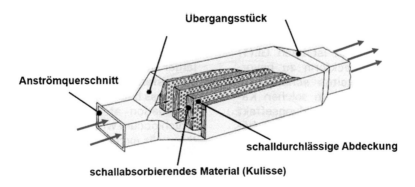

Abb. 5.29 Aufbau eines üblichen Kulissenschalldämpfers

Spaltbreite $2h$

Die Spaltbreite bestimmt die Wirksamkeit eines Schalldämpfers bei hohen Frequenzen. Wenn die Wellenlänge des zu dämpfendem Schalls kleiner oder gleich der Spaltbreite ist, dann wird der Hauptanteil der Schallenergie durchgelassen bzw. nicht gedämpft. Die dazugehörige Frequenz wird daher als Durchlassfrequenz f_d bezeichnet:

$$f_d \geq \frac{c}{2 \cdot h} \quad \text{Hz} \tag{5.88}$$

bzw.

$$\lambda_d = \frac{c}{f_d} \leq 2 \cdot h \quad \text{m} \tag{5.89}$$

Die Frequenz f_d gibt an, bis zu welcher Frequenz ein Kulissenschalldämpfer optimal eingesetzt werden kann.

Lochblech

Das Lochblech mit einem Lochanteil von ca. 30 % ist schalldurchlässig, es dient als mechanischer Schutz und soll u. a. verhindern, dass das strömende Medium das Absorptionsmaterial durch Abrieb mitnimmt. Um zu vermeiden, dass Fasern freigesetzt werden, wird die Oberfläche des Absorptionsmaterials zusätzlich mit Rieselschutz abgedeckt.

Kulissenlänge l

Die Kulissenlänge ist maßgebend für die Gesamtdämpfung des Schalldämpfers. Bedingt durch immer vorhandene Schallnebenwege, s. Abb. 5.27, ist die Dämpfung begrenzt. Mit den üblichen Kulissenschalldämpfern kann man in der Praxis eine Gesamtpegelminderung von max. 30 dB(A) realisieren.

Druckverlust Δp

Der Druckverlust eines Schalldämpfers, der für den Energieverbrauch maßgebend ist, wird in erster Linie durch die Strömungsgeschwindigkeit im Spalt bestimmt. Weitere wesentliche Parameter sind die Kulissenlänge l, die Dichte des Mediums und die Anzahl der Kulissen.

Je nach Volumenstrom besteht die Möglichkeit, durch die geeignete Auswahl der Spaltbreite $2h$ sowie der Anzahl und Höhe der Kulissen die Spaltgeschwindigkeit zu definieren und somit den gewünschten Druckverlust einzustellen. Je niedriger der Druckverlust eines Schalldämpfers ist, desto größer ist das Schalldämpfervolumen, so dass man zwischen Druckverlust, dem zur Verfügung stehende Raumvolumen und den Kosten ein Optimum finden muss.

Strömungsleitblech

Das Strömungsleitblech hat die Aufgabe, u. a. die Verwirbelungen beim Anströmen zu reduzieren und somit die Druckverluste des Schalldämpfers zu verringern.

Abschätzen der Dämpfung eines Absorptionsschalldämpfers

Die Dämpfung eines Absorptionsschalldämpfers lässt sich am einfachsten mit Hilfe der sog. Pieningschen Formel [37, 38] berechnen:

$$D = 1{,}5 \cdot \alpha \cdot \frac{U}{S} \cdot l \quad \text{dB} \tag{5.90}$$

Hierbei sind:

α frequenzabhängiger Absorptionsgrad des Absorptionsmaterials für senkrechten Schalleinfall

U absorbierend ausgekleideter Umfang in m

S freie Querschnittsfläche des Kanals in m^2

l Länge des Schalldämpfers in m

Mit Hilfe von (5.90) besteht bei Kenntnis des Absorptionsgrads die Möglichkeit, relativ einfach die Dämpfung zu berechnen. Hierbei wird allerding der Einfluss der Schalldurchstrahlung, also die Frequenzen oberhalb der Durchlassfrequenz f_d nach (5.88) nicht berücksichtigt. Mit Hilfe der sog. Trapezdiagramme [27] kann man die Dämpfung über den gesamten Frequenzbereich ermitteln, wobei das Ablesen aus dem Diagramm umständlich ist.

Nachfolgend wird ein empirisches Abschätzverfahren für die Berechnung der Dämpfung wiedergegeben, das basierend auf theoretischen Überlegungen und orientiert an der Pieningschen Formel, (5.90), ermittelt wurde [27, 38]. Danach lässt sich die Dämpfung wie folgt berechnen:

$$D = D_\text{h} \cdot \frac{l}{h} \quad \text{dB} \tag{5.91}$$

Mit

$$D_\text{h} = 1{,}5 \cdot \alpha \cdot \frac{U}{S} \cdot h \quad \text{dB} \tag{5.92}$$

D_h ist die sog. normierte Dämpfung. Für einen mittleren Strömungswiderstand von $R_\text{S} = 1200\,\text{N s/m}^3$ ist die normierte Dämpfung D_h begrenzt auf maximal 1,5 dB. Die theoretisch erreichbaren Dämpfungen, auch bei anderen Strömungswiderständen, liegen vor allem im mittleren Frequenzbereich etwas höher, werden aber in der Praxis nicht ganz erreicht.

Unter Berücksichtigung, dass $D_{h,max} = 1,5\,dB$ ist, lässt sich die normierte Dämpfung D_h nach (5.92) für verschiedenen Frequenzbereiche näherungsweise wie folgt bestimmen [38]:

$$
\left.
\begin{aligned}
f < f_u: \qquad & D_h = 1,5 \cdot \left(\frac{f}{f_u}\right)^n \cdot \frac{U \cdot h}{S} \quad dB \\[2mm]
f_u < f < f_o: \quad & D_h = 1,5 \cdot \frac{U \cdot h}{S} \quad dB \\[2mm]
f > f_o: \qquad & D_h = 1,5 \cdot \left(\frac{f_o}{f}\right)^2 \cdot \frac{U \cdot h}{S} \quad dB
\end{aligned}
\right\} \qquad (5.93)
$$

Mit

$$
\left.
\begin{aligned}
f_u &= \eta_u \cdot \frac{c}{2 \cdot h} \quad Hz \\[2mm]
f_o &= 1,5 \frac{c}{2 \cdot h} \quad Hz \\[2mm]
\eta_u &= 0,19 \cdot \Lambda^{-0,72} \;\Big\}\; \Lambda = 0,1\ldots2 \\
n &= 1,75 \cdot \Lambda^{-0,12}
\end{aligned}
\right\} \qquad (5.94)
$$

Hierbei ist Λ die sog. normierte Auskleidungstiefe:

$$
\Lambda = d/h \qquad (5.95)
$$

In Abb. 5.30 ist D_h nach (5.93) und (5.94) für verschiedene Parameter Λ, in Abhängigkeit der normierten Frequenz η, dargestellt.

$$
\eta = \frac{f}{f_d} = \frac{2h \cdot f}{c} \qquad (5.96)
$$

Abb. 5.30 Normierte Dämpfung D_h für Absorptionsschalldämpfer in Abhängigkeit von der normierter Frequenz η bei verschiedenen Λ-Parametern

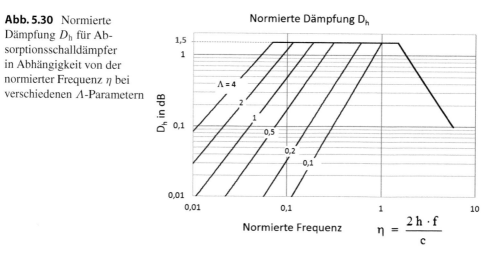

Hinweis

Maßgebend für die Dämpfung eines Kulissenschalldämpfers nach Abb. 5.28 sind neben dem Absorptionsmaterial in erster Linie die Kulissendicke $2d$, die Spaltbreite $2h$ und die Schalldämpferlänge l. Die Kulissenhöhe und die Anzahl der Kulissen sind in erster Linie für die Einstellung der Spaltgeschwindigkeit u_s bzw. für das Erreichen des gewünschten Druckverlustes des Schalldämpfers verantwortlich. Für Kulissenschalldämpfer, die üblicherweise in der Praxis eingesetzt werden (s. Abb. 5.29), ist in (5.93) der Faktor: $\frac{U \cdot h}{S} = 1$

Beispiel 5.5

Die Geräusche eines Radialventilators, s. Zahlenbeispiel im Abschn. 3.1.8.1, soll mit Hilfe eines Kulissenschalldämpfers um $\Delta L = 15\,\text{dB(A)}$ reduziert werden. Die Abmessungen des Schalldämpfers sollen so gewählt werden, dass die Spaltgeschwindigkeit im Schalldämpfer nicht größer ist als $15\,\text{m/s}$.

Der innere A-Oktavschallleistungspegel des Ventilators beträgt:

Frequenz in Hz	63	125	250	500	1000	2000	4000	8000	Summe	
$L_{WA,Okt}$	75,3	88,1	96,2	108,0	99,4	94,7	86,3	73,9	**109,0**	dB(A)

und der Volumenstrom $\dot{V} = 5750\,\text{m}^3/\text{h}$.

Die Berechnung wird für eine Kulissendicke $2d = 0,15\,\text{m}$, eine Spaltbreite von $2h = 0,2\,\text{m}$ und eine Länge von $l = 1,2\,\text{m}$ durchgeführt.

Mit Hilfe von (5.91), (5.93) sowie $\Lambda = 0,15/0,2 = 0,75$ lässt sich die Dämpfung des Schalldämpfers und die zu erwartende Pegelminderung berechnen, s. Tab. 5.3.

Es wird darauf hingewiesen, dass die Kulissenabmessungen so gewählt werden müssen, dass die maximale Dämpfung bei den pegelbestimmenden Frequenzen der zu dämpfenden Geräusche liegen. In dem Zahlenbeispiel liegen die pegelbestimmenden Frequenzen zwischen 250–2000 Hz.

Wie bereits erwähnt, ist die zu erreichende Gesamtpegelminderung, bedingt durch die immer vorhandenen Schallnebenwege, s. Abb. 5.27, auf ca. 30 dB(A) begrenzt, auch wenn rechnerisch höhere Werte erreicht werden.

Tab. 5.3 Ergebnisse des Beispiels 5.5

Frequenz in Hz	63	125	250	500	1000	2000	4000	8000	Summe	
D_h	0,07	0,24	0,83	1,50	1,50	1,50	0,63	0,16	-	dB
D	0,8	2,8	10,0	18,0	18,0	18,0	7,6	1,9	-	dB
$L_{WA,Okt.}$ - D	74,5	85,3	86,2	90,0	81,4	76,7	78,7	72,0	**93,1**	dB(A)
								ΔL	**15,9**	dB(A)

Durch die Auswahl der geeigneten Kulissenhöhe und die Anzahl der Kulissen besteht dann die Möglichkeit, die gewünschte Spaltgeschwindigkeit und somit auch den Druckverlust des Schalldämpfers zu bestimmen. Mit einer Kulissenhöhe $H = 0{,}3\,\mathrm{m}$, s. Abb. 5.31, und zwei Kulissen erhält man dann:

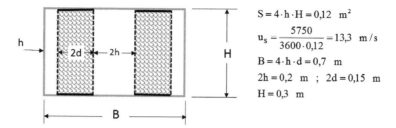

$$S = 4 \cdot h \cdot H = 0{,}12 \ \mathrm{m}^2$$
$$u_s = \frac{5750}{3600 \cdot 0{,}12} = 13{,}3 \ \mathrm{m/s}$$
$$B = 4 \cdot h \cdot d = 0{,}7 \ \mathrm{m}$$
$$2h = 0{,}2 \ \mathrm{m} \ ; \ 2d = 0{,}15 \ \mathrm{m}$$
$$H = 0{,}3 \ \mathrm{m}$$

Abb. 5.31 Kulissenschalldämpfer, Beispiel 5.5

Die Absorptionsschalldämpfer werden in verschiedenen Formen angewendet. In Abb. 5.32 sind einige übliche Grundformen von Absorptionsschalldämpfer zusammengestellt. Die Schalldämpfung lässt sich mit den in der Abb. 5.32 angegebenen Abmessungen mit Hilfe von (5.90) bis (5.96) abschätzen.

Rohrschalldämpfer, die relativ preiswert hergestellt werden können, werden neben Kulissenschalldämpfern am häufigsten in der Praxis eingesetzt. In Abb. 5.33 sind einige Rohrschalldämpfer dargestellt [27, 35].

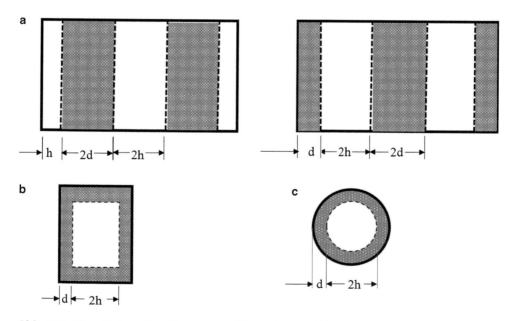

Abb. 5.32 Verschiedene Grundformen von Absorptionsschalldämpfern; **a** Kulissenschalldämpfer, **b** rechteckiger, allseitig ausgekleideter Kanal, **c** Rohrschalldämpfer

Abb. 5.33 Ausführungsformen von Rohrschalldämpfern; **a** fester Rohrschalldämpfer, **b** fester Rohrschalldämpfer im Kern, **c** flexibler Rohrschalldämpfer

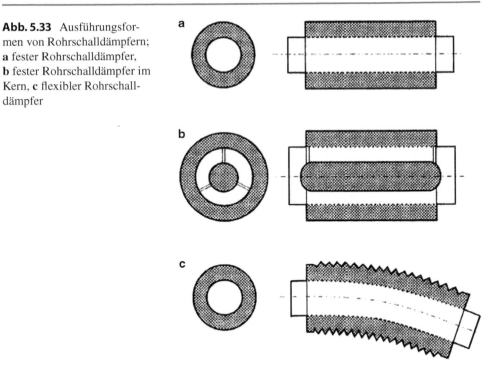

5.2.2.2 Resonanzschalldämpfer

Die Absorptionsschalldämpfer wirken breitbandig und sind in erster Line bei hohen Frequenzen besonders gut wirksam. Für tiefe Frequenzen, vor allem wenn sie tonalen Charakter haben, sind Absorptionsschalldämpfer nicht geeignet.

Hierzu werden spezielle Resonanzschalldämpfer verwendet, die auf definierte Frequenzen ausgelegt werden.

Plattenresonatoren

Bei den Plattenresonatoren handelt es sich um selektive Feder-Masse-Systeme, die zur Resonanz angeregt werden. Im Resonanzbereich haben sie die optimale Wirkung [10].

Grundsätzlich wirken alle frei schwingenden, dünnen und biegeelastischen Platten einer Raumbegrenzung – wie beispielsweise Fensterscheiben, dünne Holzplatten und Metallplatten – schallschluckend. Sie werden durch die auftreffenden Schallwellen zum Mitschwingen angeregt und können einen Teil der Schwingungsenergie in Wärme umwandeln. In Abb. 5.34 ist der prinzipielle Aufbau eines Plattenresonators dargestellt.

Der Plattenresonator lässt sich für die Bestimmung der 1. Eigenfrequenz als ein gedämpfter Massenschwinger modellieren. Die Eigenfrequenz $f_{0,P}$ der Platte mit der Fläche S lässt sich unter Vernachlässigung seiner Biegesteife und Dämpfung wie folgt bestimmen [10]:

Abb. 5.34 Schematischer
Aufbau eines Plattenresonators

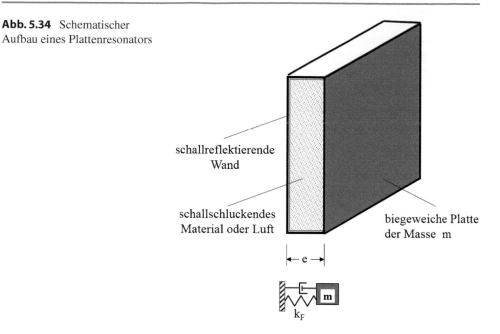

schallreflektierende
Wand

schallschluckendes
Material oder Luft

biegeweiche Platte
der Masse m

$$f_{0,\mathrm{P}} = \frac{1}{2\pi} \cdot \sqrt{\frac{k_{\mathrm{F}}}{S \cdot m_{\mathrm{P}}''}} \quad \mathrm{Hz} \tag{5.97}$$

Mit

$$m_{\mathrm{P}}'' = \rho_{\mathrm{P}} \cdot h_{\mathrm{P}} \quad \mathrm{kg/m^2}$$

$$k_{\mathrm{F}} = \frac{E_{\mathrm{dyn}} \cdot S}{e} \quad \mathrm{N/m} \tag{5.98}$$

k_{F} Federsteifigkeit bzw. Federkonstante des Dämpfungsmaterials

ρ_{P}; h_{P} Dichte in $\mathrm{kg/m^3}$ und Dicke der Platte in m

$E_{\mathrm{dyn}} = c_{\mathrm{D}}^2 \cdot \rho_{\mathrm{D}}$ Elastizitätsmodul des Dämpfungsmaterials in $\mathrm{N/m^2}$

m_{P}'' Massenbelegung der Platte

Hierbei ist

c_{D}; ρ_{D} die Schallgeschwindigkeit in m/s und Dichte des Dämpfungsmaterials in
$\mathrm{kg/m^3}$.

Abb. 5.35 Schematischer Frequenzgang eines Plattenabsorbers

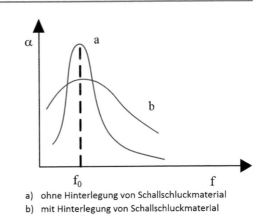

a) ohne Hinterlegung von Schallschluckmaterial
b) mit Hinterlegung von Schallschluckmaterial

Bei einem Luftpolster als Dämpfungsmaterial kann man die 1. Eigenfrequenz der Platte wie folgt bestimmen:

$$f_{0,\mathrm{P}} = \frac{1}{2\pi} \cdot \sqrt{\frac{Z_{\mathrm{Luft}} \cdot c_{\mathrm{Luft}}}{e \cdot m_{\mathrm{P}}''}} \quad \mathrm{Hz} \tag{5.99}$$

Mit

$Z_{\mathrm{Luft}} = c_{\mathrm{Luft}} \cdot \rho_{\mathrm{Luft}}$ Impedanz der Luft in $\mathrm{N\,s/m^3}$

c_{Luft} Schallgeschwindigkeit in der Luft in $\mathrm{m/s}$

In Abb. 5.35 ist der prinzipielle Verlauf des Frequenzgangs eines Plattenresonators dargestellt. Ohne Hinterlegung von Schallschluckmaterial wirkt er nur im Bereich der Eigenfrequenz schmalbandig. Mit Dämpfungsmaterial ist die Dämpfung etwas breitbandiger mit erhöhter Wirkung im Bereich der Eigenfrequenz.

Um die Schalldämpfung in gesamten Frequenzbereich zu ermöglichen, werden in der Praxis Kulissenschalldämpfer sowohl mit Absorberkulissen als auch Resonatorkulissen zusammen eingesetzt. In Abb. 5.36 sind solche Kulissenelemente mit gleichen Abmessungen dargestellt.

Abb. 5.36 Verschiedene Kulissenelemente

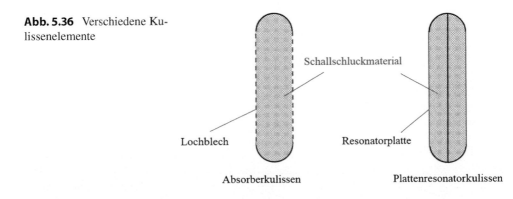

Abb. 5.37 Schematische
Darstellung eines Helmholtz-
Resonators

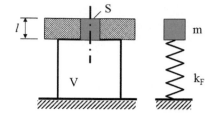

Helmholtz-Resonator

Schallenergie kann bei tieferen Frequenzen auch mit Hilfe eines Helmholtz-Resonators
in Wärme umgewandelt werden. Hierbei wird die Dämpfung mit Hilfe eines Luft-Feder-
Systems, das aus einem Luftvolumen V in Verbindung mit einer halsartigen Verengung
des Querschnittsfläche S und der Länge l besteht, erreicht (Abb. 5.37).

Die Luft im Hals bildet die Masse, das Luftvolumen V die Feder des Resonators. Die
maßgebliche Eigenfrequenz des Helmholtz-Resonators erhält man dann [10]:

$$f_{0,\mathrm{H}} = \frac{c_{\mathrm{Luft}}}{2\pi} \sqrt{\frac{S}{V \cdot l}} \quad \mathrm{Hz} \tag{5.100}$$

Das Ergebnis muss noch korrigiert werden, da praktisch im Resonatorhals eine größere
Luftmasse als $m = S \cdot l \cdot \rho$ mitschwingt. Die wirkliche, äquivalente Luftmasse ist $S \cdot l^* \cdot \rho$.
Für kreisförmige Löcher ist $l^* \approx l + 0{,}8 \cdot d$. Hierbei ist d der Lochdurchmesser. Für
nichtkreisförmige Löcher ist l^* in [39, 40] angegeben.

In Abb. 5.38 ist der prinzipielle Aufbau eines Helmholtz-Resonators an einer Rohrleitung bzw. an einem Kanal für gasförmigen Medien dargestellt.

Die Eigenfrequenz des Helmholtz-Resonators erhält man dann:

$$f_{0,\mathrm{H}} \approx \frac{c_{\mathrm{F}}}{2\pi} \sqrt{\frac{S}{V l^*}} \quad \mathrm{Hz} \tag{5.101}$$

c_{F} Schallgeschwindigkeit des Fluids in der Rohrleitung in m/s

Das Prinzip des Helmholtz-Resonators wird auch für flüssigkeitsdurchströmte Leitungen
als Pulsationsdämpfer angewendet. In Abb. 5.39 ist der schematische Aufbau eines Pulsationsdämpfers für Flüssigkeiten dargestellt. Hierbei wird die Flüssigkeit mit Hilfe einer
Membran von einem bestimmten Gasvolumen V (in der Regel Stickstoff) getrennt. Durch

Abb. 5.38 Helmholtz-
Resonator an einer Rohrleitung
bzw. an einem Kanal

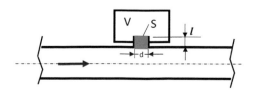

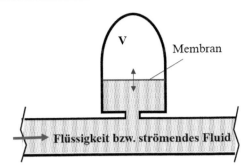

Abb. 5.39 Schematischer Aufbau eines Pulsationsdämpfers für Flüssigkeiten

die Kompressibilität bzw. Federsteifigkeit und das Volumen des Gases wird die Eigenfrequenz des Pulsationsdämpfers auf die zu dämpfende Druckpulsation in der Leitung abgestimmt. Durch Schwingungen des Gasvolumens bei der Frequenz der Druckpulsation wird dem System Schwingungsenergie entzogen bzw. die Amplitude der Pulsation verringert.

Der λ/4-Resonator

Der $\lambda/4$-Resonator entspricht einem Rohr der Länge l, von dem ein Ende schallhart verschlossen ist, s. Abb. 5.40 [10].

Die Eigenfrequenzen des $\lambda/4$-Resonators lassen sich wie folgt bestimmen:

$$f_{n,\lambda/4} = \frac{c_F}{4 \cdot l + \Delta l} \cdot (2n+1) \quad \text{Hz} \qquad n - 0, 1, 2, 3, \dots \qquad (5.102)$$

$$\Delta l = 0{,}4 \cdot d \quad \text{m}$$

c_F Schallgeschwindigkeit des Fluids in der Rohrleitung in m/s

Aus (5.102) ist zu erkennen, dass die Dämpfung eines $\lambda/4$-Resonators nicht nur bei $\lambda/4$, sondern auch bei den Vielfachen von $\lambda/4$ wirksam sein kann.

In Abb. 5.41 ist das Schnittbild einer speziellen Resonatorenkulisse, bestehend aus verschiedenen $\lambda/4$- und Helmholtz-Resonatoren mit hinterlegtem Schallschluckmaterial, dargestellt. Solche Resonatoren sind natürlich wesentlich kostenintensiver als einfache Kulissenschalldämpfer, sie werden vorrangig für die Dämpfung von gasförmigen Medien, z. B. Luft oder Rauchgas, eingesetzt, wenn niedrige Frequenzen < 250 Hz mit tonalem

Abb. 5.40 An ein Rohr angeschlossener $\lambda/4$-Resonator

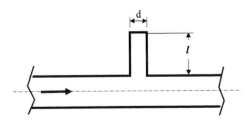

Abb. 5.41 Schematische
Darstellung einer Resonatorenkulisse

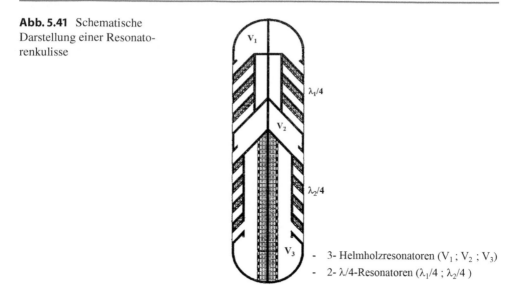

- 3- Helmholzresonatoren (V_1 ; V_2 ; V_3)
- 2- $\lambda/4$-Resonatoren ($\lambda_1/4$; $\lambda_2/4$)

Charakter vorherrschen. Die Auslegung solcher Resonatoren bedarf spezieller Erfahrungen und Fertigungsmöglichkeiten.

5.2.2.3 Reflexionsschalldämpfer

Die Schallwellen werden vor allem bei niedrigen Frequenzen an Querschnittsänderungen
bzw. am dahinter liegenden Volumen reflektiert. Dies geschieht, wenn Durchmesser und
Länge des Volumens mindestens um Faktor 2 größer sind als die Abmessungen der Rohrleitung [10].

Abb. 5.42 zeigt eine an einer Schallquelle angeschlossene Rohrleitung, deren Länge
gerade $\frac{5 \cdot \lambda}{4}$ entspricht. λ ist die Wellenlänge der Schallwelle, die von der Schallquelle erzeugt wird. Dadurch bildet sich in diesem Rohr eine Resonanz aus.

Wird ein Schalldämpfervolumen in den Druckbauch vor der Mündung platziert
(Abb. 5.43), verändert sich das Schallfeld drastisch. Das hängt unter anderem mit den
Eigenschaften der Schallquelle zusammen. Aus einer Position mit Druckbauch im Rohr
wird eine Position für einen Druckknoten. Das gesamte Schallfeld im Rohr ändert sich.
In diesem Zusammenhang wird auch weniger Schall an der Mündung abgestrahlt. Man
erkennt in Abb. 5.43, dass die Welle am linken Rand des Schalldämpfers einen Knoten

Abb. 5.42 Kanalsystem mit
Schallquelle links und offenem
Ende rechts

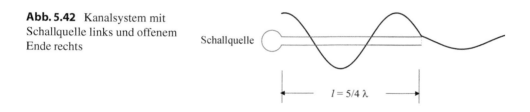

Schallquelle

$l = 5/4\,\lambda$

Abb. 5.43 Kanalsystem mit Schallquelle links und offenem Ende rechts sowie ein Schalldämpfervolumen im Abstand $\lambda/4$ vom Kanalende

Abb. 5.44 Kanalsystem mit Schallquelle links und offenem Ende rechts sowie ein Schalldämpfervolumen im Abstand $\lambda/2$ vom Kanalende

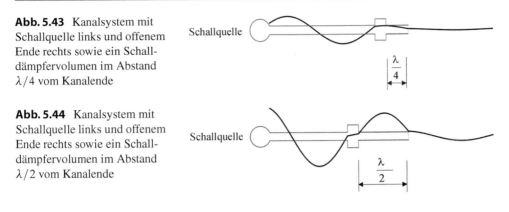

hat. Der rechte Rand stellt aber das Maximum – Druckbauch – für die durchgelassene Schallwelle dar. Dementsprechend wird nur sehr wenig durchgelassen.

Wird ein Schalldämpfer in einem Druckknoten platziert, verändert sich das Schallfeld kaum und der Schalldämpfer hat fast keinen schallreduzierenden Effekt (Abb. 5.44). Der Schalldruck ist klein auf beiden Seiten des Schalldämpfers, wird aber nach dem Schalldämpfer wieder größer.

Hieraus folgt, dass ein Schalldämpfervolumen vor einer Kanalmündung dann am besten wirkt, wenn er in einem Druckbauch der stehenden Welle platziert wird. Ein Schalldämpfer in einem Druckknoten hat nur eine geringe Wirkung für diese Frequenz.

Anders ist die Situation bei einem Absorptionsschalldämpfer. Zum einen ist ein solcher Schalldämpfer nicht mehr klein in Bezug auf die Wellenlänge. Weiterhin wird ein Teil der eintretenden Schallwelle absorbiert. Dieser absorbierte Anteil fehlt dann an der später reflektierten Schallwelle. Da die Reflexion geschwächt ist, kann sich auch keine ausgeprägte, stehende Welle ausbilden. Dementsprechend ist der Absorptionsschalldämpfer, sobald er nennenswert Schall absorbiert (Dämpfung > 10 dB), im Gegensatz zum Reflexionsschalldämpfer unempfindlich gegenüber der Einbauposition eines Schalldämpfervolumens.

In Abb. 5.45 ist der schematische Aufbau eines Reflexionsschalldämpfers dargestellt.

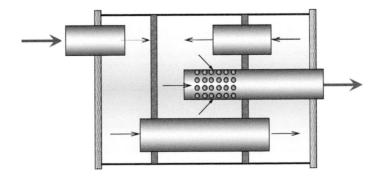

Abb. 5.45 Schematischer Aufbau eines Reflexionsschalldämpfers

Die Auslegung eines Reflexionsschalldämpfers ist wesentlich komplizierter als die bisher behandelten Schalldämpfer. Dies liegt daran, dass sich das Schallfeld im Kanal durch Schallreflexionen sowohl vor als auch nach der Reflexionsstelle ändert. Deshalb muss bei der Auslegung eines Reflexionsschalldämpfers stets das Eingangs- und Ausgangspektrum aufeinander angepasst werden. Hierzu wird für jede Auslegungsvariation ein Prototyp gebaut und vermessen. Basierend auf den Messergebnissen können die Reflexionsschalldämpfer dann schrittweise optimiert werden. Je nach Aufgabenstellung und gewünschter Pegelminderung können 2 bis 15 Prototypen erforderlich sein [10, 40–42].

Literatur

1. VDI-3720, Blatt 1: Konstruktion lärmarmer Maschinen und Anlagen, Konstruktionsaufgaben und -methodik, 2014
2. Sinambari, Gh.R., Fallen, M., u. a.: Akustische und schwingungstechnische Probleme im Anlagenbau unter besonderer Berücksichtigung von Rohrleitungen und strömungsführenden Komponenten, Nr. E-35-727-134-9, HDT Essen, 1999.
3. Krüger, J.; Leistner, P.: Aktive Kulissenschalldämpfer in Strömungskanälen. Tagungsbeitrag, 23. Jahrestagung Akustik DAGA, 1997
4. Sinambari, Gh.R., Kunz, F., Thorn, U.: Active noise cancellation in large section air ducts with subdivisions. 7. International Congress on Sound and Vibration, Germany, 2000
5. Sinambari, Gh.R., Kunz, F., Siegel L, Thorn U.: Aktive Schalldämpfer für Kanäle mit großen Durchmessern. Konstruktion **4** (2000)
6. Sinambari, Gh.R., Kunz, F.: Primäre Lärmminderung durch akustische Schwachstellenanalyse. VDI-Bericht Nr. 1491 (1999)
7. Sinambari, Gh.R., Thorn, U., Tschöp, E.: „Konstruktionsakustik", Seminarveranstaltung. IBS-Seminar, St. Martin/Pfalz, 2016
8. Thorn, U., Wachsmuth, J.: Konstruktionsakustische Schwachstellenanalyse eines Straddle Carriers Typ Konecranes 54 DE und Erarbeiten von prinzipiellen Lärmminderungsmaßnahmen. VDI-Berichte 2118 (2010)
9. Randall, R.B.: Frequency Analysis. Application of B & K Equipment (1979)
10. Sinambari, Gh.R.; Sentpali, S.: Ingenieurakustik, 5. Aufl. Springer Vieweg, Wiesbaden (2014)
11. VDI 3720 Blatt 7: Lärmarmkonstruieren, Beurteilung von Wechselkräften bei der Schallentstehung, 6/1989
12. Cremer, L., Heckl, M.: Körperschall, 2. Aufl. Springer, Berlin (1996)
13. Sinambari, Gh.R.: Einflussparameter bei körperschallbedingter Geräuschentwicklung einer Maschine. 37. Jahrestagung, DAGA, 2011
14. VDI-Richtlinie 2062, Bl. 1: Schwingungsisolierung, Begriffe und Methoden (2011)
15. Hering, E., Martin, R., Stohrer, M.: Physik für Ingenieure, 7. Aufl. (1999)
16. Magnus, K., Popp, K.: Schwingungen, 7. Aufl. (2005)
17. DIN 1311-2: Schwingungen und schwingungsfähige Systeme, Teil 2: Lineare, zeitinvariante schwingungsfähige Systeme mit einem Freiheitsgrad (2002)
18. Sinambari, Gh.R.: Ein erweiterter Ansatz zur Schwingungs- und Körperschallisolierung: Teil 1: Z. Lärmbekämpfung, Bd. 6, 2011, Nr. 2; Teil 2: Z. Lärmbekämpfung, Bd. 6, 2011, Nr. 3
19. Sinambari, Gh.R.: Geräuschreduzierung durch Körperschallisolierung. 38. Jahrestagung, DAGA, 2012

20. Sinambari, Gh.R.: Körperschallisolierung unter Berücksichtigung der mechanischen Eingangsimpedanz. Z. Lärmbekämpfung 43 (1996)

21. Thorn, U.: Vorausbestimmung der Schall- und Körperschallreduzierung durch Einfügen von mechanischen Impedanzen bei realen Strukturen. Diplomarbeit, FH Bingen (1995)

22. Cremer, L., Möser, M.: Technische Akustik, 5. Aufl. (2003), Möser, M.: Technische Akustik, 9. Aufl. (2012)

23. DIN EN ISO 11688-2: Akustik – Richtlinien für die Gestaltung lärmarmer Maschinen und Geräte – Teil 2: Einführung in die Physik der Lärmminderung durch konstruktive Maßnahmen (2001)

24. Cremer, L.: Die wissenschaftlichen Grundlagen der Raumakustik, 1. Teil, 2. Aufl., Hirzel, Stuttgart (1978)

25. Morse, P.M., Ingard, K.U.: Theoretical Acoustics. Princeton Univ. Press, Princeton (1986)

26. Kollmann, F.G.: Maschinenakustik – Grundlagen, Messtechnik, Berechnung, Beeinflussung, 2. Aufl. Springer (2000)

27. Schirmer, W. [Hrsg.]: Technischer Lärmschutz. VDI-Verlag (1996)

28. Gebhard, B.: Bestimmung der Schallleistung, Schallabstrahlung einer krafterregten plattenförmigen Struktur nach verschiedenen Messverfahren und deren Bewertung. Diplomarbeit, FH Bingen, FB Umweltschutz (1996)

29. Gerbig, C.: Ermittlung der Schallabstrahlung einer krafterregten kastenförmigen Struktur nach verschiedenen Messverfahren und deren Bewertung. Diplomarbeit, FH Bingen, FB Umweltschutz (1996)

30. Mäurer, A: Ermittlung des Abstrahlgrades von komplexen Maschinenstrukturen am Beispiel einer Drehkolben-Vakuumpumpe. Diplomarbeit, FH Bingen, FB Umweltschutz (2002)

31. DIN EN ISO 11546-2: Bestimmung der Schalldämmung von Schallschutzkapseln – Teil 2: Messungen im Einsatzfall (zum Zweck der Abnahme und Nachprüfung) (1/2010)

32. VDI 2711: Schallschutz durch Kapselung (1978) (zurückgezogen!)

33. VDI 2081 Blatt 1: Geräuscherzeugung und Lärmminderung in Raumlufttechnischen Anlagen (7/2001)

34. VDI 2081 Blatt 2: Geräuscherzeugung und Lärmminderung in Raumlufttechnischen Anlagen – Beispiele (5/2005)

35. VDI 2567: Schallschutz durch Schalldämpfer (10/1994) (zurückgezogen!)

36. Fuchs, H.V.: Schallabsorber und Schalldämpfer, 3. Aufl. Springer, Heidelberg (2010)

37. Piening, W.: Schalldämpfung der Ansauge und Auspuffgeräusche von Dieselanlagen auf Schiffen. VDI-Zeitschrift 81 (1937)

38. Brandstatt, P.; Fuchs, H.: Erweiterung der Pieningschen Formel für Schalldämpfer. Z. Lärmbekämpfung 44 (1997)

39. Fasold, W., Sonntag, E., Winkler, H.: Bau- und Raumakustik. VEB Verlag für Bauwesen, Berlin (1987)

40. Heckl, M., Müller, H.A.: Taschenbuch der Technischen Akustik, 2. Aufl. Springer, Berlin (1994)

41. Bechert, D.W.: Sound Absorption caused by vorticity shedding, demonstrated with a jet flow. J. Sound Vib. **70** (1980)

42. Cargill, A.M.: Low frequency acoustic radiation from a jet pipe – A second order theory. J. Sound Vib. **83**(3) (1982)

Praxisbeispiele

6

Nachfolgend werden die wesentlichen Ergebnisse einiger Beispiele aus der Praxis wiedergegeben, bei denen eine gezielte Lärm- und Schwingungsminderung geplant bzw. durchgeführt wurde. Für diese Anwendungsbeispiele erfolgte vorab eine schalltechnische Schwachstellenanalyse, wie sie in diesem Buch behandelt wurde. Hierbei soll in erster Linie die systematische Vorgehensweise bei der Lärmminderung, speziell bei Erarbeitung von primären Lärmminderungsmaßnahmen, verdeutlicht werden.

Es handelt sich hierbei um eine kleine Auswahl aus den Beispielen, die unter der Leitung bzw. Mitwirkung des Autors während seiner Tätigkeit als Geschäftsführer der Fa. IBS[1] und Professor an der FH Bingen[2] entstanden und bereits veröffentlicht sind [1, 4, 8, 11, 12, 17–19, 24, 25]. Andere Beispiele, die sicherlich für das Verständnis der Zusammenhänge, wie sie in diesem Buch angegeben sind, hilfreich wären, können leider aus Geheimhaltungsgründen nicht wiedergegeben werden. Allerdings ist zu erwähnen, dass ohne die vielen persönlichen Erfahrungen aus zahlreichen praktischen Anwendungen, auch wenn sie nicht veröffentlicht sind, das Erstellen dieses Buches nicht möglich gewesen wäre.

Anschließend werden einige praxiserprobte Beispiele, die für das Verständnis des lärmarmen Konstruierens bzw. für die allgemeine Lärmminderung wichtig sind, wiedergegeben. Diese Beispiele, bei denen der Autor nicht direkt beteiligt war, sind überwiegend in der Zeit zwischen 1970–1990 erarbeitet worden, [3, 28–37].

---

[1] 1988–2014: IBS Ingenieurbüro für Schall- und Schwingungstechnik GmbH, Frankenthal/Pfalz, ab 1993 nebenberuflich, www.ibs-akustik.de.
[2] 1993–2013: FH Bingen, FB 1 u. 2, Schall- und Erschütterungsschutz, Emissionstechnik, Konstruktionsakustik.

© Springer Fachmedien Wiesbaden GmbH 2017
G.R. Sinambari, *Konstruktionsakustik*, DOI 10.1007/978-3-658-16990-9_6

6.1 Antriebseinheit

Die Schallabstrahlung einer Antriebseinheit eines Kohleförderbands, Abb. 6.1, soll durch konstruktionsakustische Untersuchungen bewertet und optimiert werden [1]. Hierbei soll die Gesamtgeräuschentwicklung um ca. 10 dB(A) verringert werden. Für die Beschreibung des IST-Zustandes wurden die Gesamt- und die Teilschallleistungspegel der Antriebseinheit und deren Bauteile sowohl in Form des A-Gesamtwertes als auch der spektralen Verteilung (Terzspektrum) ermittelt. Dies erfolgte vor allem durch Schallintensitätsmessungen, s. Kap. 5, [2].

In Abb. 6.2 sind die gemessenen A-Gesamtschallleistungspegel der Antriebseinheit und deren Bauteile zusammengestellt. Hieraus folgt, dass das Antriebsfundament, das nur tragende Funktion hat, fast genauso viel zur Gesamtschallabstrahlung der Antriebseinheit beiträgt wie das Getriebe.

In Abb. 6.3 sind die A-bewerteten Terz-Schallleistungsspektren der Antriebseinheit und deren Bauteile dargestellt.

Hieraus ist ersichtlich, dass der A-Gesamtschallleistungspegel der Antriebseinheit durch das Frequenzband von ca. 160–1250 Hz bestimmt wird. Außerdem wird deutlich, dass der Pegelanteil der Frequenzbänder bis ca. 800 Hz primär vom Getriebe und dem Antriebsfundament und ab ca. 1250 Hz primär vom Motor emittiert wird.

Für die Schallentstehung sind die Erregerfrequenzen des Zahneingriffs des Getriebes verantwortlich. Bedingt durch unterschiedliche Förderbandbeladungen schwankt die Motordrehzahl zwischen ca. $f_n = 16{,}2$ bis 16,6 Hz ($n = 972$–996 1/min). Die Zahneingriffsfrequenzen betragen:

- Erste Stufe $f_1 \approx 373$–381 Hz
- Zweite Stufe $f_2 \approx 174$–179 Hz

Abb. 6.1 Antriebseinheit Typ 2000 kW mit den untersuchten Bauteilen Getriebe, Motor, Bremse und Antriebsfundament

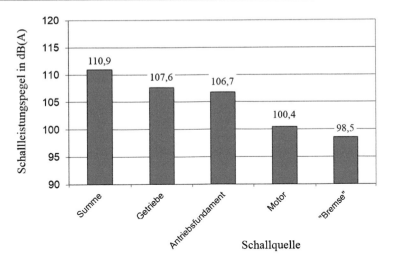

Abb. 6.2 A-Gesamtschallleistungspegel der Antriebseinheit

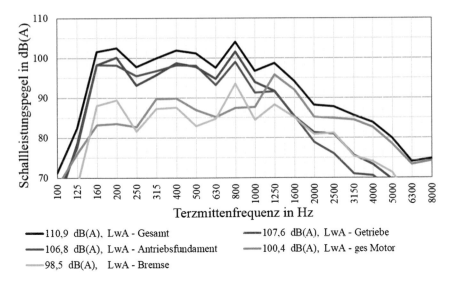

Abb. 6.3 Terz-Schallleistungsspektren der Antriebseinheit und deren Bauteile

Diese Frequenzen und ihre Harmonischen (ganzzahlige Vielfache der Zahneigenfrequenzen) dienen als Erregerfrequenzen. Dadurch werden Plattenfelder des Getriebegehäuses sowie alle Strukturen, die mit dem Getriebe starr verbunden sind, z. B. Antriebsfundament, erzwungen zu Schwingungen angeregt. Im Hinblick auf die Geräuschentwicklung sind hierbei Plattenfelder bzw. Bauteile, deren Eigenfrequenzen im Bereich der Erregerfrequenzen liegen, wegen Resonanzanregung besonders kritisch.

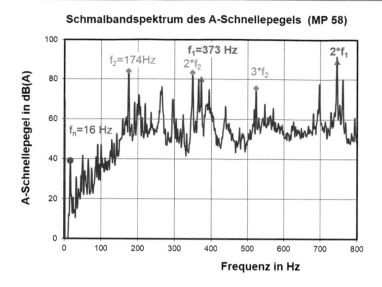

Abb. 6.4 Schmalbandspektrum der A-Schnellepegel, MP 58

In Abb. 6.4 ist exemplarisch das Schmalbandspektrum der A-Schnellepegel eines Messpunktes auf dem Fundament (MP 58, s. Abb. 6.6) dargestellt.

Durch die Ermittlung der Eigenfrequenzen konnte nachgewiesen werden, dass viele Bauteile des Antriebsfundaments zu Resonanzschwingungen angeregt werden, die auch für dessen hohe Geräuschentwicklung verantwortlich sind.

6.1.1 Lärmminderungsplanung

In der Tab. 6.1 ist, basierend auf den gemessenen Emissionskennwerten, der geplante Lärmminderungsplan angegeben.

Tab. 6.1 Lärmminderungsplanung der Antriebseinheit

Lärmminderungsplan					
Zustand	IST-Zustand	Getriebe $\Delta L_G = 15$ dB(A)	A-Fundament $\Delta L_F = 12$ dB(A)	Motor $\Delta L_M = 5$ dB(A)	Bremse $\Delta L_B = 3$ dB(A)
$L_{wA, \text{Getriebe}}$	107,6	**92,6**	92,6	92,6	92,6
$L_{WA, \text{Antriebsfundament}}$	106,7	106,7	**94,7**	94,7	94,7
$L_{wA,\text{ges Motor}}$	100,4	100,4	100,4	**95,4**	95,4
$L_{wA,\text{Bremse}}$	98,5	98,5	98,5	98,5	**95,5**
$L_{wA, \text{Gesamt}}$	**110,9**	**108,2**	**103,6**	**101,9**	**100,7**
Lärmminderung in dB(A)	-	2,6	7,3	9,0	10,2

1. Schritt: Lärmminderung des Getriebes um $\Delta L_G = 15\,dB(A)$

Die Geräuschentwicklung des Getriebes als Zukaufteil soll mit Hilfe einer Schallhaube um 15 dB(A) reduziert werden. Durch diese Maßnahme könnte man eine Gesamtpegelminderung von ca. 2,6 dB(A) erreichen.

2. Schritt: Lärmminderung des Antriebsfundaments um $\Delta L_G = 12\,dB(A)$

Die Geräuschentwicklung des Antriebsfundaments soll, basierend auf einer schalltechnischen Schwachstellenanalyse, durch konstruktive Maßnahmen um 12 dB(A) reduziert werden. Die erreichte Gesamtpegelminderung wäre dann ca. 7,3 dB(A). Nach der Geräuschminderung des Getriebes und des Antriebsfundaments ist der Motor mit $L_{WA,Motor} = 100,4\,dB(A)$ die lauteste Quelle. Eine weitere Reduzierung des A-Gesamtschallleistungspegels ist daher nur sinnvoll, wenn man die Geräuschentwicklung des Motors reduziert.

3. Schritt: Lärmminderung des Motors um $\Delta L_M = 5\,dB(A)$ und der Bremse um $\Delta L_B = 3\,dB(A)$

Um die gewünschte Lärmminderung von 10 dB(A) zu erreichen, muss rein rechnerisch die Geräuschentwicklung des Motors um 5 dB(A) und der Bremse um 3 dB(A) reduziert werden. Da eine Gesamtkapselung der Antriebseinheit wegen der Instandhaltungsarbeiten nicht in Frage kommt, kann die Geräuschreduzierung dieser Bauteile, die Zukaufteile sind, nur in Zusammenarbeit mit den Herstellern realisiert werden.

In Abb. 6.5 sind die Ergebnisse der Lärmminderungsplanung angegeben, die mit Hilfe der schalltechnischen Schwachstellenanalyse erstellt wurden. Dadurch konnte quantitativ

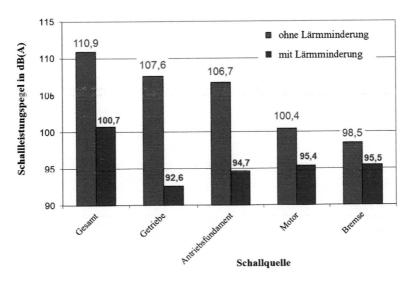

Abb. 6.5 Lärmminderungsplan für die Antriebseinheit

festgelegt werden, an welchem Bauteil wieviel Lärmminderung notwendig ist, um die
Zielsetzung zu erreichen.

6.1.2 Akustische Schwachstellenanalyse des Antriebsfundaments

Wie bereits durch die Lärmminderungsplanung festgelegt, soll die Geräuschentwicklung des Antriebsfundaments um ca. 12 dB(A) reduziert werden. Für die Ermittlung
von akustischen Schwachstellen und das Ausarbeiten primärer konstruktiver Maßnahmen wurden während des Betriebs des Kohletransportbandes weitergehende schall- und
schwingungstechnische Untersuchungen am Antriebsfundament durchgeführt. Die Lage
der Messpunkte, an denen Schallintensitäts-, Luft- und Körperschallmessungen vorgenommen worden sind, ist in Abb. 6.6 dargestellt. Die Messpunkte 9 und 58 wurden als
Referenzpunkte bei allen Messreihen mitgemessen. Dadurch war es möglich, die Schwankungen der Betriebsbedingungen, z. B. Last- oder Drehzahländerung, zu erkennen bzw.
zu berücksichtigen.

Darüber hinaus wurden auch am Antriebsfundament Messungen unter Laborbedingungen, vor allem für die Bestimmung der Eigenfrequenzen, Dämpfung und Eingangsimpedanzen, vorgenommen.

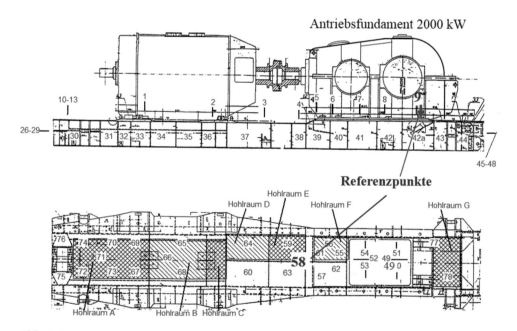

Abb. 6.6 Lage der Messpunkte für Schallintensität- und Körperschallmessungen

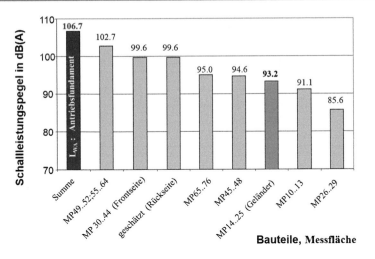

Abb. 6.7 A-Schallleistungsbilanz des Antriebsfundaments

Durchgeführte Messungen unter Betriebsbedingungen

- Schallintensitätsmessungen zur Bestimmung der Gesamt- und Teilschallleistungspegel
- Körperschallmessungen auf der Oberfläche der Antriebsfundamente zur Bestimmung der Körperschallleistungspegel sowie an Koppelpunkten der Aggregate (Motor, Bremse, Getriebe) zur Ermittlung der Körperschallübertragung
- Körperschallmessungen an zwei Referenzpunkten des Antriebsfundaments für alle Messreihen zur Überprüfung der Betriebsbedingungen. Dadurch wird die Vergleichbarkeit der Messungen, die zeitlich versetzt durchgeführt wurden, sichergestellt. Im vorliegenden Fall ist diese Kontrolle besonders wichtig, da man bei der Auswertung die betriebsbedingten Schwankungen der Messwerte, die z. B. durch Beladungsschwankungen des Förderbandes verursacht werden, eliminieren bzw. berücksichtigen kann.
- Anschlagversuche an den Koppelpunkten zur Ermittlung der Körperschallübertragung und an verschiedenen Plattenfeldern des Antriebsfundaments. Die Messungen wurden im Stillstand durchgeführt.

Für die Lokalisierung der akustischen Schwachstellen des Antriebsfundaments wurden deren Teilschallleistungspegel durch Schallintensitäts- und Körperschallmessungen ermittelt. In Abb. 6.7 sind die entsprechenden Emissionswerte als A-Gesamtschallleistungspegel und in Abb. 6.8 die Terzspektren einiger Bauteile mit den höchsten A-Schallleistungspegeln dargestellt.

Die A-Teilschallleistungspegel wurden hauptsächlich durch Schallintensitätsmessungen bestimmt. Für die Teilbereiche des Antriebsfundaments, für die wegen hoher Schallreflexion oder wegen fehlender Zugänglichkeit keine Schallintensitätsmessungen möglich waren, wurde der Teilschallleistungspegel durch Körperschallmessungen ermittelt.

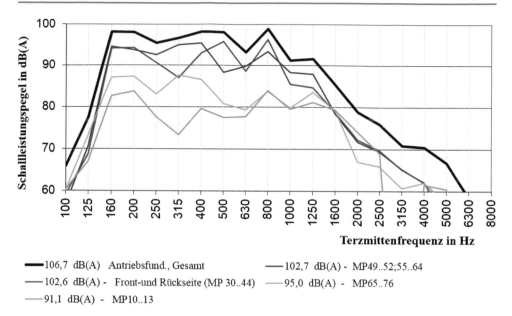

Abb. 6.8 Terzspektrum der A-Gesamt- und Teilschallleistungspegel des Antriebsfundaments

Die Messungen zeigen, dass die Teilschallleistungspegel des Antriebsfundaments im Bereich unterhalb des Getriebes (MP 49–52, 55–64) wesentlich höher liegen als im Bereich des Motors (MP 65–76) und somit maßgeblich zur Gesamtschallabstrahlung beitragen.

Die spektrale Darstellung der Teilschallleistungspegel (Abb. 6.8) zeigt, dass die Geräuschentwicklung des Antriebsfundaments im Frequenzbereich zwischen ca. 160 Hz und ca. 1250 Hz durch die Körperschallabstrahlung der Teilbereiche unterhalb des Getriebes sowie der Teilflächen in der Front- und Rückseite maßgebend bestimmt wird. Weiterhin ist hieraus u. a. zu erkennen, dass die Erhöhung des Gesamtschallleistungspegels bei 500 Hz und 800 Hz vor allem durch die Schallabstrahlung der Front- und Rückseite des Antriebsfundaments verursacht wird.

In Abb. 6.9 ist das Terzspektrum des A-Gesamtschallleistungspegels des Antriebsfundaments zusammen mit den Zahneingriffsfrequenzen des Getriebes dargestellt.

Hieraus ist u. a. zu erkennen, dass die Zahneingriffsfrequenzen der ersten (f_1) und zweiten Stufe (f_2) des Getriebes und deren harmonischen Frequenzen ($n \cdot f_1$ und $n \cdot f_2$, mit $n = 1, 2, 3, \ldots$) die Haupterregerfrequenzen des Antriebsfundaments sind.

Durchgeführte Messungen unter Laborbedingungen

Hierzu wurde das Antriebsfundament in einer Halle aufgestellt und mittels eines Schwingerregers (Shaker) bzw. eines Impulshammers sowie eines kleinen Lautsprechers angeregt [1], s. Abb. 6.10.

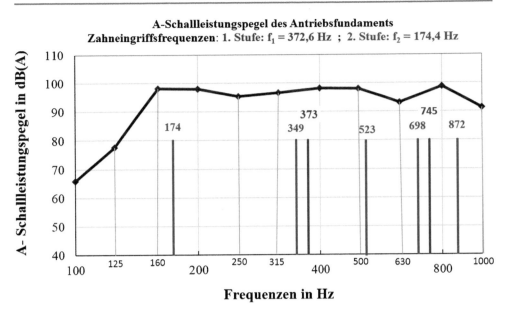

Abb. 6.9 Terzspektrum des A-Schallleistungspegels des Antriebsfundaments und die Lage der Zahneingriffsfrequenzen des Getriebes

Abb. 6.10 Versuchsaufbau für Laboruntersuchungen des Antriebsfundaments

Im Einzelnen wurden folgende Messungen vorgenommen:

- Krafteinleitung mittels Shaker bzw. Impulshammer für die Bestimmung der Eingangsimpedanzen an den Koppelpunkten des Getriebes sowie Eigenfrequenzen und Dämpfungen von Plattenfeldern
- Anregung von Hohlräumen mittels Lautsprecher zur Bestimmung von Hohlraumresonanzen

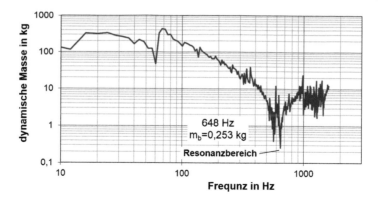

Abb. 6.11 Gemessene dynamische Masse auf der Flanschfläche eines IPE 450 Trägers, Koppelpunkt des Getriebes

In Abb. 6.11 ist exemplarisch die gemessene dynamische Masse an einem Koppelpunkt des Getriebes (Flanschfläche eines IPE 450-Trägers) in Abhängigkeit der Frequenz dargestellt.

Hieraus ist zu erkennen, dass ein relativ massiver Träger, der statisch vollkommen ausreichend dimensioniert ist, am Koppelpunkt des Getriebes bei 648 Hz eine dynamische Masse von $m_b \approx 0,25$ kg als Schwingwiderstand hat. Der gleiche Träger hat bei den Frequenzen unter 100 Hz eine dynamische Masse (Schwingwiderstand) von ca. 300 kg. Es ist daher leicht nachvollziehbar, dass sich das Antriebsfundament je nach anregender Frequenz mit geringen Wechselkräften zu erheblichen Körperschallschwingungen bzw. Geräuschentwicklung anregen lässt [2].

Zusammenfassend lässt sich feststellen, dass die Geräuschentwicklung des Antriebsfundaments vor allem durch Körperschallübertragung des Getriebes auf das Antriebsfundament verursacht wird. Durch die hohe Anzahl der Eigenfrequenzen der Plattenfelder und Hohlräume sowie durch die relativ gering schwankende Drehfrequenz des Motors werden mehrere Plattenfelder und Hohlräume des Antriebsfundaments zu Resonanzschwingungen angeregt. Die Gesamtschallabstrahlung wird in erster Linie durch die Körperschallabstrahlung bzw. den sekundären Luftschall bestimmt und wird durch Resonanzschwingungen, die bei Übereinstimmung der Erregerfrequenzen des Getriebes mit den Eigenfrequenzen der Bauteile des Antriebsfundaments, der Plattenfelder und der Hohlräume zustande kommen, maßgebend beeinflusst.

6.1.3 Lärmminderungsmaßnahmen

Basierend auf den Ergebnissen der schalltechnischen Schwachstellenanalyse wurden folgende Lärmminderungsmaßnahmen vorgeschlagen, um die Gesamtgeräuschentwicklung der Antriebseinheit zu reduzieren. Für das Antriebsfundament wurden prinzipielle kon-

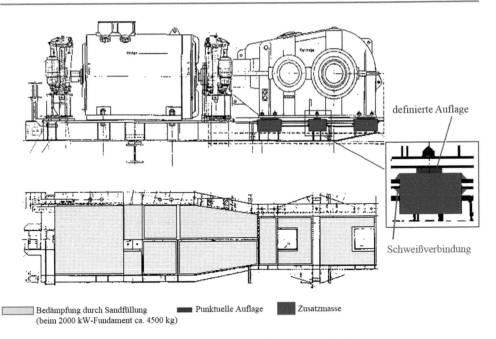

☐ Bedämpfung durch Sandfüllung   ■ Punktuelle Auflage   ■ Zusatzmasse
(beim 2000 kW-Fundament ca. 4500 kg)

Abb. 6.12 Schematische Darstellung der Maßnahmen für das Antriebsfundament

struktive Lärmminderungsmaßnahmen erarbeitet, die bei der Neukonstruktion des Antriebsfundaments berücksichtigt werden sollten.

1. Zur wirksamen Reduzierung der Gesamtschallabstrahlung der Antriebseinheit sollte
   das Getriebe gekapselt werden. Das Einfügungsdämmmaß der Schallhaube soll mindestens 15 dB(A) betragen.
2. Erhöhen der dynamischen Massen an den Koppelpunkten des Getriebes, um die Kör-
   perschalleinleitung zu verringern.
3. Um die Krafteinleitungsstellen eindeutig zu definieren, sollte die Ankopplung des Getriebes an das Antriebsfundament punktförmig gestaltet werden.
4. Reduzierung der Impedanzeinbrüche, vor allem bei den Bauteilen, die zu Resonanzen angeregt werden, durch Erhöhung der Dämpfung, z. B. durch das Anbringen von
   Streifenbedämpfungen bzw. durch Füllung der Hohlräume mit trockenem Quarzsand.
5. Schließen der Öffnung unterhalb des Getriebes. Der dabei entstehende Hohlraum soll
   durch Sandfüllung (Quarzsand) bedämpft werden.

In Abb. 6.12 sind die o. a. Maßnahmen für ein geplantes Antriebsfundament, einschließlich des neuen Getriebes mit gleichen Verzahnungen und Drehzahlen, schematisch dargestellt [1, 3].

Die Wirksamkeit von primären konstruktiven Maßnahmen, z. B. durch Erhöhung der
Eingangsimpedanz oder durch das Bedämpfen von resonanzerregten Plattenfeldern, hängt

im Wesentlichen davon ab, ob es gelingt, im Verhältnis zu den vorhandenen Werten, z. B. dynamischen Masse, Dämpfung usw. eine spürbare Erhöhung um mindestens Faktor 2 zu erreichen.

Im vorliegenden Fall wurde aufgrund der Ergebnisse der Schwachstellenanalyse bei der Lärmminderungsplanung eine Gesamtlärmminderung des Antriebsfundaments um ca. 12 dB(A) festgelegt. Hierfür wurden für die prinzipiellen Maßnahmen auch quantitative Vorschläge erarbeitet, damit man sie beim Neubau berücksichtigen kann.

Die Erhöhung der dynamischen Masse an den Getriebekoppelpunkten wurde durch einen kompakten Massenklotz ($m = 10$ kg), der kraftschlüssig unterhalb der Flanschfläche des IPE 450-Trägers angebracht werden sollte, realisiert. Dadurch sollten die Impedanzeinbrüche, über ca. 500 Hz, s. Abb. 6.11, deutlich erhöht werden [2].

Damit die Erhöhung der dynamischen Masse wirksam wird, soll die zuvor linienförmige Krafteinleitung des Getriebes auf das Antriebsfundament punktförmig gestaltet werden. Dies kann z. B. mit Hilfe einer Unterlegscheibe an allen Koppelpunkten realisiert werden.

Für die Bedämpfung wurde Quarzsand mit einer Korngröße von ca. 1 bis 2 mm, der zuvor durch Erhitzen getrocknet werden sollte, vorgeschlagen. Durch die Trocknung soll vermieden werden, dass sich mit der Zeit Klumpen bilden.

Durch die vorgeschlagen Maßnahmen wird eine Gesamtlärmminderung der Antriebseinheit von ca. 8 dB(A) erwartet.

Eine weitere bei der Lärmminderungsplanung aufgeführte Lärmminderung der Antriebseinheit ist nur möglich bzw. sinnvoll, wenn die Geräuschentwicklung des Motors und der Bremse in Zusammenarbeit mit den Herstellern reduziert wird. Wie bereits erwähnt, kommt eine Gesamtkapselung der Antriebseinheit wegen der Instandhaltungsarbeiten nicht in Frage.

6.2 Verpackungsmaschine

Die Geräuschemission eines Kartonierers vom Typ C 150 der Fa. Uhlmann Pac-Systeme GmbH & Co. KG (Abb. 6.13) soll so weit gemindert werden, dass der Emissions-Schalldruckpegel am Arbeitsplatz der Verpackungsmaschine einen Wert von $L_{pA} = 75$ dB(A) nicht überschreitet [4].

In der Tab. 6.2 sind die nach DIN EN ISO 11202 ermittelten Emissions-Schalldruckpegel an den Arbeitsplätzen des Kartonierers sowie die erforderliche Lärmminderung zusammengestellt.

Tab. 6.2 Emissions-Schalldruckpegel an den Arbeitsplätzen für den Kartonierer Typ C 150

Arbeitsplätze	Emissions-Schalldruckpegel L_{pA} Volllastbetrieb (150 Takte/min)	Erforderliche Lärmminderung
Faltschachtelzufuhr	81 dB(A)	6 dB(A)
Beipackzettelzufuhr	83 dB(A)	8 dB(A)

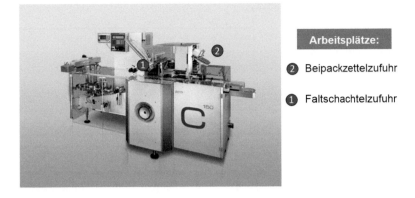

Abb. 6.13 Kartonierer Typ C 150 (Uhlmann Pac-Systeme GmbH & Co. KG)

Die Lärmminderung von 6 bzw. ca. 8 dB(A) orientiert sich an dem geforderten Zielwert von 75 dB(A). In Abb. 6.13 ist der untersuchte Kartonierer vom Typ C 150 einschließlich der erwähnten Arbeitsplätze dargestellt [4].

6.2.1 Konstruktionsakustische Schwachstellenanalyse

Um die Geräuschemission der Verpackungsmaschine zu reduzieren, wurde an dem Kartonierer, eine schall- und schwingungstechnische Schwachstellenanalyse durchgeführt [5]. Aufbauend darauf wurden primäre und sekundäre Lärmminderungsmaßnahmen für das Erreichen der Zielstellung erarbeitet.

Die maßgeblichen Teilschallquellen des Kartonierers sind:

- Öffnung Blisterabschläger
- Faltschachtelzufuhr
- „Kaminöffnung" in Dachfläche
- Vakuumpumpe
- Prospektzufuhr (Beipackzettelzufuhr)
- Faltschachtelauswurf
- Maschinenschutzverkleidung

In Abb. 6.14 sind die maßgeblichen Teilschallquellen des Kartonierers dargestellt.

Die Ermittlung des Gesamt- und Teilschallleistungspegels des Kartonierers erfolgte nach dem Schallintensitätsverfahren nach DIN EN ISO 9614-2.

Die Teilschallleistungspegel der Bodenschlitze und der sonstigen Öffnungsflächen wurde nach dem Verfahren der Totalausblendung ermittelt, bei dem die Teilschallleistung einzelner Schallquellen indirekt durch Pegelsubtraktion berechnet wird. Hierzu wurden die Bodenschlitze bzw. sonstigen Öffnungsflächen provisorisch abgedichtet. Der

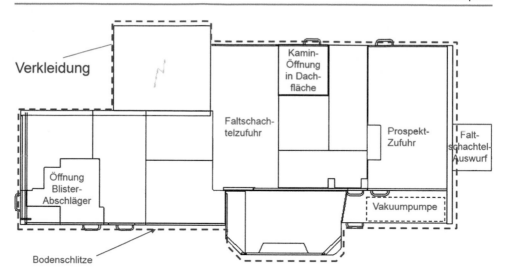

Abb. 6.14 Maßgebliche Teilschallquellen (Kartonierer Typ C 150)

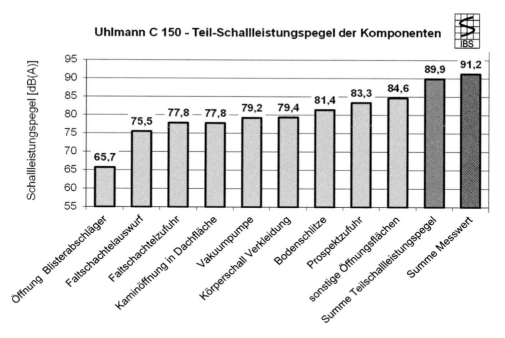

Abb. 6.15 Schallleistungspegelbilanz des Kartonierers Typ C 150

Teilschallleistungspegel der Maschinenschutzverkleidung wurde durch Körperschallmessungen nach DIN 45635-8 ermittelt.

In Abb. 6.15 sind die A-Gesamt- und Teilschallleistungspegel des Kartonierers C 150 dargestellt. Es ist zu erkennen, dass sich die gesamte vom Kartonierer abgestrahlte Schall-

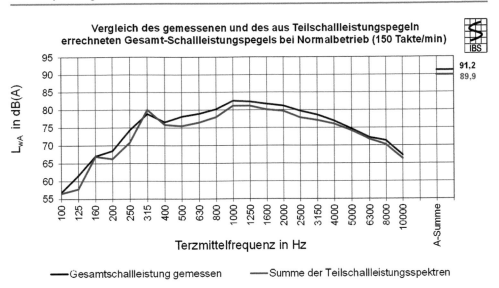

Abb. 6.16 Vergleich der Frequenzspektren des gemessenen und des aus den Teilschallleistungs-pegeln berechneten Gesamtschallleistungspegels des Kartonierers Typ C 150 bei 150 Takte/min

energie auf viele Teilschallquellen mit annähernd gleichem Teilschallleistungspegel verteilt.

Die energetische Aufsummierung der Teilschallleistungspegel ergibt einen A-Gesamtschallleistungspegel von $L_{WA,ges,R} = 89,9\,dB(A)$. Der messtechnisch ermittelte A-Gesamtschallleistungspegel liegt mit $L_{WA,ges,M} = 91,2\,dB(A)$ um $1,3\,dB(A)$ höher. Diese Abweichung ist auf unvermeidliche Messungenauigkeiten bei der Schallleistungspegelermittlung der einzelnen Teilschallquellen und mögliche systematische Abweichungen bei der Bilanzierung einzelner Teilschallleistungen zurückzuführen, liegt aber noch im Rahmen der bei solchen Messungen üblichen Werte.

In Abb. 6.16 ist das Terzspektrum des gemessenen Gesamtschallleistungspegels ($L_{WA,fm,M}$) dem Terzspektrum des über die einzelnen Teilschallleistungspegel energetisch addierten Gesamtschallleistungspegels ($L_{WA,fm,R}$) gegenübergestellt. Wie man erkennt, liegt die Genauigkeit der Schwachstellenanalyse in den einzelnen Terzbändern im Rahmen der anzustrebenden Größenordnung von 2 bis 5 dB, s. Kap. 5.

In Abb. 6.17 sind die Terzspektren maßgeblicher Teilschallquellen dem Terzspektrum des Gesamtschallleistungspegels des Kartonierers gegenübergestellt.

Hierbei wurden aus Gründen der Übersichtlichkeit die Teilschallleistungspegel der Teilschallquellen Öffnung Blisterabschläger, Faltschachtelauswurf, Faltschachtelzufuhr, Kaminöffnung in Dachfläche, Bodenschlitze, Prospektzufuhr sowie die sonstigen Öffnungen in der Schutzverkleidung energetisch zur Teilschallleistung „sämtliche Öffnungen" addiert.

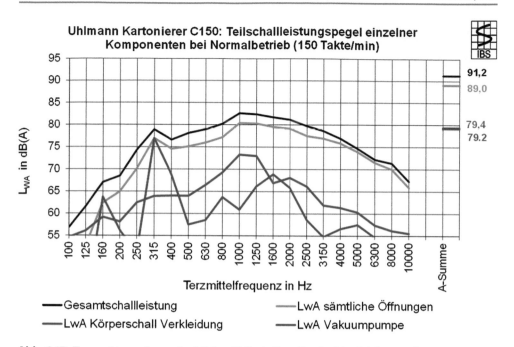

Abb. 6.17 Terzspektrum der maßgeblichen Teilschallquellen im Vergleich zum Gesamtschallleistungspegel des Kartonierers Typ C 150

Zusammenfassend lässt sich feststellen, dass die Schallemission des Kartonierers bei Normalbetrieb im tieffrequenten Bereich maßgeblich von der Vakuumpumpe geprägt wird.

Die Pegelüberhöhungen im Terzband 160 Hz und 315 Hz sind auf die Pulsationsfrequenz der Vakuumpumpe ($f_0 = 170\,\text{Hz}$) und die 1. Harmonische der Pulsationsfrequenz ($f_1 = 340\,\text{Hz}$) zurückzuführen. Im hochfrequenten Bereich sind die Schallemissionen maßgeblich auf die Öffnungsflächen in der Schutzverkleidung zurückzuführen, wobei insbesondere der Falzvorgang des Beipackzettels und die sonstigen Öffnungsflächen einen herausragenden Anteil haben. Die Körperschallabstrahlung fällt ca. 10 dB(A) niedriger aus als die Luftschallabstrahlung der Öffnungsflächen der Maschinenschutzverkleidung. Für die Geräuschentwicklung des Kartonierers ist daher die Luftschallabstrahlung maßgebend.

6.2.2 Lärmminderungspläne

Bei der Erarbeitung von Lärmminderungsmaßnahmen und Aufstellung von Prioritätenplänen kommen oftmals verschiedene Szenarien in Betracht, um die angestrebte Pegelminderung zu erreichen. Sollen z. B. aus funktionalen oder wirtschaftlichen Gesichtspunkten einige Teilschallquellen „nicht mehr angepackt" werden, kann anhand der Energiebilanz überprüft werden, ob die notwendige Lärmminderung durch Maßnahmen an anderen Teil-schallquellen realisiert werden kann.

Mit Hilfe der erarbeiteten Schallleistungsbilanz ist es möglich, die Wirksamkeit von „In-petto-Lösungen", also Minderungsmaßnahmen, die der Maschinenhersteller bereits in der Schublade hat oder die mit geringem Aufwand umsetzbar sind, abschätzen und bewerten zu können [5].

Nachfolgend wird ein mit dem Hersteller abgestimmter Lärmminderungsplan für ei-ne Gesamtpegelreduktion von ca. 7 bis 8 dB(A) an den Arbeitsplätzen wiedergegeben. Hierbei sind folgende Lärmminderungen vorgesehen:

- Verzicht auf die Vakuumpumpe. Hier besteht grundsätzlich die Möglichkeit, das not-wendige Prozessvakuum mit einer anderen Technik zu erzeugen bzw. bereitzustellen.
- Die Teilemission der Prospektzufuhr soll um 10 dB(A) gemindert werden. Dies kann z. B. durch Einsatz eines akustisch optimierten Falzers mit Beipackzettelhaube und verbesserten Abdichtungsmaßnahmen erreicht werden.
- Akustisches Abdichten der Kaminöffnung in der Dachfläche und der Bodenschlitze. Das erforderliche Einfügungsdämmmaß beträgt 15 dB(A).
- Die Faltschachtelzufuhr, bei der aus funktionellen Gründen Restöffnungsflächen ver-bleiben, soll um 7 dB(A) reduziert werden.
- Bei der Prospektzufuhr, bei der die Restöffnungsflächen kleiner gehalten werden kön-nen, wird eine Pegelminderung um 10 dB(A) vorgesehen.
- Die sonstigen Öffnungsflächen im Bereich der Arbeitsplätze müssen durch optimierte Abdichtungen so ausgeführt werden, dass in der Gesamtheit eine Schallleistungspegel-minderung von 5 dB(A) erreicht wird.
- Am Faltschachtelauswurf soll durch eine Abschirmung eine immissionswirksame Schallleistungspegelminderung von 3 dB(A) erreicht werden.
- Reduzierung des Körperschallleistungspegels der Verkleidungsflächen um ca. 7 dB(A).

In Abb. 6.18 ist der o. a. Lärmminderungsplan bzw. die vorgesehene Lärmminderungen dargestellt [4].

6.2.3 Prinzipielle Lärmminderungsmaßnahmen

Nachfolgend werden einige der prinzipiellen Lärmminderungsmaßnahmen beschrieben:

Geräuschoptimierung des Prospekttisches
Die Dehnung des Kraft-Zeit-Verlaufs des geräuschintensiven Blasvorgangs, der zum Lo-ckern des Beipackzettelstapels gedacht ist, lässt sich z. B. durch Abrunden der Kante des Prospekttisches auf der Seite der Transportrolle realisieren, s. Abb. 6.19. Neben der Ab-rundung kann durch das Anbringen von Nuten im Bereich der Prospekttischkante eine weitere Pegelminderung erreicht werden.

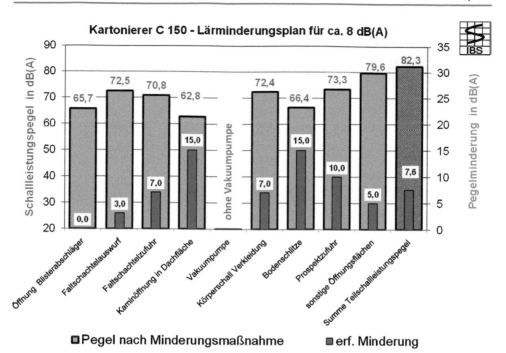

Abb. 6.18 Lärmminderungsplan für Geräuschreduzierung des Kartonierers Typ C 150 um ca. 8 dB(A)

Abb. 6.19 Prinzipskizze Minderungsmaßnahmen Prospektzufuhr

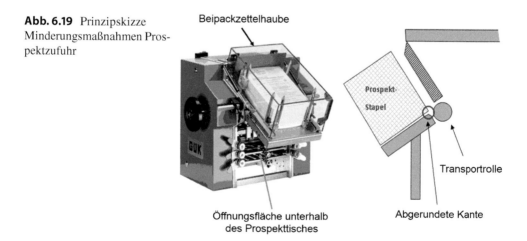

Die Öffnungsfläche unterhalb des Prospekttischs sollte z. B. durch eine aufklappbare Tür, die mit Dichtungen versehen ist, verschlossen werden.

Zusätzlich zu den genannten Maßnahmen sollte die Öffnungsfläche zwischen Beipackzettelstapel und dem Innern der Maschine verschlossen werden. Eine entsprechende

Abb. 6.20 Prinzipskizze Abdichtung Bodenschlitz

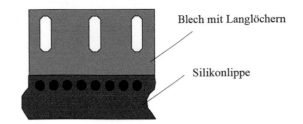

Blech mit Langlöchern

Silikonlippe

Abdichtungsplatte, die nach Möglichkeit dicht an das umgebende Gehäuse angeschlossen werden soll, ist in Abb. 6.19 schraffiert skizziert.

Die vom Hersteller des Falzers vorgesehene Standard-Konfiguration des Falzers ist in dieser Hinsicht akustisch günstig gestaltet, weil der gesamte Beipackzettelstapel von einem oben offenen Rahmen umgeben ist, der auch die Öffnungsfläche zwischen Prospektstapel und dem Maschineninnern verschließt.

Abdichten der Bodenschlitze

Bodenschlitze können z. B. mit einer Schürze abgedichtet werden. Übliche Ausführungen bestehen aus einem Montageblech mit Langlöchern, die eine Anpassung z. B. an geneigten Untergrund ermöglichen, und einer daran montierten Silikonlippe (siehe Abb. 6.20). Alternativ bzw. zusätzlich sollte der Kartonierer mit einer geschlossenen Bodenplatte ausgeführt werden.

Körperschallabstrahlung der Maschinenschutzverkleidung

Um den Körperschallleistungspegel der Verkleidungsflächen entsprechend zu mindern, wird empfohlen, einen tragenden Rahmen für die Maschinenschutzverkleidung vorzusehen, der vom Grundrahmen der Maschine konsequent elastisch entkoppelt ist und somit keine Körperschallbrücken aufweist.

6.3 Straddle Carrier (Mobilkran)

Um den zukünftigen Forderungen gewachsen zu sein, soll nach Kundenvorgaben der emissionskennzeichnende Gesamtschalldruckpegel L_{pA20m} max. 65 dB(A) betragen. L_{pA20m} wird in einem Abstand von 20 m zum Mittelpunkt des Straddle Carriers, Typ 54 DE (Abb. 6.21), nach Vorgaben der hauseigenen Messvorschriften der EUROGATE Container Terminal Bremerhaven GmbH, gemessen [6, 7].

6.3.1 Akustische Schwachstellenanalyse

Für die Ermittlung der akustischen Schwachstellenanalyse wurden für alle akustisch relevanten Bauteile des Straddle Carriers die A-Teilschallleistungspegel schallintensimetrisch

Abb. 6.21 Straddle Carrier
Typ 54 DE

ermittelt (Gesamt- und Terzbandpegel). Die Teilschallleistungspegel wurden für folgende
Betriebsparameter bestimmt [8, 9]:

- Heben (16 m/min) und Senken (18 m/min) des Hubwerks
- Fahren mit maximaler Geschwindigkeit (ca. 24 km/h)

Akustisch relevant sind folgende Bauteile des Straddle Carriers, Typ 54 DE:

- Hydraulik
- Generator
- Motor
- Lufteinlassgitter (Einlass)
- Luftaustrittsöffnung (Auslass)
- Auspuff
- Winde und Windenantrieb
- Bodenwanne
- Fahrwerk komplett (linker und rechter Fahrwerkträger, Fahrantriebe, Räder 1 bis 8)

In Abb. 6.22 sind die gemessenen A-Schallleistungspegel der Bauteile beim Betriebszustand „Heben & Senken des Hubwerks" dargestellt.

Wie aus dem Diagramm zu erkennen ist, wird die Geräuschentwicklung bei diesem Betriebszustand in erster Linie durch die Schallabstrahlung des Lufteinlassgitters und vom
Auspuff bestimmt. In Abb. 6.23 sind die Terzspektren der A-Schallleistungspegel der Bauteile beim Betriebszustand „Heben & Senken des Hubwerks" dargestellt.

Man erkennt, dass das Frequenzspektrum des Lufteinlassgitters sehr breitbandig und
dessen Schallabstrahlung für die Geräuschentwicklung des Straddle Carriers bei höheren
Frequenzen ($f > 160$ Hz) verantwortlich ist. Die Geräuschentwicklung im Terzband 100
wird fast ausschließlich von der tonalen Schallabstrahlung des Auspuffs bestimmt.

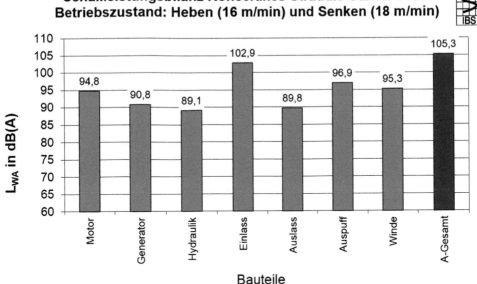

Abb. 6.22 A-Schallleistungspegel für den Betriebszustand „Heben und Senken des Hubwerks"

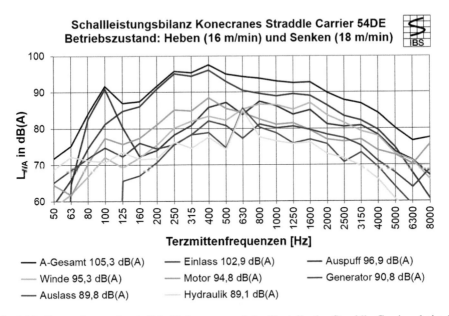

Abb. 6.23 Terzspektrum der A-Schallleistungspegel der Bauteile des Straddle Carriers beim Betriebszustand „Heben und Senken des Hubwerks"

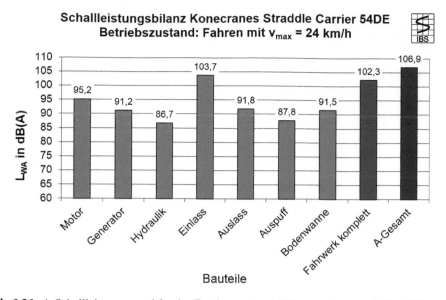

Abb. 6.24 A-Schallleistungspegel für den Betriebszustand „Fahren mit $v_{max} = 24\,\text{km/h}$"

In Abb. 6.24 sind die A-Schallleistungspegel der relevanten Bauteile beim Betriebszustand **„Fahren mit $v_{max} = 24\,\text{km/h}$"** dargestellt.

Wie aus dem Diagramm zu erkennen ist, wird die Geräuschentwicklung beim Betriebszustand „Fahren mit $v_{max} = 24\,\text{km/h}$" in erster Linie durch die Schallabstrahlung des Lufteinlassgitters und vom Fahrwerk bestimmt.

In Abb. 6.25 sind die Terzspektren der A-Teilschallleistungspegel der Bauteile beim Betriebszustand „Fahren mit $v_{max} = 24\,\text{km/h}$" dargestellt.

Man erkennt, dass das Frequenzspektrum des Lufteinlassgitters wieder sehr breitbandig und dessen Schallabstrahlung für die Geräuschentwicklung des Straddle Carriers im Frequenzbereich $125\,\text{Hz} < f < 500\,\text{Hz}$ verantwortlich ist. Die Geräuschentwicklung des Auspuffs ist auch hier für die tonalen Komponenten im Terzband $100\,\text{Hz}$ verantwortlich. Im mittleren und oberen Frequenzbereich ($f > 500\,\text{Hz}$) wird die Schallabstrahlung des Straddle Carriers beim Betriebszustand „Fahren mit $v_{max} = 24\,\text{km/h}$" vom Fahrwerk, anteilig aber auch vom Lufteinlassgitter bestimmt.

Da die Schallabstrahlung des Fahrwerks die Gesamtgeräuschentwicklung maßgebend beeinflusst, wurden durch die schalltechnische Schwachstellenanalyse die Teil- und Gesamtschallleistungspegel des Fahrwerks und die Ursachen der Schallentstehung ermittelt.

In Abb. 6.26 sind die gemessenen A-Teilschallleistungspegel der Fahrwerksbauteile des linken Fahrträgers beim Betriebszustand **„Fahren mit v_{max}"** dargestellt.

Man erkennt, dass die Geräuschemission des Fahrwerks maßgebend durch die Schallabstrahlung der Fahrwerkinnenseite bestimmt wird.

Da der linke und der rechte Fahrträger gleicher Bauart sind, kann davon ausgegangen werden, dass die für den linken Fahrträger ermittelte Schallleistungsbilanz auf den rechten

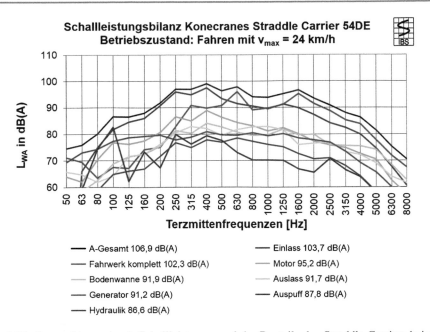

Abb. 6.25 Terzspektrum der A-Schallleistungspegel der Bauteile des Straddle Carriers beim Betriebszustand „Fahren mit $v_{max} = 24\,km/h$"

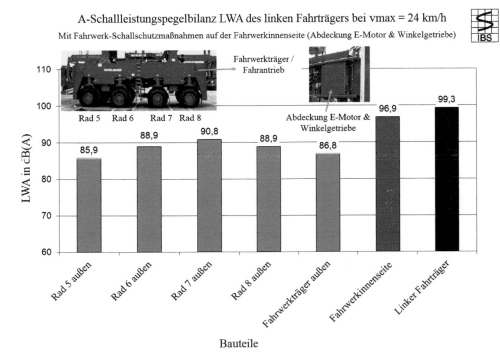

Abb. 6.26 Teilschallleistungspegel des Fahrwerks, „Fahren mit $v_{max} = 24\,km/h$"

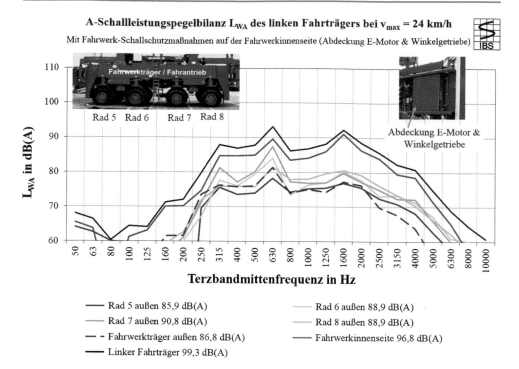

Abb. 6.27 Terzspektren der A-Schallleistungspegel des Fahrträgers links beim Betriebszustand „Fahren mit $v_{max} = 24\,km/h$"

Fahrträger übertragbar ist. Linker und rechter Fahrträger emittieren somit beim Betriebszustand „Fahren mit $v_{max} = 24\,km/h$" zusammen einen A-Teilschallleistungspegel von $L_{WA,\text{Fahrwerk komplett}} = 99,3 + 3 = 102,3\,dB(A)$, s. Abb. 6.24 und Abb. 6.25.

In Abb. 6.27 sind die Terzspektren der A-Teilschallleistungspegel der Fahrträgers beim Betriebszustand „Fahren mit $v_{max} = 24\,km/h$" dargestellt.

In Abb. 6.28 ist das Schmalbandspektrum des A-Schalldruckpegels in 20 m Entfernung, Maximalpegel L_{AFmax} dargestellt [8].

Pegelerhöhungen im Schmalbandspektrum lassen sich der Zündfrequenz des Motors (f_M), der Zahneingriffsfrequenz des Kegelradgetriebes (f_K) sowie der Zahneingriffsfrequenz des Winkelgetriebes (f_W) und deren jeweilige Harmonischen zuordnen. Pegelbestimmende Komponente während der Vorbeifahrt ist die Zahneingriffsfrequenz des Kegelradgetriebes f_K, mit dem jeder Radantrieb ausgerüstet ist (jeweils 2 Radantriebe auf jeder Fahrwerkinnenseite). In Abb. 6.29 ist der Radantrieb einschließlich der jeweiligen Wellendrehzahlen für den Betriebszustand „Fahren mit $v_{max} = 24\,km/h$" dargestellt.

Aus den gemessenen Teilschallleistungspegeln lässt sich die mittlere Teil-Schallimmission der jeweiligen Teilschallquelle in 20 m Entfernung ($L_{pA20\,m,j}$) als Messflächen-

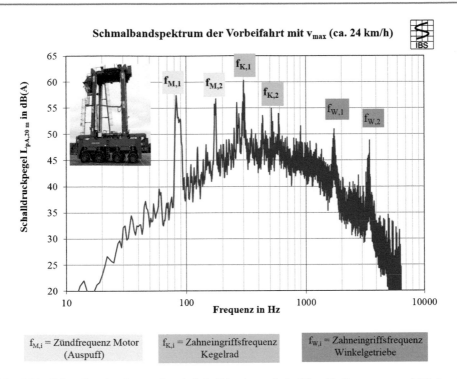

Abb. 6.28 Schmalbandspektrum des A-Schalldruckpegels in 20 m Entfernung zum Mittelpunkt des Straddle Carriers als Maximalpegel (L_{AFmax})

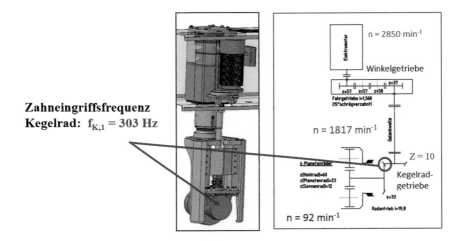

Abb. 6.29 Schematische Darstellung des Radantriebs und der Wellendrehzahlen für v_{max} = 24 km/h

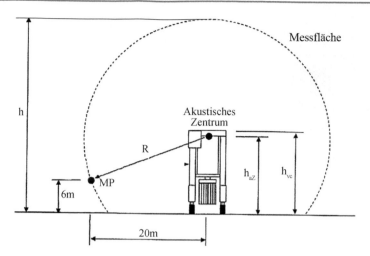

Abb. 6.30 Messfläche zur Ermittlung des effektiven Anlagen-Schallleistungspegels $L_{WA,\text{eff}}$, [6, 7]

Schalldruckpegel $\overline{L_{pA,j}}$ rechnerisch bestimmen [8], s. Abb. 6.30.

$$\overline{L_{pA,j}} = L_{WA,j} - L_S \tag{6.1}$$

$$L_S = 10 \cdot \log\left(\frac{S}{S_0}\right) \tag{6.2}$$

Dabei ist:

L_S	Messflächenmaß in dB
$S = 2 \cdot \pi \cdot R \cdot h$	Messflächeninhalt in m^2
R	Radius des Kugelabschnitts in m
h	Höhe des Kugelabschnitts in m
$S_0 = 1\,\text{m}^2$	Bezugsfläche

Aus den Teilschalldruckpegeln in 20 m Entfernung lässt sich der Gesamtschalldruckpegel bestimmen:

$$\overline{L_{pA,20\,\text{m}}} = 10 \cdot \lg \sum_{j=1}^{n} 10^{L_{pA,20\text{m},j}} \quad \text{dB(A)} \tag{6.3}$$

Aus dem Vergleich der gerechneten mittleren A-Schalldruckpegel in 20 m, $\overline{L_{pA,20\,\text{m}}}$, mit den entsprechenden Messwerten besteht die Möglichkeit, die für die Gewährleistung bzw. Zielvorgabe maßgeblichen Schallemittenten zu lokalisieren. Darüber hinaus kann man hiermit die Genauigkeit der Schwachstellenanalyse, s. Kap. 5, überprüfen.

Der in Abb. 6.24 und Abb. 6.25 angegebene A-Gesamtschallleistungspegel von 106,9 dB(A) wurde rechnerisch durch energetische Addition der Teilschallleistungspegel ermittelt und stimmt hier auch gut mit dem A-Schallleistungspegel $L_{WA} = 107{,}1$ dB(A), der nach (6.1) durch Messung des Schalldruckpegels für den Betriebszustand „Fahren mit $v_{max} = 24$ km/h" ermittelt wurde, überein [8].

6.3.2   Lärmminderungspläne

Um den mittleren Gesamtschalldruckpegel in einem Abstand von 20 m zum Mittelpunkt des Gerätes auf einen Wert von $L_{pA20\,m} \leq 65$ dB(A) zu reduzieren, sind, wie die Untersuchungen [8, 9] gezeigt haben, folgende Lärmminderungen notwendig:

- Die Reduzierung des mittleren Schallleistungspegels L_{WA} für den Betriebszustand **„Fahren mit maximaler Geschwindigkeit"** um 3,4 dB(A). Dies kann z. B. durch die Reduzierung der Teil-Schallleistungspegel des Lufteinlassgitters (Einlass) um 4,7 dB(A) und der Teilschallleistungspegel des Fahrwerks um 4,6 dB(A) erreicht werden. In Abb. 6.31 ist der entsprechende Lärmminderungsplan dargestellt.
- Die Reduzierung des mittleren Schallleistungspegels L_{WA} für den Betriebszustand **„Heben und Senken des Hubwerks"** um 2,1 dB(A). Dies kann z. B. durch die Reduzierung der Teilschallleistungspegel des Lufteinlassgitters (Einlass) um 4,7 dB(A) erreicht werden. In Abb. 6.32 ist der entsprechende Lärmminderungsplan dargestellt.

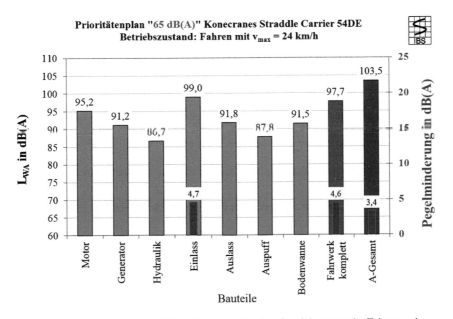

Abb. 6.31 Lärmminderung- bzw. Prioritätenplan für den Betriebszustand „Fahren mit $v_{max} =$ 24 km/h"

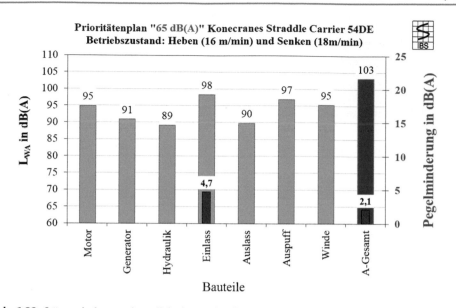

Abb. 6.32 Lärmminderung- bzw. Prioritätenplan für den Betriebszustand „Heben und Senken des Hubwerks"

6.3.3 Lärmminderungsmaßnahmen

Für das Erreichen der notwendigen Pegelminderung am Lufteinlass wurde von der Firma IBS GmbH in Zusammenarbeit mit dem Hersteller des Straddle Carriers, der Firma Konecranes Heavy Lifting GmbH, ein kompakter, lediglich 120 mm auftragender Ansaugschalldämpfer entwickelt.

Um am Fahrwerk des Straddle Carriers die notwendige Pegelminderung in Höhe von 4,6 dB(A) zu erreichen, muss die Geräuschemission der Fahrwerkinnenseite um 3,6 dB(A) und die Geräuschemission der Räder auf der Außenseite der Fahrträger jeweils um 10 dB(A) reduziert werden (siehe Abb. 6.33).

Durch Messungen konnte nachgewiesen werden, dass die Geräuschentwicklung der Fahrwerkinnenseite durch entsprechende Abdeckungen des Kegelradgetriebes um 3,6 dB(A) reduziert werden kann.

Abb. 6.34 zeigt eine prinzipielle Lärmminderungsmaßnahme, mit der die Geräuschemission der Räder auf der Außenseite der Fahrträger jeweils um 10 dB(A) reduziert werden kann.

Zusammenfassend folgt, dass man mit Hilfe einer konstruktionsakustischen Schwachstellenanalyse die maßgebenden Quellen, die für die Gesamtgeräuschentwicklung verantwortlich sind, lokalisieren kann. Orientiert an der Zielvorgabe lassen sich dann Lärmminderungspläne erstellen und geeignete Lärmminderungsmaßnahmen erarbeiten.

In vorliegendem Fall wurden in Zusammenarbeit mit der Fa. Konecranes Maßnahmenvorschläge erarbeitet mit dem Ziel, den emissionskennzeichnenden Gesamtschall-

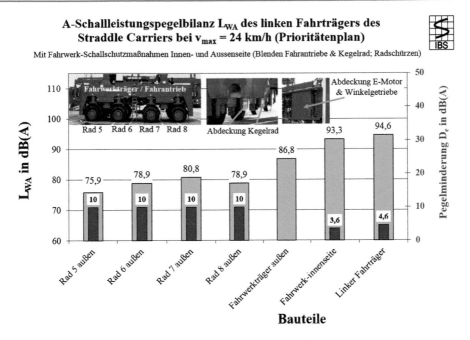

A-Schallleistungspegelbilanz L$_{WA}$ des linken Fahrträgers des Straddle Carriers bei v$_{max}$ = 24 km/h (Prioritätenplan)

Mit Fahrwerk-Schallschutzmaßnahmen Innen- und Aussenseite (Blenden Fahrantriebe & Kegelrad; Radschürzen)

Abb. 6.33 Lärmminderungs- bzw. Prioritätenplan des Fahrwerks

Abb. 6.34 Schutzblech mit integrierter Radschürze

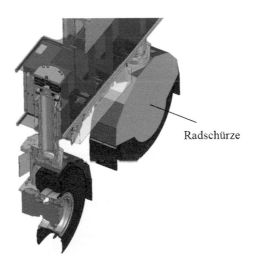

druckpegel in einem Abstand von 20 m zum Mittelpunkt des Gerätes auf einen Wert von $L_{pA20\,m} \leq 65\,\text{dB(A)}$ zu reduzieren.

6.4   Rohrbündelwärmetauscher

Nach der Inbetriebnahme einer Rauchgasentschwefelungsanlage (REA) des Kraftwerks Rauxel, s. Abb. 6.35, wurde festgestellt, dass an verschiedenen Immissionsorten außerhalb des KW-Geländes die zulässigen Schallimmissionsrichtwerte, je nach Immissionsort, um 10 bis 17 dB(A), sowohl bei Volllast als auch in einigen Teillastbereichen, überschritten werden.

Die REA ist ausgeführt als Einkreiswäscher mit Rieseleinbauten ohne Vorwäscher. Vor Eintritt in den Schornstein wird das Rauchgas in einem dampfbeheizten Rohrbündelwärmetauscher auf 78 °C aufgeheizt.

Mit Hilfe einer schall- und schwingungstechnischen Schwachstellenanalyse für die Gesamtanlage und die relevanten Einzelkomponenten wie Pumpen, Gebläse, Wäscher und Wärmetauscher soll die Schallentstehung beschrieben und die maßgebenden Geräuschquellen lokalisiert werden. Das Ziel der Untersuchung war es, mögliche verfahrenstechnische und/oder konstruktive Lösungen zu finden, damit die zulässigen Immissionsrichtwerte eingehalten werden [10, 11].

6.4.1   Schall- und schwingungstechnische Schwachstellenanalyse

In Abb. 6.36 sind die Lage der REA im Kraftwerk Rauxel sowie einige kritische Immissionsorte angegeben.

Abb. 6.35 Ansicht des Kraftwerks Rauxel [11]

Abb. 6.36 Lageplan der
REA und der hauptbelaste-
ten Immissionspunkte im bzw.
außerhalb des Kraftwerks Rauxel

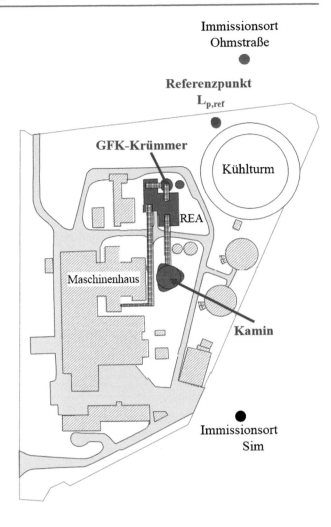

In Abb. 6.37 ist das Terzspektrum des A-Schalldruckpegels am Referenzpunkt $L_{pA,ref}$
für den Volllastbetrieb dargestellt. Hieraus ist zu erkennen, dass der Immissionspegel bei
Volllastbetrieb des Blockes vor allem durch die tonalen Komponenten bei Terzen 250 und
315 Hz bestimmt wird.

Für die Lokalisierung der Erregerquelle wurde durch umfangreiche Luft-, Körperschall-
und Schallintensitätsmessungen die Hauptlärmquelle der Anlage ermittelt. In Abb. 6.38
sind die REA und einige akustisch relevante Bauteile der Anlage einschließlich Luft- und
Körperschallmesspunkte dargestellt.

Die Untersuchungen haben ergeben, dass für die Pegelerhöhungen an den Immissionsorten in erster Linie die Schallabstrahlung des GFK-Krümmers und der Kaminmündung
verantwortlich sind. In Abb. 6.39 ist der A-Teilschallleistungspegel der o. a. Anlagenteile
dargestellt.

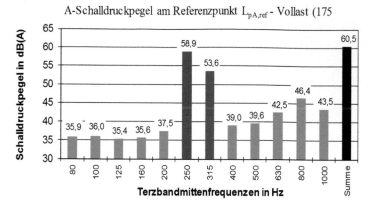

Abb. 6.37 Terzspektrum des A-Schalldruckpegels am Referenzpunkt $L_{pA,\mathrm{ref}}$ für den Volllastbetrieb

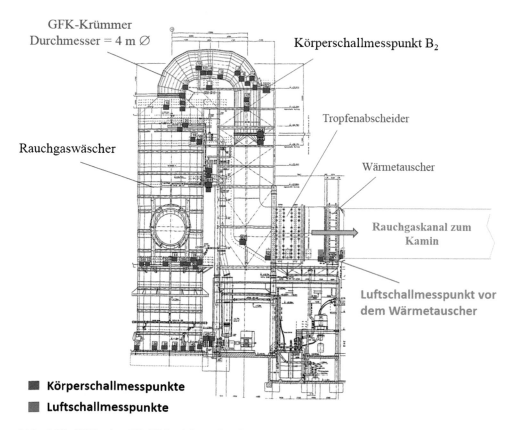

Abb. 6.38 REA einschließlich einiger akustisch relevanter Anlagenbauteile sowie die Luft- und Körperschallmesspunkte

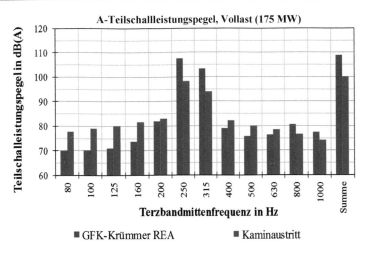

Abb. 6.39 A-Teilschallleistungspegel maßgeblicher Anlagenteile

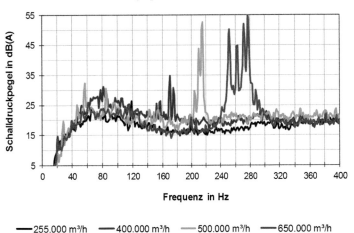

Abb. 6.40 Schmalbandspektrum des A-Schalldruckpegels am Immissionsort „Ohmstraße" bei verschiedenen Durchsätzen

In Abb. 6.40 ist für den maßgebenden Frequenzbereich bis 400 Hz der A-Schalldruckpegel am Immissionsort „Ohmstraße" für verschiedene Lastzustände als Schmalbandspektrum wiedergegeben.

Hieraus ist deutlich zu erkennen, dass die tonalen Frequenzkomponenten erstmals bei einem Durchsatz von $400000\,\mathrm{N\,m^3/h}$ auftreten. Weitere Pegelerhöhungen wurden bei $500000\,\mathrm{N\,m^3/h}$ und $650000\,\mathrm{N\,m^3/h}$ (Volllastbetrieb) des Blocks festgestellt. Es wird darauf hingewiesen, dass die tonalen Frequenzkomponenten, die auch für die Pegelerhö-

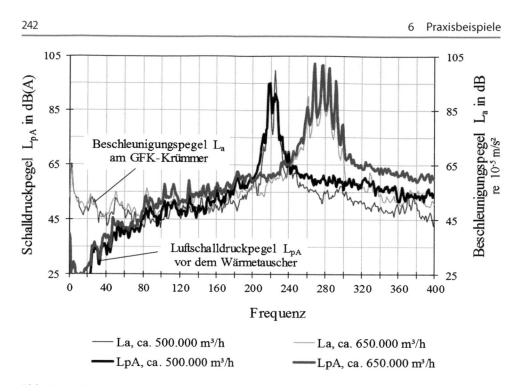

Abb. 6.41 Vergleich des Schalldruckpegels im Rauchgaskanal mit dem Körperschallbeschleunigungspegel am GFK-Krümmer bei unterschiedlichen Lastzuständen

hungen an den Immissionsorten verantwortlich sind, nur bei bestimmten Durchsätzen auftreten, was auf eine Resonanzerscheinung hinweist.

Die gemessenen Frequenzen stehen in keinem Zusammenhang mit periodischen Erregerfrequenzen von Antriebsaggregaten, wie z. B. Saugzug-Ventilator oder Pumpen, so dass die Vorausbestimmung der Erregerfrequenzen, ähnlich dem Drehklang eines Ventilators, nicht möglich war.

Auch die bei Rohrbündelwärmetauschern bekannten Querresonanzen im Kanalsystem waren für die Erregerfrequenzen nicht verantwortlich [12–15].

Durch weitergehende Untersuchungen konnte nachgewiesen werden, dass die tonalen Frequenzkomponenten innerhalb des Rohrbündelwärmetauschers entstehen [10, 11].

In Abb. 6.41 sind die Schmalbandspektren des Schalldruckpegels im Rauchgaskanal vor dem Wärmetauscher und die des Körperschallbeschleunigungspegels am GFK-Krümmer dargestellt.

Hieraus folgt, dass die Schallabstrahlung des GFK-Krümmers, vor allem bei den tonalen Frequenzkomponenten, die im Wärmetauscher erzeugt werden, durch Körperschallabstrahlung bestimmt wird.

Die im Wärmetauscher erzeugten tonalen Erregerfrequenzen sind für die überhöhte Geräuschentwicklung der REA-Anlage und die Pegelerhöhungen an den Immissionsorten verantwortlich. Besonders kritisch wird es hierbei, wenn die Erregerfrequenzen mit den Eigenfrequenzen der Anlagenteile übereinstimmen.

Durch Eigenfrequenzbestimmungen konnte u. a. nachgewiesen werden, dass die Eigenfrequenzen des GFK-Krümmers im Bereich der Erregerfrequenzen liegen, d. h. die Pegelerhöhungen des GFK-Krümmers werden vor allem durch Resonanzerscheinungen verstärkt.

Da die Anlage kurzfristig in Betrieb genommen werden sollte und zu diesem Zeitpunkt der Entstehungsmechanismus der tonalen Komponenten noch nicht hinreichend untersucht war, um daraus primäre Maßnahmen abzuleiten, wurde in einem ersten Schritt mit einer sekundären Minderungsmaßnahme der Immissionspegel an dem kritischen Immissionsort „Ohmstraße" um ca. 10 dB(A) reduziert. Dies wurde durch eine Schallisolierung des GFK-Krümmers um ca. 20 dB bei 250 Hz realisiert. Da nach der Durchführung dieser Maßnahme auch keine Tonhaltigkeit des Geräusches an diesem Immissionsort mehr festgestellt werden konnte, wurde der Beurteilungspegel hier nach Wegfall des Tonhaltigkeitszuschlags sogar um ca. 16 dB(A) reduziert [16].

Weitere Immissionsmessungen haben jedoch ergeben, dass selbst nach der Isolierung des GFK-Krümmers die Immissionsrichtwerte immer noch, jetzt an anderen Immissionsorten, die zuvor weniger auffielen, um ca. 1 bis 6 dB(A) überschritten wurden. Die Immissionspegel wurden von anderen Komponenten des Kraftwerkes beeinflusst, die vorher von der Schallabstrahlung des GFK-Krümmers überdeckt waren. Nach der Schallisolierung des GFK-Krümmers ist die Schallabstrahlung der Kaminmündung für die Überschreitung der Immissionsrichtwerte verantwortlich. Eine Reduzierung der Schallabstrahlung wäre u. a. auch durch Einbau eines Schalldämpfers nach dem Wärmetauscher möglich gewesen, was allerdings einen weiteren, erheblichen Kostenaufwand bedeutet hätte. Um sich diese weitere, kostspielige sekundäre Lärmminderungsmaßnahme gegebenenfalls ersparen zu können, sollten durch Beschreibung der Schallentstehung und durch Modellversuche geeignete primäre konstruktive Maßnahmen zum nachträglichen Einbau an der bestehenden Anlage zur Geräuschminderung an der Kaminmündung erarbeitet werden.

6.4.2 Modellversuche

Da das beobachtete Phänomen in dieser Form noch nicht in der Literatur beschrieben ist, wurden an einer speziell hierfür gebauten Modellversuchsstrecke an der FH Bingen, u. a. im Rahmen einer Diplomarbeit, entsprechende schall- und schwingungstechnische Untersuchungen durchgeführt [17]. Die verschiedenen Durchsätze bzw. Strömungsgeschwindigkeiten wurden mit Hilfe eines stufenlos regelbaren Gebläses realisiert. Ähnlich der REA (Kanalquerschnitt im Bereich des Rohrbündelwärmetauschers: 5,87 m × 7,0 m) wurden auch hier im Kanal, dessen Abmessungen im Maßstab von ca. 1 : 15 verkleinert wurden (0,405 m × 0,465 m), zwei Rohrbündel hintereinander angeordnet. Rohrdurchmesser und -abstand in den Bündeln wurden im Vergleich zum Original im Maßstab 1 : 2 realisiert. Die Teilungsverhältnisse, die Abstände zwischen den einzelnen Rohren, wurden im Vergleich zum Original nicht geändert. In Abb. 6.42 ist die Modellversuchsstrecke dargestellt.

Abb. 6.42 Versuchs-
strecke mit Modell-
Rohrbündelwärmetauscher

Bei den Modellversuchen konnte festgestellt werden, dass ähnlich wie bei der REA-Anlage bei bestimmten Geschwindigkeiten (Durchsätzen) tonale Komponenten entstehen, die auch den Gesamtpegel bestimmen. In Abb. 6.43 ist das Schmalbandspektrum des A-Schalldruckpegels beim Modell-Wärmetauscher an einem Referenzpunkt, ca. 1 m außerhalb des Modellkanals, bei verschiedenen Durchsätzen wiedergegeben:

ca. $3050\,\mathrm{m}^3/\mathrm{h}\ (u \approx 4{,}5\,\mathrm{m/s})$:   386 Hz
ca. $4200\,\mathrm{m}^3/\mathrm{h}\ (u \approx 6{,}2\,\mathrm{m/s})$:   545 Hz

Obwohl die Frequenzen mit den bei der REA beobachteten Frequenzen nicht übereinstimmen, wurde im Modellversuch dennoch qualitativ das gleiche Verhalten nachgewiesen.

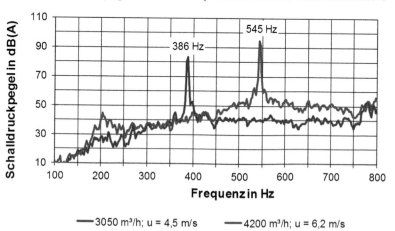

Abb. 6.43 Schmalbandspektrum des A-Schalldruckpegels beim Modell-Wärmetauscher an einem Referenzpunkt, ca. 1 m außerhalb des Modellkanals, bei verschiedenen Durchsätzen

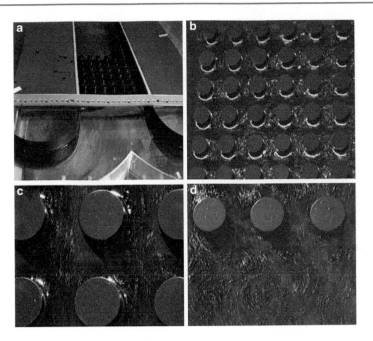

Abb. 6.44 Flachwasserwannen-Modellversuch (Uni Kaiserslautern); **a** Flachwasserwanne, **b, c** stabile Wirbelzone zwischen einzelnen Rohren, **d** Kármáin'sche Wirbelstraße

Durch umfangreiche Literaturrecherche wurde u. a. die Wirkung verschiedener Einflussparameter auf die Schallentstehung untersucht und mit bekannten Arbeiten verglichen [12]. Die Untersuchungen haben ergeben, dass sich die Schallentstehungsmechanismen, die bei der REA und der Modellversuchsstrecke offensichtlich zum Tragen kommen, nicht mit bekannten Arbeiten [13–15], bei denen vor allem auf Querresonanzen im Kanalsystem hingewiesen wird, erklären lassen.

Durch weitere Modellversuche in einer Flachwasserwanne an der Universität Kaiserslautern (siehe Abb. 6.44a) konnte qualitativ nachgewiesen werden, dass innerhalb eines bestimmten Geschwindigkeitsbereichs (Reynolds-Zahl-Bereich) stabile Wirbelzonen zwischen den einzelnen Rohren eines Rohrbündels entstehen, deren Wirbelfrequenzen sehr wahrscheinlich für die Erregerfrequenzen verantwortlich sind (siehe Abb. 6.44b und 6.44c). Die periodische Wirbelablösung hinter der letzten Rohrreihe eines Rohrbündels, Kármánsche Wirbelstraße (siehe Abb. 6.44d), kann natürlich auch als Ort der Schallentstehung in Frage kommen, spielt aber im vorliegenden Fall nur eine untergeordnete Rolle.

Zusammenfassend lässt sich feststellen, dass durch die Umströmung der Rohre innerhalb eines bestimmten Geschwindigkeits- bzw. Reynolds-Zahl-Bereichs tonale Erregerfrequenzen entstehen. Die Übereinstimmung der Erregerfrequenzen mit den Eigenfrequenzen des Kanalsystems, wie sie hier sowohl bei der REA-Anlage als auch im Modellversuch vorlag, führt aufgrund von Resonanzschwingungen zu einer erheblichen Luft- und Körperschallabstrahlung.

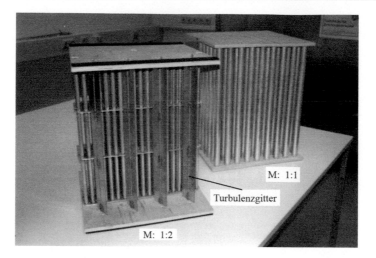

Abb. 6.45 Rohrbündel-Modell mit verstellbarem Turbulenzgitter

Nachdem feststand, dass die stabilen Wirbelzonen innerhalb des Rohrbündels für die Schallentstehung verantwortlich sind, war es naheliegend, durch geeignete konstruktive Maßnahmen die Entstehung dieser Wirbelzonen zu vermeiden.

Durch Einbau von verstellbaren Leit- und Umlenkblechen (nachfolgend Schall- oder Turbulenzgitter genannt) vor dem jeweiligen Modell-Rohrbündel (siehe Abb. 6.45) sollte die Strömung mit zusätzlichen Turbulenzen überlagert und die Entstehung der stabilen Wirbelzonen vermieden oder zumindest vermindert werden. Durch Verstellung der Neigungswinkel des Turbulenzgitters bzw. dessen Abstand zum Rohrbündel wurde am Modell die optimale Einstellung bei geringstem Druckverlust ermittelt [12, 16].

In Abb. 6.46 ist die modifizierte Modell-Versuchsstrecke dargestellt.

Abb. 6.46 Modifizierte
Modell-Versuchsstrecke mit
Turbulenzgitter vor den Wär-
metauschern (FH Bingen)

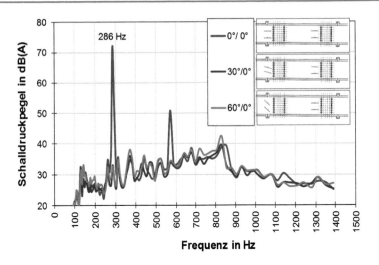

Abb. 6.47 Modell-Rohrbündelwärmetauscher mit Turbulenzgitter bei verschiedenen Leitblechstellungen ($u = 3,7\,\text{m/s}$)

In Abb. 6.47 sind die Ergebnisse für die verschiedenen Winkeleinstellungen dargestellt. Hierbei zeigt sich, dass bereits beim Einbau eines Turbulenzgitters vor dem 1. Rohrbündel in der Strömungsrichtung die tonale Komponente um ca. 40 dB reduziert wird. Eine Erhöhung des Neigungswinkels bringt nur noch eine geringe Verbesserung.

In Abb. 6.48 wird verdeutlicht, dass durch eine Anordnung des Turbulenzgitters hinter dem Rohrbündel die Schallentstehung nicht beeinflusst wird. Dies bestätigt die zuvor auf-

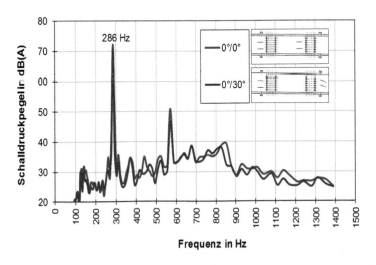

Abb. 6.48 Modell-Rohrbündelwärmetauscher mit Turbulenzgitter bei verschiedenen Leitblechstellungen, Wirkung des Turbulenzgitters hinter dem 2. Rohrbündel ($u = 3,7\,\text{m/s}$)

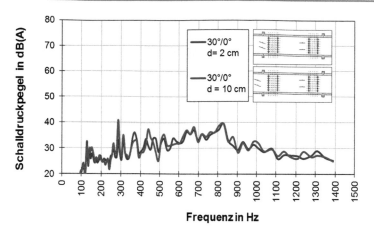

Abb. 6.49 Modell-Rohrbündelwärmetauscher mit Turbulenzgitter vor dem 1. Rohrbündel bei verschiedenen Abstände des Gitters zur 1. Rohrreihe ($u = 3,7\,\mathrm{m/s}$)

gestellte Behauptung, dass für die Schallentstehung in dem vorliegenden Fall die stabilen Wirbelzonen innerhalb des Rohrbündels und nicht die Wirbelablösung hinter der letzten Rohrreihe verantwortlich sind.

In Abb. 6.49 wird gezeigt, dass mit größer werdendem Abstand des Turbulenzgitters von der 1. Rohrreihe die Wirkung nachlässt, d. h. die so erzeugten zusätzlichen Turbulenzen reichen nicht aus, um die stabilen Wirbelzonen vollständig zu stören.

6.4.3 Konstruktive Lärmminderungsmaßnahmen

Aufbauend auf den Ergebnissen der Modellversuche wurde für das Kraftwerk Rauxel ein Schall- bzw. Turbulenzgitter für den Einbau vor dem 1. Rohrbündel des Wärmetauschers konzipiert und hergestellt. Der Neigungswinkel der einzelnen Leitbleche lässt sich von außen einstellen. Die Abb. 6.50 zeigt eine Aufnahme des Turbulenzgitters vor dem

Abb. 6.50 Anordnung des Turbulenzgitters vor dem 1. Rohrbündel-Wärmetauscher im Kraftwerk Rauxel

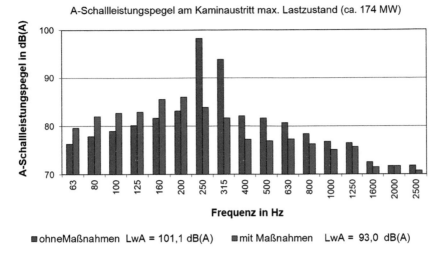

Abb. 6.51 A-Schallleistungspegel am Kaminaustritt, mit und ohne Turbulenzgitter, bei maximalem Lastzustand: 174 MW, 650000 m³/h

1. Wärmetauscher-Rohrbündel. Aus Kostengründen sollte zunächst nur vor dem 1. Rohrbündel ein solches Turbulenzgitter eingebaut und getestet werden [11, 12].

Die Wirksamkeit des Schall- bzw. Turbulenzgitters wurde unter realen Betriebsbedingungen durch schall- und schwingungstechnische Untersuchungen überprüft [16]. Die Untersuchungen haben ergeben, dass durch die Anbringung von nur einem Turbulenzgitter vor dem 1. Rohrbündel die Immissionsrichtwerte an allen kritischen Immissionsorten im gesamten Lastbereich eingehalten werden. Die tonalen Frequenzkomponenten treten, bis auf eine unkritische Erhöhung bei niedriger Last, nicht mehr auf. Der Einbau eines Turbulenzgitters reicht offensichtlich aus, um den Aufbau der stabilen Wirbelzonen zu verhindern.

In Abb. 6.51 sind die über Schalldruckmessungen im Rauchgaskanal am Kaminfuß nach dem Wärmetauscher ermittelten Terzspektren der A-Schallleistungspegel am Kaminaustritt mit und ohne Turbulenzgitter angegeben.

Wie aus der Abb. 6.51 deutlich zu erkennen ist, konnte für den maßgebenden Lastbereich die tonale Komponente bereits bei der Entstehung vollkommen beseitigt werden. Die Pegelerhöhungen im unteren Frequenzbereich lassen sich in erster Linie durch erhöhtes Strömungsrauschen erklären, das durch das Turbulenzgitter verursacht wird. Diese haben aber keinen Einfluss auf die Gesamtgeräuschentwicklung der REA-Anlage [11, 12].

Zusammenfassend lässt sich feststellen, dass durch primäre konstruktive Maßnahmen die Schallentstehung innerhalb der REA-Anlage soweit verringert werden konnte, dass die zulässigen Immissionsrichtwerte eingehalten wurden. Dies war allerdings erst dann möglich, nachdem man, u. a. mit Hilfe einer schalltechnischen Schwachstellenanalyse und Modelluntersuchungen, die Schallentstehungsmechanismen ermittelt bzw. beschrieben hatte.

Im vorliegenden Fall ist zu vermuten, dass sehr wahrscheinlich auf die sekundäre Schallschutzmaßnahme am GFK-Krümmer als schallabstrahlende Anlagenkomponente hätte verzichtet werden können, wenn man als erstes durch primäre Maßnahmen die Geräuschursachen vermieden bzw. verringert hätte. Es war jedoch für eine Betriebsgenehmigung des Kraftwerks erforderlich, die Schallimmissionen kurzfristig zu reduzieren.

Anzumerken ist noch, dass als positiver Nebeneffekt auch die Wärmeleistung der REA-Anlage vergrößert wurde. Dies wird sehr wahrscheinlich durch besseren Wärmeaustausch zwischen Rauchgas und überhitzten Rohrbündeln erreicht, da der Aufbau der stabilen Wirbelzonen durch die Überlagerung der vom Turbulenzgitter verursachten Turbulenzen verhindert wird.

6.5   Akustische Optimierung eines Schaufelradgetriebes

In einem Tagebau im Mitteldeutschen Braunkohlerevier soll im Rahmen der Modernisierung einer Abraumförderlinie ein Schaufelradbagger SRs2000 der Fa. MAN TAKRAF Fördertechnik GmbH mit einem neuen Schaufelradantrieb ausgerüstet werden. Das Schaufelradgetriebe ist für folgende Betriebsdaten ausgelegt:

- Antriebsleistung von $800\,kW$
- Übersetzung von $n_1/n_2 = 990/3,3\,min^{-1}$

Neben der grundsätzlichen Zielstellung, die Zuverlässigkeit und die Verfügbarkeit der Gerätetechnik wesentlich zu erhöhen, lag ein Schwerpunkt des gesamten Modernisierungsprogramms in der deutlichen Senkung der Schallimmission auf die in unmittelbarer Nähe des Tagebaus liegenden Ortschaften. Da der Schaufelradantrieb in der ursprünglichen Ausführung zu den wesentlichen Lärmquellen gehörte, wurde für den neu zu entwickelnden Antrieb ein äußerst niedriger Schallemissionswert vorgegeben.

Um diese Forderung zu erfüllen, wurde der gesamte Entwicklungs- und Konstruktionsprozess von Beginn an auf die akustische Optimierung des Getriebes ausgerichtet. Die Zielstellung bestand darin, die vorgegebenen Emissionswerte allein durch primäre Lärmminderungsmaßnahmen einzuhalten. Sekundärmaßnahmen, wie z. B. die komplette Einhausung des Antriebes, sind nicht nur weitaus aufwendiger in der Realisierung, sondern verursachen ihrerseits erhebliche Probleme, wie z. B. die schlechte Wärmeabfuhr, die erschwerte Zugänglichkeit und hoher Montage- und Demontageaufwand bei Instandhaltungsarbeiten. Darüber hinaus erfordert die mit der Einhausung verbundene Masseerhöhung am Schaufelradkopf des Baggers eine sorgfältige Überprüfung der Statik und Stabilität des Geräts.

Durch primäre Maßnahmen soll sowohl die Schallentstehung durch entsprechende Modifizierung der Verzahnungen als auch die Schallabstrahlung des Getriebes durch eine entsprechende Gestaltung des Gehäuses minimiert werden. Nachfolgend werden Maßnahmen zur akustischen Optimierung des Getriebegehäuses wiedergegeben [18, 19].

Tab. 6.3 Zahneingriffs-frequenzen in Hz, Getriebe 800 kW	Vielfache	f_0	f_1	f_2	f_3
	Kegelradstufe	181	363	544	726
	Planetensatz	62	125	187	249
	Wenderitzel	12	24	35	47
	Antriebsstufe	6	12	19	25

6.5.1 Schwachstellenanalyse

Die Lärmentwicklung des Getriebes wird fast ausschließlich durch die Körperschallab-strahlung des Gehäuses bestimmt. Bei Großgetrieben wird die Gesamtgeräuschentwick-lung maßgebend durch Körperschallabstrahlung der einzelnen Plattenfelder beeinflusst, vor allem wenn sie zu Resonanzschwingungen angeregt werden.

Getriebegeräusche werden in ihrem Frequenzgehalt im Wesentlichen durch die Zahn-eingriffsfrequenzen und deren Harmonischen bestimmt. Wenn, wie im vorliegenden Fall, die Drehzahl konstant gehalten wird, kann man sich bei der Konstruktionsanalyse auf die-se Erregerfrequenzen beschränken. In Tab. 6.3 sind die Zahneingriffsfrequenzen f_0 und ihre Harmonische (Vielfache der Zahneingriffsfrequenzen) zusammengestellt.

Da einerseits die tiefen Frequenzen – u. a. wegen der A-Bewertung – deutlich schwä-cher wahrgenommen werden und andererseits die Platten einen niedrigeren Abstrahlgrad besitzen als bei hohen Frequenzen, kann man sich im vorliegendem Fall und bei diesen Abmessungen ohne Bedenken auf Frequenzen über 100 Hz beschränken. Das heißt nur das Kegelrad und der Planetensatz werden mit ihren Erregerfrequenzen berücksichtigt.

Für die akustische Schwachstellenanalyse anhand von Konstruktionszeichnungen wur-de die Gehäuseoberfläche in Plattenfelder unterteilt (s. Abb. 6.52).

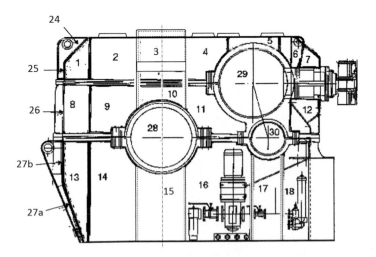

Abb. 6.52 Aufteilung der Getriebeoberfläche in Plattenfelder

Tab. 6.4 Kritische Plattenfelder

Plattenfeld Nr.	Eigenfrequenzen Hz	Erregerfrequenzen Hz
3	360	363
8	581	544
11	747	726
14	171	182, 187
15	183	182, 187
18	543	545
20	571	545
22	185	181, 187
23	506	545
29	129 186	125 181,187

Für jedes Feld wurden rechnerisch die Eigenfrequenzen im montierten Zustand berechnet. Die Berechnung der Eigenfrequenzen kann mit Hilfe von Abschätzformeln [21] oder
der FFM-Methode erfolgen. Die Genauigkeit der errechneten Eigenfrequenzen hängt von
der Modellierung, den Einspannbedingungen und der Dämpfung ab. Neben den Eigenfrequenzen und Eigenformen ist vor allem die Höhe der Dämpfung für das Auftreten von
Resonanzschwingungen maßgebend. Sofern keine Dämpfungswerte vorliegen, sind evtl.
Dämpfungsmessungen an vergleichbaren Konstruktionen erforderlich.

Für Konstruktionen ähnlich dem vorliegenden Getriebe sind Plattenfelder als kritisch
bezüglich der Lärmentwicklung zu bezeichnen, wenn die Erregerfrequenzen (Zahneigenfrequenzen und ihre Harmonischen) mit den Eigenfrequenzen im Bereich von $\pm 10\%$
der Erregerfrequenzen übereinstimmen. Dies setzt voraus, dass einerseits vergleichbare
Dämpfungen wie bei dem Getriebe vorliegen und andererseits nur die ersten Eigenfrequenzen (bis ca. 4. Harmonische) angeregt werden.

Auf diese Weise wurden die Platten des Getriebegehäuses, die durch Resonanzschwingungen die Lärmentwicklung des Getriebes maßgebend beeinflussen könnten, lokalisiert.

In Tab. 6.4 sind einige kritische Plattenfelder, deren Eigenfrequenzen in der Nähe von
Erregerfrequenzen liegen, zusammengestellt.

6.5.2 Lärmminderungsmaßnahmen

Durch Lärmminderungsmaßnahmen soll der vertraglich einzuhaltende A-Gesamtschallleistungspegel von $L_{WA} = 108,9\,dB(A)$ (Motor + Getriebe) erreicht werden. Eine genaue
Quantifizierung der zu erwartenden Lärmminderung durch Optimierung des Getriebegehäuses ist in der Planungsphase nicht möglich. Durch grobe Schätzung und Erfahrungs-
werte an ähnlichen Getrieben ist zu erwarten, dass durch Vermeiden aller Resonanzschwingungen und Erhöhung der Dämpfung das gesteckte Ziel erreicht werden kann.

Zumindest lassen sich die akustische Schwachstellen vermeiden, da eine nachträgliche Verbesserung nicht ohne Weiteres möglich ist. Die tatsächlich erreichte Lärmminderung soll nach der Fertigstellung durch Messungen überprüft werden.

Verstimmung der Plattenfelder

Um Resonanzen zu vermeiden, sollen alle kritischen Plattenfelder des Getriebes noch vor der Fertigung bzw. Montage durch Versteifen verstimmt werden. Dadurch erfolgt eine Erhöhung der Eigenfrequenzen. Hierbei wurde darauf geachtet, dass die Eigenfrequenzen der versteifen Plattenfelder nicht im Bereich der anderen Erregerfrequenzen liegen. Die Versteifungen sollen in den Schwingungsbäuchen der Grundschwingungen angebracht werden. Sie dürfen dabei die Ränder – also die Einspannstellen – nicht berühren. Dadurch soll vermieden werden, dass zusätzliche Schwingungsenergie auf die Platten übertragen werden.

Erhöhung der Dämpfung

Damit die Schallabstrahlung der Versteifungen die Lärmentwicklung des Getriebes nicht erhöht, wurden die Versteifungen durch Füllen mit getrocknetem Quarzsand, Korngröße ca. 1 mm, bedämpft. Zur Erhöhung der Gesamtdämpfung wurden die Hohlräume aller Versteifungskästen ebenfalls mit dem gleichen Quarzsand gefüllt.

Nach der Realisierung dieser Maßnahmen wurde die Geräuschentwicklung des neuen Getriebes an einem Verspannungsprüfstand experimentell überprüft. In Abb. 6.53 ist der Prüfstandsaufbau und das neue Getriebe inklusive Versteifungen zu erkennen [19].

In Abb. 6.54 ist das Getriebe mit den Versteifungen und den plattenbezogen gemessenen Schallintensitäten dargestellt. Die Zahlen sind die gemessenen Intensitätspegel der einzelnen Platten in dB(A).

Die durch Anschlagversuche gemessenen Eigenfrequenzen und Dämpfungen haben ergeben, dass fast alle Platten nicht zu Resonanzschwingungen angeregt werden. Bei der kreisförmigen Platte Nr. 29 (Messpunkt 69, Abb. 6.54) wurden weiterhin Resonanzschwingungen bei höheren Frequenzen festgestellt. Dies liegt sehr wahrscheinlich daran, dass sich die angeordneten Versteifungen im Schwingungsknoten der höheren Eigenformen der Platte [19, 22] befinden.

Nach Einbau des akustisch optimierten Getriebes wurde auch dessen A-Schallleistungspegel unter realen Betriebsbedingungen auf dem Schaufelradbagger SRs2000 gemessen. Die Abb. 6.55 zeigt das akustisch optimierte Getriebe auf dem Schaufelradbagger SRs2000. Eine von der Fa. MAN TAKRAF durchgeführte Messung ergab einen A-Schallleistungspegel bei Volllast von $L_{WA} = 107{,}8\,\text{dB(A)}$. Somit waren die vertraglich vereinbarten Grenzwerte eingehalten. Die Geräuschentwicklung des akustisch optimierten Getriebes liegt ca. 6 dB(A) unter der Vorgabe der VDI 2159 [23] (Abb. 6.56). Weitere Maßnahmen waren nicht mehr notwendig.

Das vorliegende Anwendungsbeispiel zeigt deutlich, dass es möglich ist, in der Planungsphase akustische Schwachstellen einer Konstruktion zu lokalisieren und geeignete konstruktive Maßnahmen zu erarbeiten. Vergleichbare Maßnahmen an einem bereits ge-

Prüfstandsaufbau:
Getriebevorder- und
Antriebsseite

Prüfstandsaufbau:
Getrieberückseite und
Bremseinrichtung

Abb. 6.53 Verspannungsprüfstand und das neue Getriebe

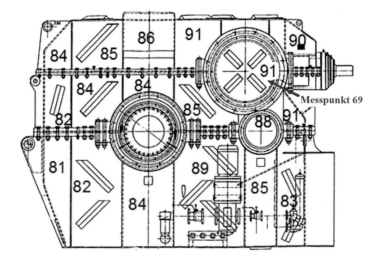

Abb. 6.54 Gemessene A-Schallintensitätspegel am Getriebe mit Maßnahmen (Versteifungswinkel und Sandbedämpfung)

Abb. 6.55 Akustisch optimiertes Getriebe im eingebauten Zustand

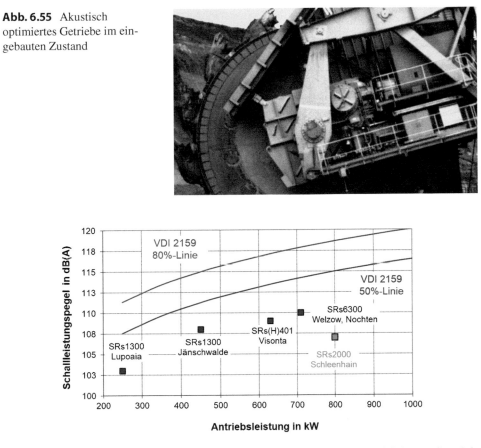

Abb. 6.56 Geräuschentwicklung des Schaufelradgetriebes SRs2000 im Vergleich zum Stand der Technik [19]

bauten Getriebe sind nicht ohne Weiteres möglich und sind mit wesentlich höherem Aufwand verbunden. Oft sind in solchen Fällen zur Lärmreduzierung nur Passivmaßnahmen, z. B. Einhausung durch eine Schallhaube, möglich.

6.6 Schwingungsminderung

Bauteilschwingungen führen nicht nur zu überhöhter Geräuschentwicklung, sie sind auch für erhöhten Verschleiß und nicht selten für schwingungsbedingte Materialschäden verantwortlich. Hierbei sind die resonanzerregten Bauteile besonders kritisch. Vollständigkeitshalber wird nachfolgend auf zwei Anwendungsbeispiele hingewiesen, in denen ausschließlich die Schwingungsminderung im Vordergrund steht. Hierbei werden lediglich die wesentlichen Zusammenhänge und Ergebnisse wiedergegeben. Bezüglich der durchgeführten Untersuchungen und Detailergebnisse wird auf entsprechende Veröffentlichungen hingewiesen [24, 25].

6.6.1 Ursache schwingungsbedingter Schäden an den Gleitbahnhalterungen einer Tablettenpresse

Im vorliegenden Beispiel rissen während des Betriebs der Tablettenpresse die Gleitbahnhalterungen ab. Dies wurde durch überhöhte Schwingungen verursacht. In Abb. 6.57 ist die untersuchte Tablettenpresse dargestellt.

Mit Hilfe detaillierter FEM-Rechnungen, die in der Regel in der Planungsphase und im Entwicklungsstadium durchgeführt werden, lassen sich viele Schwachstellen einer Maschine im Frühstadium erkennen, so dass die Konstruktion im Vorfeld weitestgehend optimiert werden kann. Auf Grund der Komplexität der Konstruktionen moderner Verarbeitungsmaschinen und der Vielzahl möglicher Zusatzeinbauten innerhalb einer Maschine, ist es jedoch oft nicht bzw. nur mit einem unverhältnismäßig hohen Aufwand möglich, alle in Frage kommenden Bauteile zu lokalisieren, die evtl. zu Resonanzschwingungen angeregt werden können. Entsprechend schwierig ist die Abschätzung der Beanspruchung von Anbauteilen, die z. B. durch Wechselwirkung mit in Resonanz schwingenden Bauteilen hohe Schwingungsbeanspruchungen erfahren.

Die Untersuchungen haben ergeben, dass die Gleitbahnhalterung durch überhöhte Schwingungsbeanspruchung bei einer Frequenz von 35,5 Hz (Stempelfrequenz), abgerissen wurde, obwohl der Bauteil selbst in diesem Frequenzbereich keine Eigenfrequenz besitzt. Die 1. Eigenfrequenz der Gleitbahnhalterung beträgt 48 Hz und schwingt daher nicht in Resonanz.

Die Schwingungsbeanspruchung wird durch die Resonanzschwingungen des Pressen-Kopfteils mit einer 1. Eigenfrequenz von ca. 34 Hz verursacht. Durch diese Resonanz-

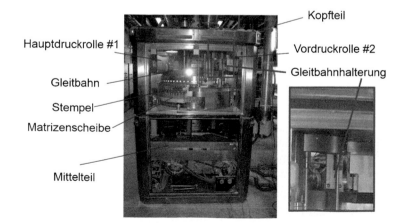

Abb. 6.57 Tablettenpresse KTS 1000

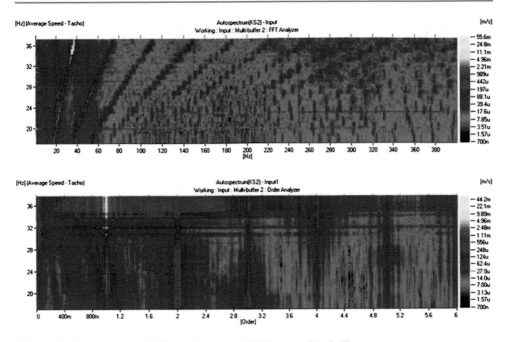

Abb. 6.58 Ordnungs- und FFT-Analyse am MP 2 (Pressen-Kopfteil)

schwingungen wird die Gleitbahnhalterung zu extrem hohen Schwingungen von bis zu ca. 110 mm/s angeregt.

In Abb. 6.58 sind exemplarisch die Ergebnisse der FFT- und Ordnungsanalysen am Messpunkt 1 (Pressen-Kopfteil) bei einer Drehzahl-Hochfahrt der Presse vom Stillstand bis zur maximalen Drehzahl $n = 41\,1/\text{min}$ (300 000 Tab/h) in Form von sog. Contourplots (Campbell-Diagramm) dargestellt. Im oberen Diagramm ist die Frequenz und im unteren Diagramm die Ordnung über die Stempelfrequenz der Presse aufgetragen. Hieraus ist deutlich zu erkennen, dass die Presse bei der 1. Ordnung (Stempelfrequenz) bei ca. 35 Hz, durch Resonanz, zu sehr hohen Schwingungen angeregt wird.

Da die Resonanzschwingungen des Pressenoberteils neben den Gleitbahnhalterungen auch alle anderen Pressenbauteile mit überhöhten Schwingungen belasten, ist es nicht sinnvoll, nur Maßnahmen für die Gleitbahnhalterungen zu erarbeiten. Im vorliegenden Fall wurde empfohlen, durch konstruktive Maßnahmen die Resonanzschwingung des Pressen-Kopfteils zu vermeiden.

Da die Presse für eine max. Tablettenzahl von 300 000 Tabs/h ausgelegt ist, beträgt die höchste im Betrieb vorkommende Stempelfrequenz: $f_{0\text{max}} \approx 42\,\text{Hz}$. Um einen Resonanzzustand zu vermeiden, soll die 1. Eigenfrequenz des Pressenoberteils unter Berücksichtigung der vorhandenen Systemdämpfungen ca. 10 bis 15 Hz höher liegen als die höchste im Betrieb vorkommende Stempelfrequenz. Daher wurde u. a. empfohlen, die 1. Eigenfrequenz des Pressen-Kopfteils auf 50 Hz zu steigern. Dies kann durch Erhöhung der Steifigkeit, z. B. Vergrößerung der Säulendurchmesser, realisiert werden.

Für die quantitative Auslegung wurde, basierend auf theoretischen Überlegungen und Modellbetrachtungen, eine Abschätzformel für die Berechnung der 1. Eigenfrequenz des Pressenoberteils ermittelt. Diese und weitere Untersuchungen und Ergebnisse sind in [24] zusammengestellt.

6.6.2   Schwingungsminderung bei Rohrleitungen

An einer neuen Vakuumanlage der MiRO Mineraloelraffinerie Oberrhein GmbH & Co. KG traten nach der Inbetriebnahme an den Ofen-Austrittsleitungen Schwingungen auf, die als kritisch für die Dauerfestigkeit der Rohrleitungen anzusehen waren.

Im Rahmen einer Schwingungsanalyse wurde daher umgehend das Schwingungsverhalten der Rohrleitungen im kritischen Frequenzbereich untersucht und entsprechende Maßnahmen zur Beherrschung der Schwingungsproblematik erarbeitet.

In Abb. 6.59 ist die Vakuumanlage und in Abb. 6.60 der räumliche Messstellenplan der Ofen-Austrittsleitung F-102 B dargestellt. In Tab. 6.5 sind die gemessenen Höchstwerte der Schwinggeschwindigkeiten zusammengestellt.

Die Maximalwerte der Schwinggeschwindigkeiten an mehreren Stellen sind höher als $50\,\text{mm/s}$ ($v_{\text{max}} > 50\,\text{mm/s}$), daher sind die Schwingungen, bezüglich der Dauerfestigkeit

Abb. 6.59 Vakuumanlage

Abb. 6.60 Messstellenplan
der Ofen-Austrittsleitung
F-102 B

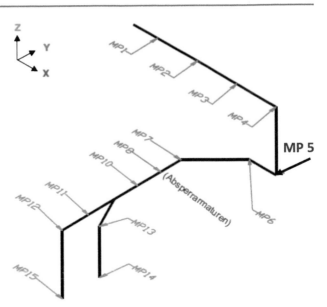

Tab. 6.5 Höchstwerte der
Schwinggeschwindigkeiten
an der Ofen-Austrittsleitung
F-102 B

	$|v_{max}|$		
	X	Y	Z
	mm/s	mm/s	mm/s
MP 1	21,0	22,0	27,3
MP 2	12,4	20,4	15,4
MP 3	10,0	20,8	15,3
MP 4	18,5	28,9	33,4
MP 5	75,6	70,5	23,9
MP 6	84,6	49,2	22,1
MP 7	72,4	45,2	36,8
MP 8	58,6	36,8	33,6
MP 10	45,8	24,1	15,5
MP 11	54,8	31,4	17,5
MP 12	50,3	20,0	19,1
MP 13	23,8	29,1	28,7
MP 14	28,6	21,7	19,8
MP 15	34,0	34,8	26,3

der Rohrleitungen, als kritisch einzustufen [26]. Da die Gefahr eines schwingungsbeding-
ten Rohrleitungsschadens nicht ausgeschlossen werden kann, waren Minderungsmaßnahmen notwendig.

In Abb. 6.61 ist exemplarisch der Zeit- und Frequenzverlauf der Schwinggeschwindigkeiten für den Messpunkt 5 (MP5) der Ofen-Austrittsleitung (F-102B) wiedergegeben.

Bezüglich der Schwingungserregung ist zu erwähnen, dass das Rohrleitungssystem
durch stochastische stoßartige Impulse, verursacht durch die Zweiphasenströmung inner-

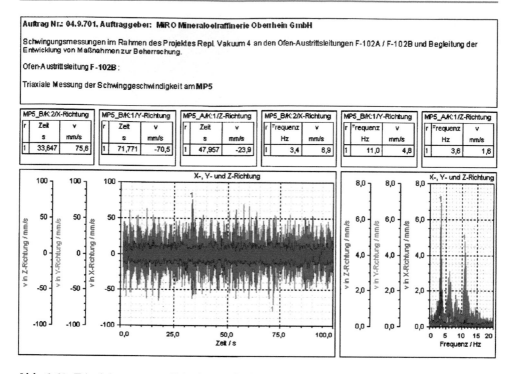

Abb. 6.61 Triaxial gemessene Schwinggeschwindigkeiten am MP 5 (F-102 B)

halb der Rohrleitungen, zu Schwingungen angeregt wird. Das Rohrleitungssystem antwortet während der Stoßdauer mit einer sehr tieffrequenten ($f < 1$ Hz) erzwungenen Schwingung (Initialschwingung!). Während der Abklingphase wird das Rohrleitungssystem zu Resonanzschwingungen (Residualschwingungen!), d. h. Anregung im Eigenfrequenzbereich des Rohrleitungssystems, angeregt.

Da die Anlage nicht abgeschaltet werden konnte, wurden für die kritischen Frequenzen die Betriebsschwingungsformen der Rohrleitungen in drei Raumrichtungen x, y und z messtechnisch ermittelt. In Abb. 6.62 ist exemplarisch die gemessene Betriebsschwingungsform in x-Richtung bei 3,5 Hz dargestellt.

Da während des Betriebs grundsätzlich erzwungene Schwingungen gemessen werden, d. h. die gemessenen Frequenzen sind im Wesentlichen nur Erregerfrequenzen, liegt, bedingt durch die oben beschriebenen Anregemechanismen, die Vermutung nahe, dass die gemessenen Frequenzen und Schwingungsformen, vor allem bei Amplitudenüberhöhungen, Eigenfrequenzen und Eigenformen sind. Für eine exakte Klärung dieser Frage wären Messungen im Stillstand der Anlage notwendig gewesen.

Mit Hilfe der Betriebsschwingungsformen wurden die Rohrleitungsstellen für hydraulische Schwingungsbremsen festgelegt. In Abb. 6.63 sind die Stellen, an denen die Ofen-Austrittsleitung F-102B mit Hilfe hydraulischer Schwingungsbremsen gebremst werden soll, durch Pfeile, 3-mal in x-Richtung und 1-mal in y-Richtung, gekennzeichnet.

Abb. 6.62 Gemessene Betriebsschwingungsform
in x-Richtung bei 3,5 Hz
(F-102 B)

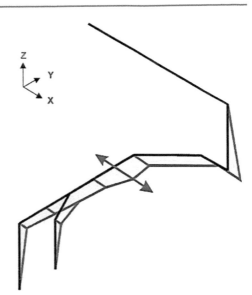

Die für die Auslegung der Schwingungsbremsen notwendigen Kennwerte, wie die mitbewegte Masse und deren Eigendämpfung bei kritischen Frequenzen, konnten messtechnisch nicht exakt ermittelt werden, da man einerseits die Anlage nicht abschalten konnte und andererseits die Betriebsschwingungen der Rohrleitungen für eine Fremderregung (z. B. mittels Impulshammer) zu hoch lagen. Daher wurde, basierend auf den Erfahrungswerten und der gemessenen Schwingungen, die mitbewegte Masse m_{dyn}, die an den Halterungspunkten dynamisch aufzunehmenden Lasten F_{dyn} sowie die maximalen dynamischen Reaktionswege w_{max} abgeschätzt. Auf der Basis der gemessenen und abgeschätz-

Abb. 6.63 Geplante
Stellen, an denen die Ofen-
Austrittsleitung F-102 B
gebremst werden sollen

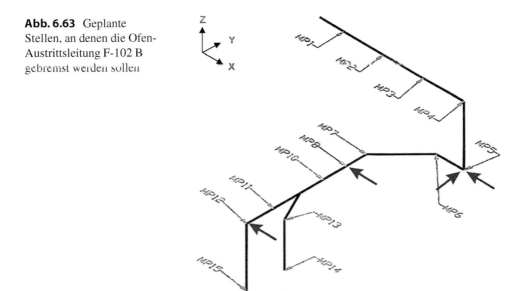

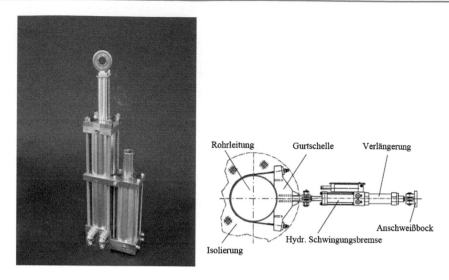

Abb. 6.64 Hydraulische Schwingungsbremse der Fa. PSS GmbH und exemplarische Ankopplung mittels Gurtschelle an der Rohrleitung

ten dynamischen Kennwerte und unter Berücksichtigung der Kalt-Warm-Bewegungen des Rohrleitungssystems wurden, in Abstimmung mit der Fa. PSS GmbH, Neunkirchen, einheitlich deren 2 1/2″ hydraulische Schwingungsbremsen (Nennbelastbarkeit 45 kN) für die Schwingungsminderung der Rohrleitung ausgewählt.

Um die geplanten Schwingungsbremsen an den vorgesehenen Stellen anzubringen, mussten zuvor vom Rohrleitungssystem entkoppelte Halterungen gebaut werden. Damit die Wirksamkeit der Schwingungsbremsen nicht vermindert wird, muss die Steifigkeit der Befestigungspunkte des Stahlbaus (Halterungen) wesentlich höher sein als die der Rohrleitungen.

In Abb. 6.64 sind die hydraulische Schwingungsbremse der Fa. PSS GmbH sowie exemplarisch die Ankopplung einer Schwingungsbremse mittels Gurtschelle an der Rohrleitung dargestellt.

Nach der Realisierung der Maßnahmen wurde deren Wirksamkeit messtechnisch überprüft. Die Schwingungen wurden mit Hilfe der durchgeführten Maßnahmen auf ein Niveau gesenkt, von dem erfahrungsgemäß davon ausgegangen werden kann, dass keine Gefahr von Schäden besteht [27]. Weitergehende Untersuchungen und Detailergebnisse sind in [25] zusammengestellt.

6.7 Praxiserprobte Anwendungsbeispiele

Durch die nachfolgende Auswahl an Beispielen sollen bei den Anwendern Ideen für die Umsetzung von produktbezogenen Lärmminderungsmaßnahmen angeregt werden. Im Gegensatz zu den Beispielen, die im Abschn. 6.1 bis 6.6 vorgestellt wurden, werden hier

nur die Aufgabenstellung und die angewendeten Lärmminderungsmaßnahmen wiedergegeben.

Wie bereits erwähnt sind die nachfolgenden Anwendungsbeispiele überwiegend in der
Zeit zwischen 1970 bis 1990 erarbeitet worden [28–37]. Das Kopieren relativ alter Veröffentlichungen erklärt die schlechte Qualität der nachfolgenden Bilder.

Auf einer CD, im Anhang der VDI-Richtlinie 3720, Bl. 1, sind noch weitere Anwendungsbeispiele zusammengestellt [36].

6.7.1 Schallentstehung

Die hier angegebenen Beispiele haben das Ziel, die Schallentstehung durch Änderung des
Kraft-Zeit-Verlaufs zu beeinflussen.

Beispiel 6.1 (Schneidform des Stempels bei einer Presse)
Durch Änderung des Schneidwerkzeuges (Stempelkopf) wurde der Kraft-Zeit-Verlauf geändert bzw. gedehnt. Dadurch wurden die hochfrequenten Erregerkräfte deutlich reduziert
und eine Schallpegelminderung von ca. 7,5 dB(A) erreicht, Abb. 6.65.

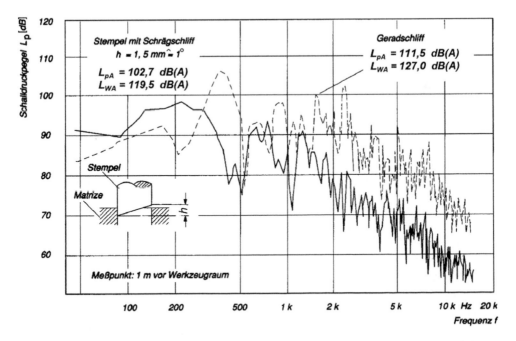

Abb. 6.65 Luftschallspektren beim Schneiden von 4 mm starkem Blech für Stempel mit Schräg-
und Geradschliff

Beispiel 6.2 (Stempelhöhe eines Stanzwerkzeugs)

Durch eine versetzte Anordnung der Schneidstempel kann der Schneidprozess zeitlich gedehnt werden, Abb. 6.66. Hierbei sollten die Stempel so angeordnet werden, dass kurz bevor der erste Stempel den Schnitt beendet, der nachfolgende Stempel in Eingriff kommt.

Durch Überlagerung der einzelnen Zeitverläufe erhält man einen gedehnten Kraft-Zeit-Verlauf.

Abb. 6.66 Mehrfachschnitt eines Werkzeugs durch eine versetzte Anordnung der Schneidstempel

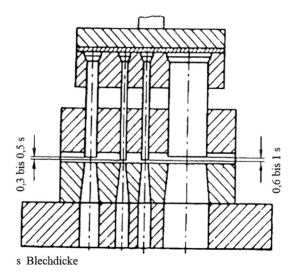

s Blechdicke

Beispiel 6.3 (Kniehebelpresse)

Die Geräuschentwicklung entsteht beim konventionellen Schneiden in erster Linie am Ende des Schnittvorgangs beim Abriss des Werkstückes. Durch einen im Pressrahmen eingebauten Anschlagdämpfer wird das schlagartige Zurückgehen des Pressrahmens verhindert bzw. zeitlich gedehnt. Dadurch konnte der A-Schalldruckpegel um ca. 16 dB(A) verringert werden. In Abb. 6.67 sind die entsprechenden Kraft-Zeit-Verläufe und das Oktavspektrum der gemessenen Schalldruckpegel, mit und ohne Anschlagdämpfer, dargestellt.

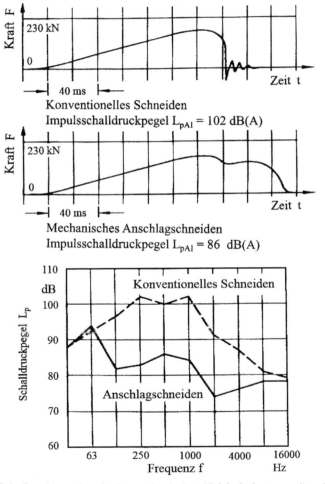

Schallspektren einer hydromechanischen Kniehebelpresse mit und ohne Anschlag, gemessen in 1 m Abstand vor dem Arbeitsraum beim Schneiden von 1 mm dickem Stahlblech

Abb. 6.67 Kraft-Zeit-Verläufe und gemessenes Oktavspektrum des Schalldruckpegels

Beispiel 6.4 (Zangenvorschub)

Der Kraft-Zeit-Verlauf von metallischem Schlagen einer Klemmzange auf den „Anschlag", der zur Positionierung vorgesehen ist, wurde mit Hilfe von zwei Gummielementen gedehnt, dadurch wurde eine Geräuschreduzierung von ca. 7 dB(A) erzielt,
s. Abb. 6.68.

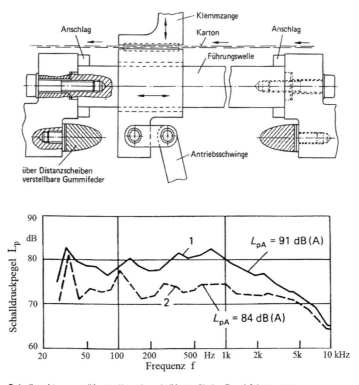

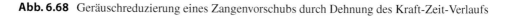

Schallspektren vor (Kurve 1) und nach (Kurve 2) der Durchführung von
Minderungsmaßnahmen an den Anschlägen des exzentergesteuerten
Zangenvorschubs einer Maschine zur Herstellung von Briefheftereinsätzen,
gemessen am Arbeitsplatz dieser Maschine

Abb. 6.68 Geräuschreduzierung eines Zangenvorschubs durch Dehnung des Kraft-Zeit-Verlaufs

Beispiel 6.5 (Flaschentransportsystem)
Die Reduzierung der Geräuschentwicklung eines Flaschentransportsystems wurde durch das Umgestalten des Flaschenmitnahmeelements realisiert. Dadurch können die Flaschen nicht mehr fallen, sondern werden über eine Rutschfläche nach unten transportiert, s. Abb. 6.69. Durch Dehnung des Kraft-Zeit-Verlaufs wurde hierbei eine Geräuschminderung von ca. 4 dB(A) erreicht.

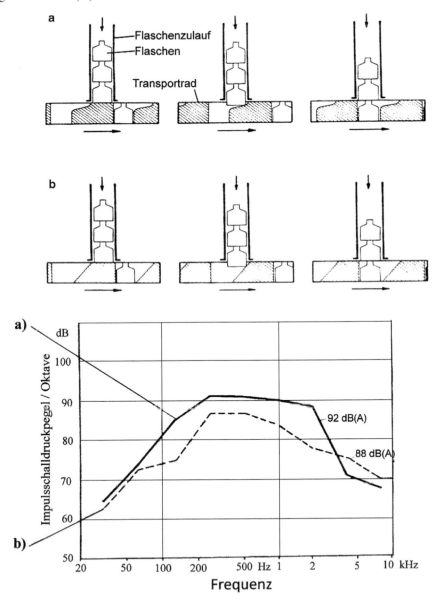

Abb. 6.69 Geräuschreduzierung eines Flaschentransportsystems; Verringerung des Luftschallpegels in 1 m Abstand vom Transportsystem durch Vermeidung von stoßartiger Anregung

Beispiel 6.6 (Geräuschreduzierung an einer Sammelmulde für Rohre)
Die sehr hohe Geräuschentwicklung einer Sammelmulde wurde durch das Schlagen der
Rohre verursacht, die nach Fertigstellung in der Mulde für den Weitertransport gesammelt
wurden. Die Geräuschreduzierung wurde mit Hilfe einer speziell hierfür hergestellten Vor-
richtung erreicht. Hierbei werden die Rohre über eine Rutsche in die Mulde geführt und
am Ende mit Hilfe eines Abbremselements gebremst. Anschließend werden die Rohre
von einer deutlich niedrigeren Höhe langsam in die Mulde abgelegt, s. Abb. 6.70. Durch
Dehnung des Kraft-Zeit-Verlaufs konnte hierbei eine Lärmminderung von ca. 24 dB(A)
erreicht werden.

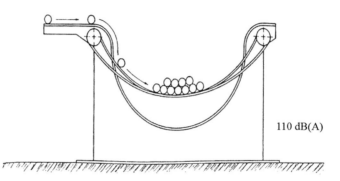

Ausgangszustand

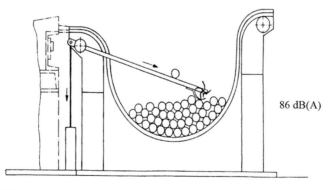

Abbremsvorrichtung

Abb. 6.70 Lärmminderung an einer Sammelmulde durch Einbau einer Abbremsvorrichtung

Beispiel 6.7 (Seildrillmaschine)
Bei diesem Beispiel werden bei der Seilherstellung in einer Verseilmaschine die Drähte durch einen sog. Verseilkopf geführt und wendelförmig um einen Kerndraht geschlungen. Die Geräuschentwicklung, die durch das harte Schlagen der Verseilköpfe gegeneinander verursacht werden, wurde mit Hilfe von Gummipuffern in den Endstellungen weich gestaltet. Die Verseilköpfe wurden zusätzlich über Kunststoffplatten geführt und teilgekapselt, s. Abb. 6.71. Auch hier wurde in erster Line der Kraft-Zeit-Verlauf gedehnt und eine Gesamtlärmminderung von ca. 14 dB(A) erzielt.

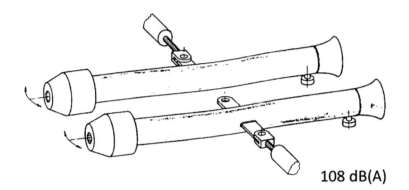

108 dB(A)

Vorher

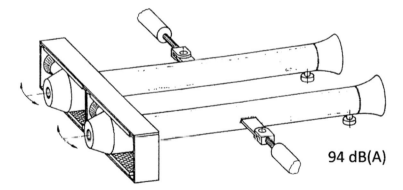

94 dB(A)

Nachher

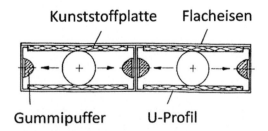

Kunststoffplatte   Flacheisen

Gummipuffer   U-Profil

Abb. 6.71 Lärmminderung einer Seildrillmaschine

6.7.2   Schall- und Schwingungsübertragung

Sofern die Möglichkeiten der Geräuschreduzierung durch Beeinflussung der Schallentstehung erschöpft bzw. aus technischen und/oder finanziellen Gründen nicht mehr sinnvoll sind, sollen für die weitere Lärmminderung Maßnahmen zur Beeinflussung der Schall- und Schwingungsübertragung in Betracht gezogen werden. Wie im Abschn. 3.2 beschrieben, kommt hierbei entweder eine Trennung mit hoher Anschlussimpedanz oder eine elastische Entkopplung mit niedriger Anschlussimpedanz in Frage, je nachdem, ob die angeschlossenen Bauteile, die geräuscharm gestaltet werden sollen, kraft- oder geschwindigkeitserregt sind.

Abb. 6.72 zeigt die prinzipielle Anordnung zur elastischen Ankopplung mit Erhöhung der Eingangsimpedanz des Koppelpunktes. Die Erhöhung der Eingangsimpedanz erfolgt z. B. durch kraftschlüssige Ankopplung einer Zusatzmasse an die Struktur. Bei der elastischen Ankopplung, z. B. mit Hilfe eines Federelements, muss die Ankopplungsstelle eine wesentlich höhere dynamische Masse besitzen, als die an der Koppelstelle wirkende Masse der Maschine bzw. Erregerquelle. Daher werden oft die Koppelpunkte von Federelementen, also das Fundament, mit Zusatzmassen massiv gestaltet.

Abb. 6.72 Prinzipielle Anordnung zur elastischen Ankopplung mit Erhöhung der Eingangsimpedanz am Koppelpunkt

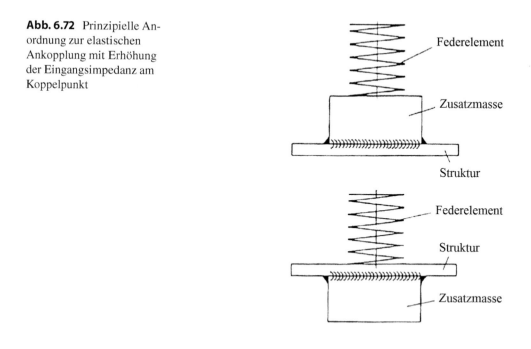

Beispiel 6.8 (Erhöhung der mechanischen Eingangsimpedanz)
Am Beispiel eines Kragträgers, der durch die konstante Kraft F angeregt wird, wurde durch eine Modelluntersuchung die akustische Wirkung verschiedener Maßnahmen durch Messung des Schalldruckpegels in 1 m Abstand nachgewiesen, s. Abb. 6.73. Hierbei wurden je nach Maßnahme Lärmminderungen von ca. 8 bis 18 dB(A) erreicht.

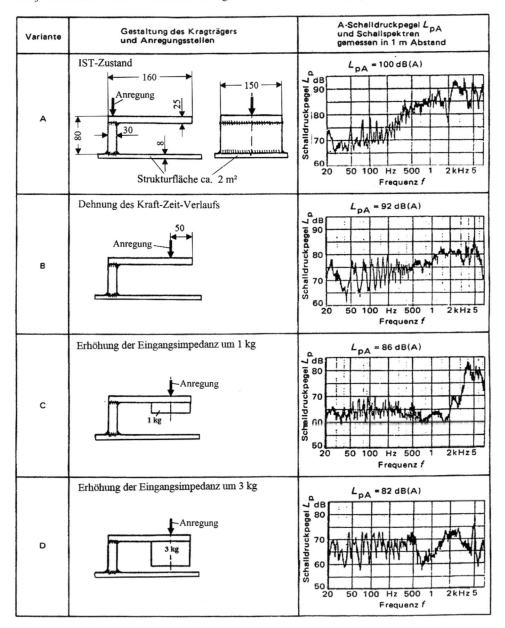

Abb. 6.73 Geräuschentwicklung eines Kragträgers

Beispiel 6.9 (Lärmminderung einer Rutsche)

Die Geräuschentwicklung bei der Übergabe der von einem Drehautomaten produzierten Werkstücke wird vor allem beim Aufschlagen der Teile auf die Rutsche verursacht. Die Geräuschreduzierung erfolgt hierbei durch Umgestaltung der Rutsche. Hierzu wurde die Eingangsimpedanz im Bereich des Aufschlagens der Werkstücke durch einen 80-mm-Stahlklotz, der elastisch mit Hilfe von Gummielementen mit der Rutsche verbunden ist, realisiert. Darüber hinaus wurde die Rutschfläche bedämpft, s. Abb. 6.74. Dadurch wurde eine Lärmminderung von ca. 11 dB(A) erreicht.

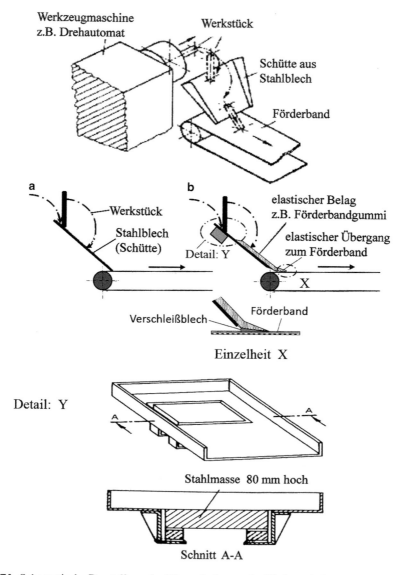

Abb. 6.74 Schematische Darstellung der Lärmminderung der Werkstückübergabe vor (Ausführung A) und nach (Ausführung B) der Maßnahmen

Beispiel 6.10 (Ankopplung von Maschinenschutzverkleidungen)

Die Maschinenschutzverkleidungen sollen, sofern sie nicht tragend sind, nach Möglichkeit keine starre Verbindung mit dem Maschinengestell haben. Die Ankopplungsstellen sollen punktförmig ausgeführt werden. Linien- und Flächenankopplungen sollen vermieden werden. In Abb. 6.75 sind verschiedene Ankopplungsmöglichkeiten von Maschinenschutzverkleidungen angegeben. Durch Messung der Körperschallbeschleunigungen nach der Ankopplung wurde die Wirkung der einzelnen Verbindungen überprüft. Hiermit besteht grundsätzlich die Möglichkeit, die Schutzverkleidung als schalldämmende Haube zu konstruieren.

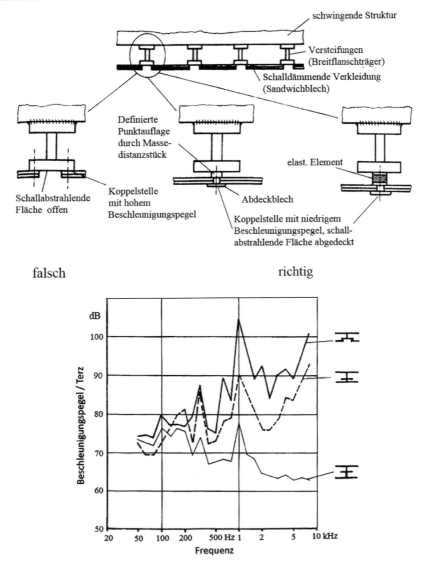

Abb. 6.75 Verschiedene Ankopplungen von Maschinenverkleidungen

Beispiel 6.11 (Rohrleitungsdurchführung)

Die Rohrleitungsdurchführungen müssen grundsätzlich elastisch entkoppelt ausgeführt werden. Bei starrer Ankopplung, vor allem wenn die Rohrleitungen durch Ankopplung mit anderen Erregerquellen wie z. B. einer Pumpe verbunden sind, werden die Rohrleitungsschwingungen auf die angeschlossenen Strukturen, Maschinengehäuse, Wände etc. übertragen, die Geräuschentwicklung wird dadurch maßgebend beeinflusst. In Abb. 6.76 ist schematisch die elastische Durchführung von Rohrleitungen dargestellt. Durch die Sperrmassen sollen die Schwingungsweiterleitung über der Rohrleitung vermindert werden.

Abb. 6.76 Körperschallisolierung von Rohrleitungsdurchführungen

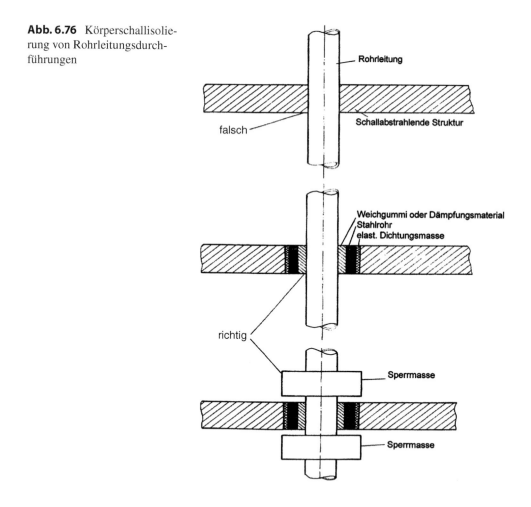

Beispiel 6.12 (Ankopplung von Erregerquellen)

Die Ankopplung von Erregerquellen an Strukturen, z. B. Pumpen, und die damit verbundenen Rohrleitungen sollen nach Möglichkeit elastisch erfolgen, die schallabstrahlenden Flächen sollen gekapselt ausgeführt werden. In Abb. 6.77 ist schematisch die richtige Ankopplung einer Erregerquelle dargestellt.

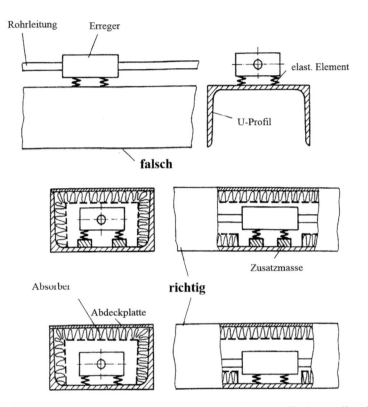

Abb. 6.77 Schematische Darstellung der optimalen Ankopplung einer Erregerquelle inkl. Einhausung der schallabstrahlenden Rohrleitungen

6.7.3 Schallabstrahlung

Die Lärmminderung durch Beeinflussung der Schallabstrahlung sollte nur dann in Betracht gezogen werden, wenn die Möglichkeiten bei der Beeinflussung der Schallentstehung und Schallübertragung erschöpft sind. In der Praxis werden allerdings oft aus Kosten- und/oder Zeitgründen zuerst Maßnahmen, die die Schallabstrahlung beeinflussen, z. B. Kapselung, angewendet.

Beispiel 6.13 (Sammelbehälter für fallende Werkstücke, Abb. 6.78)

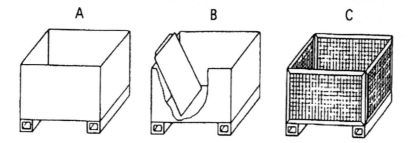

Variante A: Vollblechcontainer (Ausgangszustand)
Geräuschentwicklung durch Schallabstrahlung des Containerblechs

Variante B: Vollblechcontainer mit Kunststoff-Prallbrett
Geräuschreduzierung durch Verringerung der Aufprallkräfte

Variante C: Drahtbehälter
Geräuschreduzierung durch Beeinflussung des Abstrahlgrades

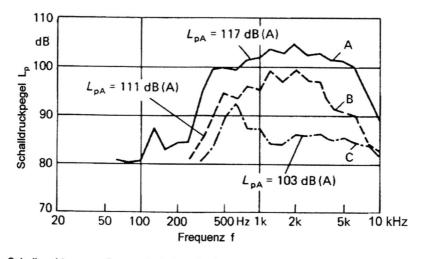

Schallspektren von Sammelbehältern für fallende Werkstücke, gemessen in
1 m Abstand beim Fall von etwa 0,5 kg schweren Schrauben aus etwa 1 m
Höhe in leere Behälter, die den im Bild oben dargestellten
Ausführungsvarianten A bis C entsprechen

Abb. 6.78 Lärmminderung eines Sammelbehälters

Beispiel 6.14 (Körperschallisolierte Teilkapselung)
Die Geräuschentwicklung einer Maschinengruppe, die auf einem Rahmenwerk starr befestig ist, wird maßgebend von der mittleren Maschine bestimmt. Die Reduzierung der Gesamtlärmentwicklung wurde mit Hilfe einer Teilkapselung realisiert. Die Kapsel muss körperschallisoliert auf dem Rahmen aufgestellt werden, da die Körperschallschwingungen des Rahmenwerks die Kapsel zu Schwingungen anregen kann. Der durch die Körperschallisolierung entstehende Luftspalt zwischen Kapsel und Rahmen wurde abgedichtet, s. Abb. 6.79.

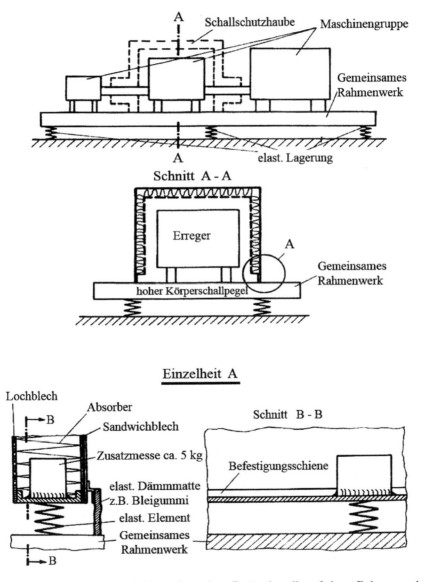

Abb. 6.79 Körperschallisolierte Teilkapselung einer Geräuschquelle auf einem Rahmenwerk

6.7.4 Zusammenwirken verschiedener Wirkmechanismen

In der Praxis wird die Lärmminderung von Maschinen oft durch das Zusammenwirken verschiedener Mechanismen bei der Schallentstehung, -übertragung und -abstrahlung realisiert.

Beispiel 6.15 (Geräuschreduzierung einer Gießerei-Putztrommel)
In einer Putztrommel werden Gussteile durch Schlagen gegeneinander und auf die Trommelwand entgratet. Die sehr hohe Geräuschentwicklung wurde durch Beschichten der Putztrommelwandung um ca. 27 dB(A) reduziert, s. Abb. 6.80. Die hohe Pegelminderung wurde u. a. durch die Nachgiebigkeit der Innenseite der Putztrommel, die Dehnung des Kraft-Zeit-Verlaufs, die Beeinflussung der Schallentstehung und die Erhöhung der Dämmung der Wandung, also durch Beeinflussung der Schallübertragung und -abstrahlung erreicht.

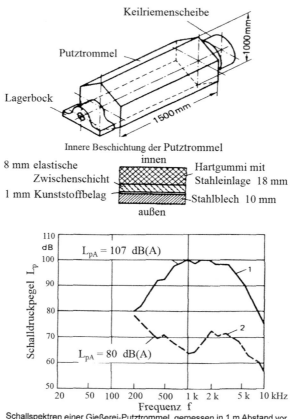

Schallspektren einer Gießerei-Putztrommel, gemessen in 1 m Abstand vor
(Kurve 1) und nach (Kurve 2) einer Beschichtung der Trommelinnenwände

Abb. 6.80 Lärmminderung einer Putztrommel

Beispiel 6.16 (Geräuschreduzierung eines Punktschweißautomaten)

Die Geräuschreduzierung wurde durch Kapselung der Pneumatikzylinder und Bedämpfen der Maschinengehäuse realisiert, s. Abb. 6.81. Wegen Körperschallschwingungen des Maschinengehäuses musste die Ankopplung der Kapsel elastisch ausgeführt werden. Nach der Kapselung wurde die Geräuschentwicklung maßgebend durch die Körperschallabstrahlung des Maschinengehäuses beeinflusst. Hierzu wurde das Maschinengehäuse bedämpft. Die Wirkung der Dämpfung wurde durch Streifenbedämpfung mit Hilfe von 1-mm-Blechstreifen erhöht. Durch diese Maßnahmen konnte eine Gesamtpegelminderung von 6 dB(A) erzielt werden.

In Abb. 6.82 sind die Schalldruckpegel am Ohr der Bedienperson, Beispiel 6.16, angegeben.

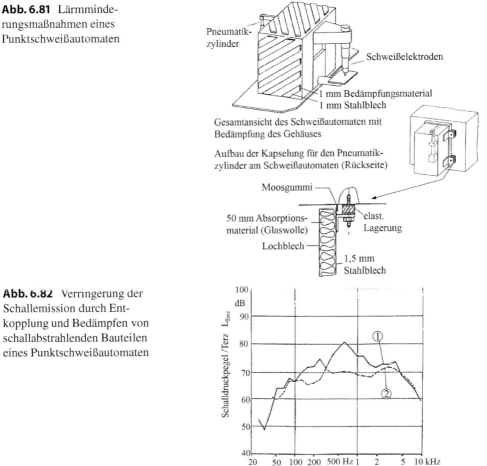

Abb. 6.81 Lärmminderungsmaßnahmen eines Punktschweißautomaten

Pneumatik-zylinder

Schweißelektroden

1 mm Bedämpfungsmaterial
1 mm Stahlblech

Gesamtansicht des Schweißautomaten mit Bedämpfung des Gehäuses

Aufbau der Kapselung für den Pneumatik-zylinder am Schweißautomaten (Rückseite)

Moosgummi

50 mm Absorptions-material (Glaswolle)

elast. Lagerung

Lochblech

1,5 mm Stahlblech

Abb. 6.82 Verringerung der Schallemission durch Entkopplung und Bedämpfen von schallabstrahlenden Bauteilen eines Punktschweißautomaten

Schalldruckpegel-Terzspektrum L_{Terz} und A-Schalldruckpegel vor dem Schweißautomaten am Ohr der Bedienungsperson
① —— gemessener Pegel ohne Lärmminderungsmaßnahmen: **87 dB(A)**
② - - - gemessener Pegel mit Lärmminderungsmaßnahmen: **81 dB(A)**

Beispiel 6.17 (Geräuschreduzierung durch optimalen Einsatz von Getrieben)
Bevor man bei der Lärmminderung Maßnahmen anwendet bzw. ausprobiert, ist es sinnvoll
zu überprüfen, ob alternative Techniken, Verfahren und/oder Arbeitsabläufe für die Lösung der Aufgabenstellung in Frage kommen. In nachfolgendem Beispiel wurde gezeigt,
dass es sinnvoller wäre, anstelle der Kapselung des lauten Hydraulikgetriebes alternativ
ein Planetengetriebe zu verwenden, s. Abb. 6.83.

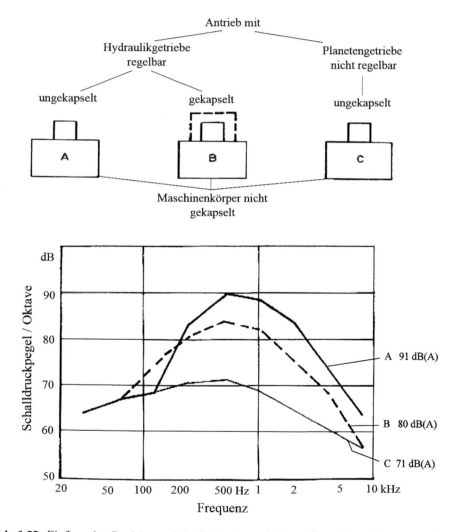

Abb. 6.83 Einfluss des Getriebes auf die Geräuschentwicklung, Gegenüberstellung von primären
und sekundären Maßnahmen

Beispiel 6.18 (Geräuschreduzierung, Zusammenwirken von Luft- und Körperschallabstrahlung)

Die Gesamtgeräuschentwicklung einer Maschine wird oft von der Schallabstrahlung mehrerer Bauteile und/oder Komponenten bestimmt. Durch die Geräuschreduzierung der einzelnen Bauteile wird dann die Gesamtgeräuschentwicklung von anderen Bauteilen bestimmt, die vorher unkritisch waren. In nachfolgendem Beispiel wird schematisch an verschiedenen Ausführungsvarianten der Maschinenschutzverkleidung die oben beschriebene Problematik bei der Lärmminderung verdeutlicht, Abb. 6.84.

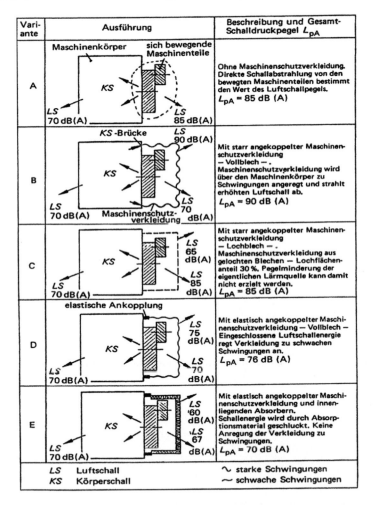

Abb. 6.84 Schematische Darstellung verschiedener Ausführungsvarianten für Maschinenschutzverkleidungen

Hinweis

Nach Ausführungsvarianten E ist auch Maschinenkörperschall (KS) maßgebend!

Literatur

1. Bartsch, H.-W., Sinambari, Gh.R.: Akustische Schwachstellenanalyse eines Antriebsfundaments. HDT-Fachveranstaltung E-H035-09-002-0, 2000
2. IBS GmbH, Frankenthal: Akustische Optimierung von Antriebsfundamenten. Nicht veröffent-
   lichter Untersuchungsbericht Nr. 99.1.318e. Auftraggeber: RWE-Power (früher Rheinbraun
   AG), Köln (2000)
3. Sinambari, Gh.R., Thorn, U., Tschöp, E.: „Konstruktionsakustik", Seminarveranstaltung. IBS-
   Seminar, St. Martin/Pfalz, 2016
4. Sinambari, Gh.R., Felk, G., Thorn, U.: Konstruktionsakustische Schwachstellenanalyse an einer
   Verpackungsmaschine, VDI-Berichte Nr. 2052 (2008)
5. IBS-GmbH: Konstruktionsakustische Schwachstellenanalyse an einem Kartonierer vom Typ
   C 150 der Fa. Uhlmann Pac-Systeme GmbH & Co. KG, unveröff. Untersuchungsbericht
   Nr. 04.1.752-7 (2005)
6. Schalldruckpegel EUROGATE in 20 m Entfernung zum Mittelpunkt des Gerätes. Hauseigene
   Messvorschrift. EUROGATE Container Terminal Bremerhaven GmbH
7. EUROGATE Hausnorm Schall 01: Geräuschmessung an Hafenumschlaggeräten, Teil 1 – Luftschallemission von Van Carrier. Hauseigene Messvorschrift. EUROGATE Container Terminal
   Bremerhaven GmbH
8. Thorn, U., Wachsmuth, J.: Konstruktionsakustische Schwachstellenanalyse eines Straddle Carriers Typ Konecranes 54 DE und Erarbeiten von prinzipiellen Lärmminderungsmaßnahmen.
   VDI-Berichte 2118 (2010)
9. IBS GmbH: Akustische Messungen an einem Straddle Carrier Typ Konecranes 54 DE auf
   dem EUROGATE Container Terminal Hamburg. Unveröff. Untersuchungsbericht Nr. 08.1.206-
   1 (2008)
10. IBS GmbH: Schalltechnische Ursachenanalyse und Ausarbeitung von Lärmminderungsmaß-
    nahmen an der Rauchgasreinigung VKR-KW Rauxel. Nicht veröffentlichter Untersuchungsbe-
    richt (1995)
11. Reuter, F.D., Sinambari, Gh.R.: Noise emission caused by a tube-nest heat exchanger behind
    a flue gas desulphurisation plant (FGD): Detecting and eliminating the causes. POWER-GEN
    Europe '99 Conference, Frankfurt, 1–3 June 1999
12. Sinambari, Gh.R., Thorn, U.: Strömungsinduzierte Schallentstehung in Rohrbündel-
    Wärmetauschern. Z. Lärmbekämpfung **47**(1) (2000)
13. Bühlmann, E.T., Oengören, A., Ziada, S.: Strömungserregte akustische Querresonanzen
    von Rohrbündeln in Wärmetauschern. Minderung von Rohrleitungsschwingungen. VDI-
    Berichte 748, 43–68. VDI-Verlag, Düsseldorf (1989)
14. Fitzpatrick, J.A.: A design guide proposal for avoidance of acoustic resonances in inline heat
    exchangers. ASME J. Vib. Acoust. Stress Reliab. Des. **105**, 296–300 (1986)
15. Ziada, S., Oengören, A., Bühlmann, E.T.: On acoustical resonance in tube arrays, Part II: Dam-
    ping criteria. J. Fluids Struct. **3** (1989)
16. IBS GmbH: Ausarbeitung und Überprüfung von konstruktiven Lärmminderungsmaßnahmen
    zur Reduzierung der tonalen Luftschall-Komponenten am DaGaVo des Kraftwerks Rauxel.
    Nicht veröffentlichter Untersuchungsbericht (1998)
17. Max, S.: Geräuschentwicklung am Rohrbündel-Wärmetauscher des Kraftwerks Rauxel – Ursa-
    chenanalyse anhand von Modellversuchen. Diplomarbeit, FH Bingen (1996)
18. Sinambari, Gh.R., Gnilke, M., Kunz, F.: Primäre Lärmminderung durch Maßnahmen des Ma-
    schinenhaus. VDI-KUT Jahrbuch (1999/2000)
19. Gnilke, M., Sinambari, Gh.R.: Akustische Optimierung eines Schaufelradgetriebes. HDT-
    Fachveranstaltung, Essen, 2001

20. Sinambari, Gh.R., Kunz, F.: Primäre Lärmminderung durch akustische Schwachstellenanalyse. VDI Berichte Nr. 1491 (1999)

21. Sinambari, Gh.R., Sentpali, S.: Ingenieurakustik, 5. Aufl. Springer Vieweg, Wiesbaden (2014)

22. Weber, A.: Eigenfrequenzanalyse an versteiften Rechteckplatten. Diplomarbeit, FH Bingen (2011)

23. VDI 2159: Emissionskennwerte technischer Schallquellen; Getriebegeräusche, 7 (1985)

24. Sinambari, Gh.R., Carstens, J., Thorn, U.: Ursache schwingungsbedingter Schäden an den Gleitbahnhalterungen einer Tablettenpresse. VDI-Berichte Nr. 1887 (2005)

25. Sinambari, Gh.R., Thorn, U.: Schwingungsminderung bei Rohrleitungen. 3R Int. **44**(6) (2005)

26. DIN 4150-3: Erschütterungen im Bauwesen – Teil 3: Einwirkungen auf bauliche Anlagen, 2015-10

27. VDI 3842: Schwingungen in Rohrleitungssystemen, 2004-06

28. Grotheer, W.: Lärmminderung bei der Blechverarbeitung mit Pressen. VDI-Bericht 134 (1969)

29. Schmidt, K.-P.: Lärmarm konstruieren – Beispiele für die Praxis. Forschungsbericht Nr. 129. BAU, Wirtschaftsverlag NW (1974)

30. Schmidt, K.-P.: Arbeitswissenschaftliche Erkenntnisse 4/81 – Lärmminderung – Zangenvorschub 2. BAU, Wirtschaftsverlag NW (1981)

31. Doege, E.; Seidel, H.-J.: Der heutige Stand der Schneidtechnik unter Berücksichtigung der verfahrensseitigen Möglichkeiten zur Lärmminderung. VDI-Berichte 527 (1984)

32. Schmidt, K.-P.: Lärmminderung am Arbeitsplatz III; Änderung der Eingangsimpedanz als Maßnahme zur Lärmminderung. Forschungsbericht 169. BAU, Wirtschaftsverlag NW (1985)

33. Schmidt, K.-P.: Lärmminderung am Arbeitsplatz IV, ILK Institut für lärmarme Konstruktion. Schriftenreihe der Bundesanstalt für Arbeitsschutz (1987)

34. Matischka, G.: Geräuschemission ausgewählter mechanischer Pressen zum Schneiden und Maßnahmen zur Lärmminderung. Forschungsbericht 351. BAU, Wirtschaftsverlag (1983)

35. Robeck, R.; Schmidt, K.-P.: Arbeitswissenschaftliche Erkenntnisse 9/79 – Lärmminderung – Putztrommel. BAU, Wirtschaftsverlag (1979)

36. VDI-3720, Blatt 1, Konstruktion lärmarmer Maschinen und Anlagen, Konstruktionsaufgaben und -methodik (2014)

37. Dietz, P.; Gummersbach, F.: Fb 883, Lärmarm konstruieren XVIII – Systematische Zusammenstellung maschinenakustischer Konstruktionsbeispiele. Wirtschaftsverlag NW Verlag für neue Wissenschaft, Bremerhaven (2001)

Sachverzeichnis

© Springer Fachmedien Wiesbaden GmbH 2017
G.R. Sinambari, *Konstruktionsakustik*, DOI 10.1007/978-3-658-16990-9